普通高等教育土木工程专业新形态教材

基坑工程设计施工及风险控制

刘　军　周与诚　白雪峰　编著

清華大学出版社
北　京

内容简介

基坑工程是土木工程领域中一个极为重要的学科分支，涉及工程地质与水文地质、土力学、基础工程、结构力学、土与结构相互作用、原位测试技术、施工技术以及环境岩土工程等诸多学科，综合性很强。基坑工程应用范围极为广泛，但事故发生率较高。本书以基坑工程风险控制为主线阐述了最常用支护结构形式的基坑工程设计与施工，不同支护结构的基坑工程设计与施工及风险控制自成体系。本书紧密结合社会发展需求，构建了基坑工程风险控制体系，不仅反映了学科前沿状况，还对超深基坑工程的发展及存在问题做了探讨，知识系统且理论密切联系实践。

本书可作为研究生教材，也可作为职业培训教材；可供受过一定程度专业教育的本科生、工程技术人员、科研人员参考。

图书在版编目(CIP)数据

基坑工程设计施工及风险控制/刘军，周与诚，白雪峰编著．—北京：清华大学出版社，2023.3
普通高等教育土木工程专业新形态教材
ISBN 978-7-302-62685-5

Ⅰ．①基…　Ⅱ．①刘…　②周…　③白…　Ⅲ．①基坑工程－工程设计－高等学校－教材　②基坑工程－工程施工－高等学校－教材　Ⅳ．①TU46

中国国家版本馆 CIP 数据核字(2023)第 025957 号

责任编辑：秦　娜　王　华
封面设计：陈国熙
责任校对：王淑云
责任印制：丛怀宇

出版发行：清华大学出版社
　　网　　址：http://www.tup.com.cn，http://www.wqbook.com
　　地　　址：北京清华大学学研大厦 A 座　　**邮　　编**：100084
　　社 总 机：010-83470000　　**邮　　购**：010-62786544
　　投稿与读者服务：010-62776969，c-service@tup.tsinghua.edu.cn
　　质量反馈：010-62772015，zhiliang@tup.tsinghua.edu.cn
印 装 者：三河市龙大印装有限公司
经　　销：全国新华书店
开　　本：185mm×260mm　　**印　　张**：15.5　　**字　　数**：374 千字
版　　次：2023 年 4 月第 1 版　　**印　　次**：2023 年 4 月第1 次印刷
定　　价：48.00 元

产品编号：094385-01

前言

PREFACE

基坑工程技术复杂、风险大，是土木工程中最具有挑战性的工程技术。基坑工程事故发生率较高，有些事故给国家经济和人民生命财产造成了严重损失。如何强化基坑工程风险意识，避免事故发生是摆在青年学子、工程技术人员、各级研究人员面前的重要课题。

本书根据国家及地方现行的法律、法规和标准，构建了基坑工程从勘察阶段、设计阶段到施工阶段的全过程风险控制体系，阐述了最常用支护结构形式的基坑工程设计施工及风险控制。全书共分 6 章，包括基坑工程风险控制总论、基坑支护设计原理与风险预控、地下水控制、土钉墙支护基坑工程风险控制、锚拉式支护基坑工程风险控制、内撑式支护基坑工程风险控制。书中对具有发展前景的超深基坑工程带来的技术挑战做了初步探讨。本书吸收了编者的最新研究成果、参与编制的国家及地方标准，将基本原理和方法与实践结合起来，力求突出实用性和创新性，并体现时代特征。

通过本书学习，使青年学子、工程技术人员能够迅速掌握基坑工程设计与施工基本原理和基本方法，主动将风险理念融入具体实践中，以防止和减少基坑工程事故、保障人民群众生命和财产安全为己任，做到理论与实际相结合，因事而化、因时而进、因势而新。

本书编写时，力求做到重点突出、语言简练、条理清晰。本书第 1 章与第 2 章由刘军和周与诚编写；第 3 章与第 4 章由白雪峰编写；第 5 章与第 6 章由刘军编写；最后由刘军统稿。

本书编写过程中，研究生刘展伊、魏杰、王可馨收集了大量资料并进行了整理，中航勘察设计研究院有限公司章良兵提出了许多宝贵意见，北京市政工程设计研究总院有限公司惠丽萍教授级高级工程师提供了部分素材，北京云庐科技有限公司提供了部分素材，在此一并致谢。

我国著名岩土工程专家杨斌(中国建筑科学研究院地基基础研究所)教授级高级工程师在百忙中为本书进行了精心审阅，提出了许多宝贵意见和建议，使本书得到进一步完善。在此表示衷心感谢!

由于编者水平有限，书中不足之处，敬请读者批评指正。

目录

CONTENTS

第1章　基坑工程风险控制总论 ······ 1

1.1　基坑工程含义及支护结构类型 ······ 1

1.1.1　基坑工程概述 ······ 1

1.1.2　基坑支护结构安全等级和类型 ······ 2

1.2　基坑工程事故类型与事故等级划分 ······ 6

1.2.1　基坑工程事故类型 ······ 6

1.2.2　基坑工程事故原因分析 ······ 11

1.2.3　基坑工程事故等级划分 ······ 12

1.3　基坑工程风险评估与风险预控 ······ 12

1.3.1　基坑工程风险评估 ······ 13

1.3.2　基坑工程风险预控 ······ 23

1.4　风险跟踪与监测 ······ 24

1.4.1　风险跟踪与监测的目的和工作内容 ······ 24

1.4.2　基坑工程影响分区与监测等级 ······ 26

1.4.3　现场巡查和远程视频监控项目 ······ 28

1.4.4　仪器量测项目 ······ 29

1.5　基坑工程施工过程中的风险控制 ······ 36

1.6　超深基坑工程带来的技术挑战 ······ 38

1.6.1　设计方面 ······ 38

1.6.2　施工方面 ······ 40

1.6.3　风险监测与控制方面 ······ 41

第2章　基坑支护设计原理与风险预控 ······ 42

2.1　基坑支护设计原则 ······ 42

2.1.1　基坑支护设计总体原则 ······ 42

2.1.2　基坑支护设计极限状态 ······ 42

2.2　基坑工程勘察 ······ 44

2.2.1　基坑勘察方案 ······ 44

2.2.2　基坑勘察成果 ······ 44

2.3　土压力计算 ······ 45

2.3.1 土的抗剪强度指标取值 …… 46
2.3.2 竖向附加应力计算 …… 46
2.3.3 土压力标准值计算 …… 49
2.3.4 有限土压力标准值计算 …… 50
2.3.5 土压力存在的问题及计算优化方向思考 …… 51
2.4 挡土结构设计计算 …… 52
2.4.1 挡土结构变形特点 …… 52
2.4.2 挡土结构变形与内力影响因素 …… 54
2.4.3 挡土结构设计 …… 55
2.4.4 挡土结构内力及变形计算 …… 60
2.4.5 挡土结构截面计算 …… 69
2.5 稳定性验算 …… 74
2.5.1 嵌固稳定性验算 …… 74
2.5.2 整体稳定性验算 …… 74
2.5.3 抗隆起稳定性验算 …… 76
2.5.4 地下水渗透稳定性验算 …… 78
2.6 基坑工程设计程序及风险预控要点 …… 79
2.6.1 基坑工程设计程序 …… 79
2.6.2 风险控制要点 …… 80

第3章 地下水控制 …… 83

3.1 概述 …… 83
3.1.1 地下水控制含义 …… 83
3.1.2 地下水类型和渗透性 …… 83
3.1.3 地下水控制方法 …… 85
3.2 水文地质勘察 …… 85
3.2.1 勘察方案设计 …… 86
3.2.2 勘探 …… 87
3.2.3 水文地质勘察评价与建议 …… 88
3.3 地下水控制设计 …… 89
3.3.1 地下水控制等级划分 …… 89
3.3.2 地下水控制设计内容 …… 91
3.4 隔水帷幕 …… 92
3.4.1 隔水帷幕分类 …… 92
3.4.2 隔水帷幕设计 …… 94
3.4.3 隔水帷幕施工 …… 96
3.4.4 隔水帷幕检测验收 …… 104
3.5 降水 …… 105
3.5.1 降水设计计算 …… 105

3.5.2 降水施工 …… 115
3.5.3 降水井设置 …… 121
3.6 地下水回灌 …… 122
3.6.1 防沉降地下水回灌 …… 122
3.6.2 资源性地下水回灌 …… 123

第4章 土钉墙支护基坑工程风险控制 …… 126

4.1 概述 …… 126
4.1.1 土钉墙支护结构基本概念 …… 126
4.1.2 土钉墙支护分类 …… 127
4.1.3 土钉墙支护作用机制与工作性能 …… 128
4.1.4 土钉墙支护特点与应用 …… 129
4.2 土钉墙支护结构设计与风险预控 …… 130
4.2.1 土钉墙支护结构设计 …… 130
4.2.2 风险预控 …… 136
4.3 土钉墙支护基坑工程施工与风险控制 …… 138
4.3.1 土钉墙支护基坑工程施工工序 …… 138
4.3.2 施工准备中的风险预控 …… 139
4.3.3 土钉墙支护基坑工程施工过程 …… 141
4.3.4 土钉墙支护基坑工程风险跟踪与监测 …… 147
4.3.5 施工过程中的风险控制 …… 154
4.4 事故案例分析 …… 156
4.4.1 广西隆安县土钉墙坍塌事故 …… 156
4.4.2 上海市静安区基坑局部失稳事故 …… 157
4.4.3 某大厦基坑倒塌事故 …… 159

第5章 锚拉式支护基坑工程风险控制 …… 162

5.1 概述 …… 162
5.1.1 锚拉式支护结构基本概念 …… 162
5.1.2 锚拉式支护结构分类 …… 164
5.1.3 锚拉式支护结构作用机制与工作性能 …… 166
5.1.4 锚拉式支护结构特点与应用 …… 167
5.2 锚拉式支护结构设计与风险预控 …… 167
5.2.1 锚拉式支护结构设计 …… 167
5.2.2 风险预控 …… 175
5.3 锚拉式支护基坑工程施工与风险控制 …… 178
5.3.1 锚拉式支护基坑工程施工工序 …… 178
5.3.2 施工准备中的风险控制 …… 179
5.3.3 锚拉式支护基坑工程施工过程 …… 180

5.3.4 锚拉式支护基坑工程风险跟踪与监测 …… 192
5.3.5 施工过程中的风险控制 …… 198
5.4 事故案例分析 …… 200
5.4.1 广西绿地中央广场房地产项目D号地块(二期)基坑崩塌事故 …… 200
5.4.2 某住宅楼基坑坍塌事故 …… 201
5.4.3 北京某基坑工程塌方事故 …… 203

第6章 支撑式支护基坑工程风险控制 …… 204

6.1 概述 …… 204
6.1.1 支撑式支护结构基本概念 …… 204
6.1.2 支撑式支护结构分类 …… 205
6.1.3 支撑式支护结构作用机制与工作性能 …… 208
6.1.4 支撑式支护结构特点与应用 …… 209
6.2 支撑式支护结构设计与风险预控 …… 210
6.2.1 支撑式支护结构设计 …… 210
6.2.2 风险预控 …… 219
6.3 支撑式支护基坑工程施工与风险控制 …… 221
6.3.1 支撑式支护基坑工程施工工序 …… 221
6.3.2 施工准备中的风险预控 …… 222
6.3.3 支撑式支护基坑工程施工过程 …… 222
6.3.4 支撑式支护基坑工程风险跟踪与监测 …… 228
6.3.5 施工过程中的风险控制 …… 232
6.4 事故案例分析 …… 234
6.4.1 杭州地铁1号线某站基坑事故 …… 234
6.4.2 武汉地铁某站基坑垮塌事故 …… 235
6.4.3 天津地铁4号线某站基坑事故 …… 235

参考文献 …… 238

第1章

基坑工程风险控制总论

1.1 基坑工程含义及支护结构类型

1.1.1 基坑工程概述

基坑是为进行地下建(构)筑物的施工由地面向下开挖出的空间；基坑工程是指为保证基坑和地下结构施工的安全以及周边环境不受损害而采取的支护、地下水控制和周边环境保护等措施；基坑支护结构是指支挡或加固基坑侧壁的结构。基坑支护结构一般是临时性的结构，设计中不考虑其耐久性问题，荷载及其分项系数是按临时作用考虑的；地下水控制也是按临时性措施考虑的。

基坑工程是土木工程领域中一个极为重要的学科分支，应用范围极为广泛，城市轨道交通、综合地下管廊、工业与民用建筑等领域均有大量的基坑工程。基坑工程涉及工程地质与水文地质、土力学、基础工程、结构力学、原位测试技术、施工技术以及环境岩土工程等诸多学科，其综合性、区域性、系统性、时空效应很强。

基坑工程具有如下特点：

(1) 土性的不确定性：土的三相组成的质量和体积之间的比例关系不同，则土的质量、含水性和密实程度等基本物理性质就各不相同，并随着各种条件(如水位变化、压实程度等)的变化而改变。例如黏性土，黏性土随着本身含水量的变化，可以处于不同的物理状态——固体状态、可塑状态、流塑-流动状态，其工程性质也相应地发生很大的变化。土体具有非均质性(成层、倾斜)和各向异性，是一种非弹非塑又有一定黏性的物质，其性质以及对支护结构的作用或提供的抗力还随施工过程或环境的变化而变化；土的抗剪强度指标值的大小与试验时的条件有密切关系，尤其与排水条件有关，同一种土在不同排水条件下进行试验，可以得出不同的 c(土的黏聚力)和 φ(内摩擦角)值。

(2) 外力的不确定性：作用在支护结构上的外力往往随着环境条件、施工方法和施工工序等因素的变化而改变。

(3) 变形的不确定性：变形控制是支护结构设计的关键，也是保证周边环境安全的关键，但影响变形的因素很多，支护结构刚度、支撑(或锚杆)体系的布置和构件的截面特性、岩土性质、地下水的性质及变化、开挖方式以及施工质量和现场管理水平等都是产生变形的原因。

(4) 影响因素的不确定性：一些偶然变化会引起超载变化的不确定，如基坑周边的活荷载或动荷载等；事先没有掌握的地下障碍物、地下管线、水囊、不良地层，以及周围环境的改变等因素都会影响基坑工程的正常施工和维护使用。

从基坑工程特点可以看出：

(1) 土力学的强度、变形、渗透三大基本原理全部出现；

(2) 设计计算模式与实际工况具有差异性；

(3) 施工过程中的影响因素多且具有不确定性。

基坑工程的特点表明基坑工程技术复杂、风险大，施工过程中易出现工程事故，是土木工程中最具有挑战性的工程技术。

基坑工程应是一项包括勘察阶段、设计阶段、施工阶段的系统工程，设计阶段和施工阶段是基坑工程的两个关键阶段。勘察阶段的主要任务是查明工程建设区的工程地质与水文地质条件并做出评价，为设计和施工提供依据。设计阶段的主要任务是依据勘察成果选择适宜的支护结构类型并分析支护结构的稳定性等，提出地下水控制、周边环境保护措施，对基坑开挖、支护结构施作、监测、应急预案等提出施工要求。施工阶段包括两个环节，一是施工准备，依据勘察和设计成果先进行施工准备工作，如编制专项施工方案等；二是施工过程，基坑工程施工过程中的不确定因素较多，基坑的开挖、支护、地下水控制等工序紧密联系且相互交叉，其中某一工序失效将可能导致整个基坑工程的失败。

工程实践表明：基坑工程勘察缺失或偏差将直接导致设计出现缺陷；设计缺陷将直接影响基坑工程施工的安全性；施工阶段除勘察、设计可能导致的不利影响外，还有其自身诸多不利因素。基坑工程技术从源头上加强风险控制的研究，强化基坑工程技术人员的风险理念，以不断改进和完善设计、施工方法，形成基坑工程设计与施工的科学化、系统化和规范化，这是规避或减少基坑工程事故的关键所在。

1.1.2 基坑支护结构安全等级和类型

基坑支护结构类型繁多，不同类型各有其适用范围。基坑支护结构在基坑开挖中起着挡土、阻水、稳定坑底的作用，是保证基坑工程安全的重要措施；基坑支护结构的破坏可能危及人的生命、造成经济损失、对社会或环境产生不良影响，因此对基坑支护结构安全等级的划分意义重大，是基坑工程设计阶段拟解决的关键技术问题。

1.1.2.1 基坑支护结构安全等级

《建筑基坑支护技术规程》(JGJ 120—2012)规定，基坑支护设计时，应综合考虑基坑周边环境和地质条件的复杂程度、基坑深度等因素，按照基坑支护结构破坏或失效后果严重程度将支护结构的安全等级分为一、二、三级(表 1-1)；对同一基坑的不同部位，可采用不同的安全等级。

表 1-1 基坑支护结构的安全等级

安全等级	破坏后果
一级	支护结构失效、土体过大变形对基坑周边环境或主体结构施工安全的影响很严重
二级	支护结构失效、土体过大变形对基坑周边环境或主体结构施工安全的影响严重
三级	支护结构失效、土体过大变形对基坑周边环境或主体结构施工安全的影响不严重

基坑支护结构安全等级采用的是原则性划分方法而非定量划分方法，主要是考虑到基坑深度、周边环境状况及土的性状等因素对破坏后的影响程度难以定量化。基坑支护结构安全等级选用原则是：

(1) 基坑周边存在受影响的重要既有住宅、公共建筑、道路或地下管线等时，或因场地的地质条件复杂、缺少同类地质条件下相近基坑深度的经验时，支护结构破坏、基坑失稳或过大变形对人的生命、经济、社会或环境影响很大，安全等级应定为一级；

(2) 当支护结构破坏、基坑过大变形但不会危及人的生命、经济损失轻微、对社会或环境的影响不大时，安全等级应定为三级；

(3) 对大多数基坑，安全等级应定为二级。

基坑支护结构破坏后果具体表现为支护结构破坏、土体过大变形对基坑周边环境及主体结构施工安全的影响。基坑支护结构的安全等级，主要反映在设计时支护结构及其构件的重要性系数和各种稳定性安全系数的取值上。

北京市地方标准《建筑基坑支护技术规程》(DB 11/489—2016)依据行业标准《建筑基坑支护技术规程》(JGJ 120—2012)和北京市基坑工程的具体情况，将基坑支护结构失效后果严重程度细化为基坑深度、周边环境条件和工程地质条件 3 个指标，并通过这 3 个指标，将基坑支护结构按基坑侧壁划分的安全等级为一、二、三级(表 1-2)。进行支护结构设计时，根据不同的安全等级选用重要性系数：一级，$\gamma_0=1.10$；二级，$\gamma_0=1.00$；三级，$\gamma_0=0.90$。

表 1-2　基坑侧壁安全等级划分

<table>
<tr><th rowspan="3">开挖深度 h/m</th><th colspan="9">周边环境条件与工程地质、水文地质条件</th></tr>
<tr><th colspan="3">α<0.5</th><th colspan="3">0.5≤α≤1.0</th><th colspan="3">α>1.0</th></tr>
<tr><th>Ⅰ</th><th>Ⅱ</th><th>Ⅲ</th><th>Ⅰ</th><th>Ⅱ</th><th>Ⅲ</th><th>Ⅰ</th><th>Ⅱ</th><th>Ⅲ</th></tr>
<tr><td>h>15</td><td colspan="3">一级</td><td colspan="3">一级</td><td colspan="3">一级</td></tr>
<tr><td>10<h≤15</td><td colspan="3">一级</td><td colspan="2">一级</td><td>二级</td><td>一级</td><td colspan="2">二级</td></tr>
<tr><td>h≤10</td><td>一级</td><td colspan="2">二级</td><td>二级</td><td colspan="2">三级</td><td>二级</td><td colspan="2">三级</td></tr>
</table>

在表 1-2 中：

(1) h——基坑开挖深度。

(2) α——相对距离比，$\alpha=x/h_a$。为管线、邻近建(构)筑物基础边缘(桩基础桩端)离坑口内壁的水平距离与基础底面距基坑底垂直距离的比值，见图 1-1。

(3) 工程地质、水文地质条件分类：

Ⅰ 复杂——土质差、地下水对基坑工程有重大影响；

Ⅱ 较复杂——土质较差，基坑侧壁有易于流失的粉土、粉砂层，地下水对基坑工程有一定影响；

Ⅲ 简单——土质好，且地下水对基坑工程影响轻微。

坑壁为多层土时可经过分析按不利情况考虑。

(4) 如邻近建(构)筑物为价值不高的、待拆除的或临时性的，管线为非重要干线，一旦破坏没有危险且易于修复，则 α 值可提高一个范围；对变形特别敏感的邻近建(构)筑物或重点保护的古建筑物等有特殊要求的建(构)筑物时，对二级及三级基坑侧壁则应提高一级

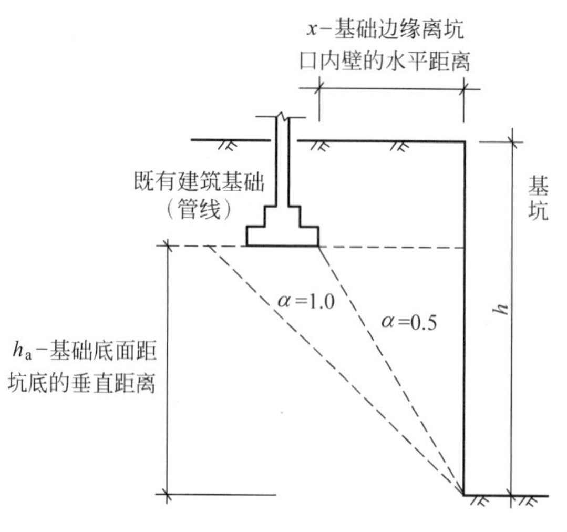

图 1-1　相对距离比示意图

安全等级；当既有基础（或桩基础桩端）埋深大于基坑深度时，应根据基础距基坑底的相对距离、附加荷载、桩基础形式以及上部结构对变形的敏感程度等因素综合确定 α 值范围及安全等级。

（5）同一基坑周边条件不同可划分为不同的安全等级。

1.1.2.2　基坑支护结构类型及适用条件

前已述及基坑支护结构是保证基坑工程安全的重要措施，基坑支护结构应根据基坑开挖深度、周边环境条件、工程地质与水文地质条件、施工工艺及设备条件、施工场地条件及施工季节、支护结构施工工艺的可行性、经济指标、环保性能和施工工期等，选择经济合理的支护结构形式。基坑支护结构及适用条件见表 1-3。

表 1-3　基坑支护结构及适用条件

<table>
<tr><th colspan="2" rowspan="2">结构类型</th><th colspan="3">适用条件</th></tr>
<tr><th>安全等级</th><th colspan="2">基坑深度、环境条件、土类和地下水条件</th></tr>
<tr><td rowspan="5">支挡式结构</td><td>锚拉式结构</td><td rowspan="5">一级
二级
三级</td><td>适用于较深的基坑</td><td rowspan="5">1. 排桩适用于地下水位以上、可降水或结合截水帷幕的基坑
2. 地下连续墙宜同时用作主体地下结构外墙，可同时用于截水
3. 锚杆不宜用在软弱土层和含有高水头地下水的碎石土、砂土层中
4. 当邻近基坑有建筑物地下室、地下构筑物等，锚杆的有效锚固长度不足时，不应采用锚杆
5. 当锚杆施工会造成基坑周边建（构）筑物的损害或违反城市地下空间规划等规定时，不应采用锚杆</td></tr>
<tr><td>支撑式结构</td><td>适用于较深的基坑</td></tr>
<tr><td>悬臂式结构</td><td>适用于较浅的基坑</td></tr>
<tr><td>双排桩</td><td>适用的基坑深度大于悬臂桩，但占用较大场地。当锚拉式、支撑式和悬臂式结构不适用时，可考虑采用双排桩</td></tr>
<tr><td>逆作法</td><td>适用于不宜采用临时支护结构构件或主体结构地上、地下同步施工的场合</td></tr>
</table>

续表

<table>
<tr><th colspan="2" rowspan="2">结构类型</th><th colspan="3">适用条件</th></tr>
<tr><th>安全等级</th><th colspan="2">基坑深度、环境条件、土类和地下水条件</th></tr>
<tr><td rowspan="4">土钉墙</td><td>单一土钉墙</td><td rowspan="4">二级
三级</td><td>适用于地下水位以上或可实施降水的基坑，但基坑深度不宜大于10 m(国家行业标准为12 m)</td><td rowspan="4">当基坑潜在滑动面内有建筑物、重要地下管线时，不宜采用土钉墙</td></tr>
<tr><td>预应力锚杆复合土钉墙</td><td>适用于地下水位以上或可实施降水的基坑，但基坑深度不宜大于15 m</td></tr>
<tr><td>水泥土桩垂直复合土钉墙</td><td>基坑深度不宜大于12 m且不宜用在含有高水头地下水的碎石土、砂土、粉土层中</td></tr>
<tr><td>微型桩垂直复合土钉墙</td><td>适用于地下水位以上或可实施降水的基坑，基坑深度不宜大于12 m</td></tr>
<tr><td colspan="2">放坡</td><td>三级</td><td colspan="2">1. 具有放坡的场地条件
2. 可与上述支护结构形式结合</td></tr>
</table>

1. 土钉墙支护结构

土钉墙支护结构是一种经济、简便、施工快速、不需大型施工设备的基坑支护形式。土钉墙支护结构指由随基坑开挖分层设置的、纵横向密布的土钉群、喷射混凝土面层及原位土体所组成的一种挡土结构，一般适合于安全等级为二级、三级的基坑工程，多用于安全等级为三级的基坑工程。北京市地方标准《建筑基坑支护技术规程》(DB 11/489—2016)对单一土钉墙支护深度有限制，规定不超过10 m，当基坑深度超过10 m或对基坑变形控制有更高要求时，可采用复合土钉墙支护形式；复合土钉墙支护形式包括预应力锚杆复合土钉墙、水泥土桩垂直复合土钉墙、微型桩垂直复合土钉墙等。

2. 锚拉式支护结构

锚拉式支护结构指以挡土构件和锚杆为主的一种支挡式结构，如排桩＋锚杆结构、地下连续墙＋锚杆结构、SMW工法墙＋锚杆结构，适合于安全等级为一级、二级和三级的基坑工程，其中排桩、SMW工法墙和地下连续墙等桩(墙)体为挡土构件。锚拉式支护结构易于控制水平变形，挡土构件内力分布均匀，当基坑较深或基坑周边环境对支护结构位移的要求严格时，常采用这种支护结构形式。

锚拉式支护结构可以给后期主体结构施工提供很大的便利，但在下列条件下是不适合使用锚杆的：

(1) 锚杆不宜用在软弱土层和含有高水头地下水的碎石土、砂土层中；

(2) 当邻近基坑有建筑物地下室、地下构筑物等，锚杆的有效锚固长度不足时，不应采用锚杆；

(3) 当锚杆施工会造成基坑周边建(构)筑物的损害或违反城市地下空间规划等规定时，不应采用锚杆。

锚杆要侵入红线之外的地下区域且长期留在岩土体内，给相邻地域的使用和地下空间开发造成障碍，不符合保护环境和可持续发展的要求；一些国家在法律上禁止锚杆侵入红线之外的地下区域，目前我国部分城市也出台了这方面的限制要求。因此，开发新型锚杆是摆在工程技术人员面前的一大问题。青年学子要担当社会责任，勇于创新，坚持理论与实际相结合，解决目前存在的问题。

3. 支撑式支护结构

支撑式支护结构是由挡土构件和内支撑构件所组成的一种支挡式结构，如排桩＋内支撑、地下连续墙＋内支撑、SMW 工法墙＋内支撑，也适合于安全等级为一级、二级和三级的基坑工程。与锚拉式支护结构一样，挡土构件主要有排桩、SMW 工法墙和地下连续墙等桩（墙）体。支撑式结构也易于控制水平变形，挡土构件内力分布均匀，当基坑较深或基坑周边环境对支护结构位移的要求严格时，也常采用这种支护结构形式，但内支撑的设置会给后期主体结构施工造成障碍。

4. 悬臂式支护结构

悬臂式支护结构指仅由挡土构件组成的一种支挡式结构，适合于安全等级为一级、二级和三级的基坑工程，挡土构件与锚拉式支护结构的也一样。悬臂式结构顶部位移较大，内力分布不理想，但可省去锚杆和支撑，当基坑较浅且基坑周边环境对支护结构位移的限制不严格时，可采用悬臂式结构。

5. 双排桩支护结构

双排桩支护结构指在地基土中设置两排平行桩体，且呈矩形或梅花形布置，两排桩顶的冠梁通过刚性连梁连接，沿坑壁平行方向形成门字形空间结构，适合于安全等级为一级、二级和三级的基坑工程。双排桩支护结构是一种刚架结构形式，具有较大的侧向刚度，其内力分布特性明显优于悬臂式结构，水平变形也比悬臂式结构小得多，适用的基坑深度比悬臂式结构略大，但占用的场地较大；当不适合采用其他支护结构形式且在场地条件及基坑深度均满足要求的情况下，可采用双排桩支护结构。

6. 逆作法

逆作法是指先施作挡土构件然后自上而下完成土方开挖和边墙、中隔板及底板衬砌的施工，适合于安全等级为一级、二级和三级的基坑工程。逆作法适用于不宜采用临时支护结构构件或主体结构地上、地下同步施工的场合。

7. 放坡

放坡基坑为不加任何支护或简单进行保护措施的基坑，是基坑工程常用的一种方法，其施工方便，造价较低，但有一定的适用范围，仅适用于硬质、可塑性黏土和良好的砂性土，适合于安全等级为三级的基坑工程。当周边环境简单、基坑较浅时可采用放坡基坑。

本书主要针对常用的土钉墙支护结构、锚拉式支护结构、支撑式支护结构基坑工程涉及的风险控制问题进行分析与阐述。

1.2 基坑工程事故类型与事故等级划分

1.2.1 基坑工程事故类型

基坑工程事故是发生于预期之外的造成人身伤害或经济损失的不利事件。基坑工程涉及的范围广，变化因素多，事故率高，当事故发生时，会给国家经济和人民生命财产造成严重损失。表1-4为近年来基坑事故统计，图1-2为基坑事故照片。

表1-4　基坑事故统计

日　期	事故名称	伤亡及损失
2021年3月21日	杭州市“3·21”基坑坍塌事件	路面发生塌陷
2021年1月19日	济源市“1·19”基坑坍塌事故	1人死亡
2020年11月8日	郑州市鑫苑鑫家小区施工工地基坑坍塌事故	2人死亡，2人受伤
2020年10月26日	长沙县百联购物公园二期在建工地化粪池基坑发生塌方	2人死亡
2020年10月21日	肇庆永利大道一建筑工地发生坍塌事故	2人死亡，1人受伤
2020年7月12日	广西百色市一在建基坑工地发生塌方事故	3人死亡
2020年7月10日	四川南部县深基坑坍塌事故	无伤亡
2020年3月21日	西安临潼区北环路陕西全都实业有限公司全都大厦基坑坍塌事故	3人死亡，1人受伤
2019年10月28日	贵阳市观山湖区一在建地下停车场发生基坑坍塌事故	8人死亡，2人受伤
2019年9月26日	成都市金牛区一基坑边坡发生局部坍塌	3人死亡
2019年6月8日	南宁绿地中央广场房地产项目D号地块(二期)基坑崩塌事故	无伤亡
2019年4月10日	扬州市广陵区一基坑发生局部坍塌	5人死亡，1人受伤
2019年1月29日	深圳市罗湖区东晓街道东立项目深基坑工程发生局部坍塌	无伤亡
2018年12月29日	上海市闵行区基坑坍塌事故	3人死亡
2018年12月24日	盐城市“12·24”深基坑坍塌事故	1人死亡，1人受伤，直接经济损失约142.4万元
2018年8月31日	德州市龙溪香岸住宅小区地下车库工程发生模板支撑脚手架坍塌事故	6人死亡，2人受伤
2018年8月21日	宁波市象山县墙头镇亭溪加油站旁施工工地发生坍塌事故	3人死亡
2017年6月20日	西安市某热力管网接收井基坑坍塌事故	3人死亡，1人受伤
2017年5月11日	深圳市“5·11”基坑坍塌事故	3人死亡，1人受伤，直接经济损失345万元

基坑工程事故类型主要有支护结构破坏或失效、土体失稳、地下水渗流破坏、周边环境破坏等，其可能是某单一原因也可能是多个原因的叠加，当风险积累到某种极限状态时，就会出现某种破坏状态。实际工程中，在一起基坑工程事故中往往这些类型均存在，是一系列的连锁反应，使得同一基坑工程事故的表现形式多种多样，但直观表现均为基坑塌方。严格地说，基坑事故类型是无法截然分类的，但为了阐述方便、深挖内涵，分类仍然具有一定意义。

1.2.1.1　支护结构破坏

1. 支护结构破坏含义

支护结构在荷载作用下，其承受的实际应力超过材料强度，导致结构发生不适于继续承

图 1-2 某基坑工程事故照片

载的大变形，即发生支护结构破坏。支护结构破坏包括：桩（墙）体等挡土构件变形过大、开裂、折断；锚杆、土钉变形过大、失效或被拔出；内支撑变形过大、失稳、失效等。

支护结构的破坏大多是有征兆的，是可避免的。若没有及时采取补救措施，则会发生周围土体向坑内坍塌、周围建筑物管线破坏等一系列连锁反应。

2. 典型事故案例

2005 年 11 月 30 日下午，北京地铁十号线某车站基坑在正常施工，基坑下部挖掘机正在进行土方开挖工作，基坑上面有两部吊车，一部正停在基坑南端进行吊土施工，另一部没有安排作业。吊车支腿距离基坑边缘约 3 m。由于北侧结构顶板回填需要部分土方，故在基坑东侧距离基坑 14.7 m 以东、南侧 12 m 以南设置堆土区域。

14:20 分左右，基坑南侧深度约 8 m 处有污水渗出。5 分钟后，出现大量涌水，10 分钟后，基坑南侧边上出现裂缝，随后基坑南侧中间部分突然坍塌，支护桩被折断（图 1-3）。塌方导致基坑南侧的通信电缆和其他电缆裸露悬空。基坑东侧直径 600 mm 自来水管断裂，自来水注入基坑内，同时造成一根直径 1600 mm 上水管弯曲，一根直径 800 mm 的污水管断裂，一根燃气管线外露，多根电信管线断开。

经专家研判，事故原因是：污水（雨水管）管长期渗漏，在车站基坑南端形成水囊，水对车站南端土体长期浸泡使土体的稳定性受到破坏；南端喷射混凝土厚度仅为 8 cm，不能抵挡内侧土性质变化带来的侧压力变化，并在水的作用下开始出现裂缝，从而造成事故。

1.2.1.2 土体失稳

1. 土体失稳含义

土体失稳是指在土体中形成了连续的滑动面，支护结构连同基坑外侧及坑底的土体一起丧失稳定性。一般的失稳形态是支护结构的上部向坑外倾倒，支护结构的底部向坑内移

图 1-3　北京地铁十号线某车站基坑塌方事故现场照片

动，坑底土体隆起，坑外地面下陷。

土体失稳包括：基坑侧壁土体整体圆弧滑动失稳、整体平移；坑底隆起、失稳，如基坑内外地基承载力失去平衡、基底踢脚隆起过大。

2. 典型事故案例

某大厦基坑位于长沙市中心，东、西、南三面紧邻城市干道。该基坑支护形式采用悬臂式人工挖孔桩，支护结构形式如图 1-4 所示。基坑开挖至 13.7 m 时，靠近主干道一侧的悬臂桩顶在土体压力作用下发生水平位移，道路产生严重开裂与不均匀沉降现象。随后的两天，该支护结构（19 根悬臂桩）全部倒塌断裂，墙后土体伴随着断裂的混凝土桩一起涌入基坑，围护结构与桩后土体整体失稳，并且造成该侧基坑周围的燃气管线和通信管线破坏。

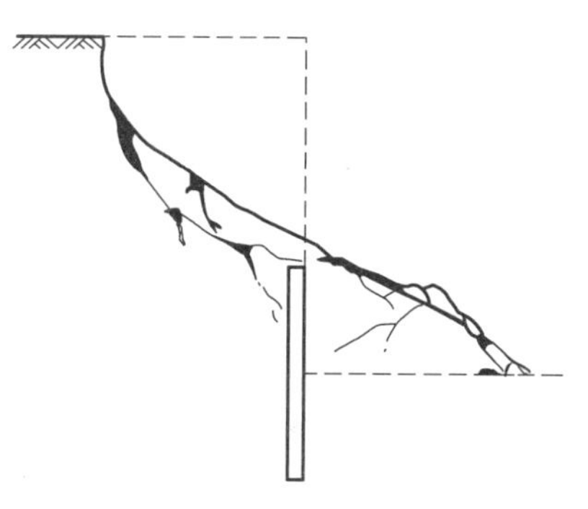

图 1-4　某大厦基坑坍塌示意图

根据专家组现场研判，本次基坑坍塌事故是勘察数据严重不符合实际情况所致。土方开挖情况表明工程地质报告所描述的土层构成、厚度和物理力学性能指标与实际相差较大，这样导致土压力计算值严重失真，支护桩的可靠性降低。而且，设计方根据错误的勘察数据进行支护桩设计，设计经验不足，所设计的悬臂桩过长，嵌固深度不足最终导致了基坑的坍塌。基坑坍塌的原因是多方面的，这是岩土工程学科的复杂性所决定的。我国早期的基坑设计当中技术规程不完善，往往有部分工程并没有经过细致的地质勘察就根据经验进行基坑支护桩设计，造成了诸多事故的发生。

1.2.1.3　地下水渗流破坏

1. 地下水渗流破坏含义

地下水渗流破坏是指基坑在富水地层开挖的过程中，支护结构内外会形成水头差。地下水在土体的孔隙中流动，当水力梯度过高时，基坑底部和周围大量土体随地下水渗流灌入基坑，导致围护结构破坏。渗流常常会引起流土、流砂、突涌和坑底管涌等现象造成基坑事故。

2. 典型事故案例

2019 年 1 月 29 日清晨 5:35，位于深圳罗湖区某项目工地发生基坑坍塌事故，坍塌面积约 200 m^2（图 1-5）。受事故影响，工地旁鹿鸣园小区一侧道路也出现路面下陷情况，基坑北侧一建筑物楼体倾斜。

图 1-5 罗湖区某基坑坍塌事故现场照片

根据专家组现场研判，认为此基坑坍塌事故原因是地下水渗流造成的。基坑北侧坍塌建筑基础采用摩擦性桩型基础，建筑桩基周围有暗渠，土层在地下水渗流的作用下质地疏松。罗湖区基坑开挖后，围护结构内外产生较大水头差，渗流速度加快。基坑周围、坍塌建筑物基础周围土体，随着地下水渗流作用下涌入基坑，最终造成基坑北侧建筑物桩基础发生脆性破坏，楼体局部倾斜下沉，基坑坍塌。

1.2.1.4 周边环境破坏

1. 周边环境破坏含义

周边环境破坏是指基坑在开挖过程中支护结构变形过大或降水，引起地面沉降过大、裂缝、塌方或周围建筑物的开裂坍塌或地下管线破坏。常见的周围环境破坏形式有房屋结构开裂、整体倾斜、道路沉降或开裂、地下管线破坏等。

2. 典型事故案例

广州某基坑在 2005 年 7 月 21 日中午发生塌方，如图 1-6 所示。该基坑原定开挖 17 m，实际开挖 20.3 m。支护方式为上部采用喷锚支护，下部采用人工挖孔桩结合钢管内支撑的支护。基坑周围环境复杂，东侧为机动车道和二号线地铁；西侧、北侧邻近河道；基坑南侧有一栋 7 层高的宾馆。事故发生前，基坑南侧宾馆裂缝数量增多、宽度增大。基坑内部南侧人工挖孔桩，桩身出现竖向裂缝。随后基坑发生坍塌，事故造成三人遇难。

根据专家组现场研判，事故原因主要是基坑超挖，原设计 17 m，后开挖 20.3 m。其次基坑支护结构为临时结构，规定服务年限一年，而该基坑从实际开挖到基坑坍塌已经接近三年，严重超时。另外基坑坍塌侧岩层倾斜，设计单位考虑不充分，支护方式一概而论，多因素综合导致该基坑坍塌。该事故对周围环境破坏极为严重，基坑南侧有一栋 7 层高的宾馆部分倒塌，最终对该宾馆采取爆破拆除。

图 1-6　广州某基坑倒塌事故现场照片

1.2.2　基坑工程事故原因分析

表 1-5 为 162 项基坑工程事故的调查资料，可以看出，事故原因是多方面的，有建设单位（业主）问题、勘察问题、设计问题、施工问题和监理问题。

表 1-5　基坑工程事故统计表

序号	事 故 原 因	事 故 次 数	所占比例/%
1	建设单位（业主）问题	10	6
2	勘察问题	7	3.5
3	基坑工程设计问题	74	46
4	基坑工程施工问题	66	41.5
5	基坑工程监理问题	5	3
合　　计		162	100

（1）建设单位（业主）问题主要表现为不能提供符合设计施工要求的基础资料，或资料不完整、不正确。

（2）勘察问题主要为土层参数试验方法不正确或不全面，报告中提供的地层参数不正确、不全面或者与基坑支护方案要求的地层参数不匹配；忽视水文地质勘察，对上层滞水、潜水、承压水界定有误，对承压水水位、水头标高及土层渗透系数等不进行专门试验。

（3）设计问题主要是支护结构选型不当、设计参数取值安全储备不够或计算错误、忽视基坑的稳定性等；对周边环境调查不够，环境风险认识不足，支护结构变形控制不满足要求；计算中基坑周边地面超载，堆载范围、施工荷载与工程实际不一致，支（锚）结构预加轴力值与图纸不一致。

(4) 施工引发事故的主要问题在于管理、互相协调、质量控制、监测、应急措施等。没有有效的工程筹划、施工组织方案,导致工序混乱、盲目开挖与超挖,随意改变设计意图,不按照设计和规范施工;施工质量存在缺陷,如桩的直径(或地下连续墙的厚度)或强度因施工过程中的塌孔、夹泥夹砂、浇筑不连续等原因造成不符合设计要求,如缩径、露筋、强度不连续等。

从基坑事故原因分析可知,设计阶段和施工阶段占比最大,是基坑工程风险控制的重点;勘察问题占比虽小,但勘察是设计的前置条件,因此意义较大。

1.2.3 基坑工程事故等级划分

根据我国《生产安全事故报告和调查处理条例》,以事故造成的人员伤亡或者直接经济损失情况为依据,将基坑工程事故分为以下 4 个等级(注:"以上"包括本数,"以下"不包括本数):

(1) 特别重大事故,是指造成 30 人以上死亡,或者 100 人以上重伤(包括急性工业中毒,下同),或者 1 亿元以上直接经济损失的事故;

(2) 重大事故,是指造成 10 人以上 30 人以下死亡,或者 50 人以上 100 人以下重伤,或者 5000 万元以上 1 亿元以下直接经济损失的事故;

(3) 较大事故,是指造成 3 人以上 10 人以下死亡,或者 10 人以上 50 人以下重伤,或者 1000 万元以上 5000 万元以下直接经济损失的事故;

(4) 一般事故,是指造成 3 人以下死亡,或者 10 人以下重伤,或者 1000 万元以下直接经济损失的事故。

《中华人民共和国安全生产法》(2021 年修订版)明确要求:安全生产工作应当以人为本,坚持人民至上、生命至上,把保护人民生命安全摆在首位,牢固树立安全发展理念,坚持安全第一、预防为主、综合治理的方针,从源头上防范化解重大安全风险;生产经营单位应健全风险防范化解机制,提高安全生产水平,确保安全生产。

基坑工程风险评估与风险控制是化解、防范基坑工程事故的重要举措。基坑工程应将勘察阶段、设计阶段、施工阶段进行有机结合,进行风险评估和风险预控,在施工过程中进行风险跟踪与监测,从而进行风险控制,以规避或减少基坑工程事故等不利事件的发生。

1.3 基坑工程风险评估与风险预控

基坑工程风险是指在基坑工程不利事件发生的可能性及其后果严重性的组合;不利事件是指可能产生不良后果的事件,如事故、缺陷或不良影响等,其中最重要的是事故,即基坑塌方。基坑工程风险具有可变性特点,主要表现在质和量上的变化:有些风险将被消除,有些风险会被转移,有些风险会发生但能降低或能够承受;在某个施工工序中还可能产生新风险或出现风险的动态升级或降级。

基坑工程风险评估是指在不利事件发生之前或发生中,对该事件给人们的生活、生命、财产等各个方面造成的后果严重性和可能性而进行的工作。不利事件发生之前包括勘察阶段、设计阶段和施工阶段的施工准备环节;不利事件发生中指施工阶段的施工过程中。

基坑工程风险预控是指不利事件发生前,采取经济、合理、有效的措施,将不利事件发生的后果严重性和可能性降至最低程度。

基坑工程风险评估与风险预控涵盖勘察阶段、设计阶段和施工阶段的施工准备环节,在这些阶段和环节辨识风险源和风险因素、进行风险分析和评价，确定风险等级，提出预防控制措施，为基坑工程的风险控制奠定基础。

1.3.1　基坑工程风险评估

1.3.1.1　基坑工程风险评估方法

风险评估方法主要有头脑风暴法、德尔菲法、检查表法、风险指数法、层次分析法、风险矩阵法等，各方法的适用范围以及在风险评估过程中各阶段的适用性见表1-6。

表1-6　风险评估方法及各阶段的适用性

风险评估方法及技术	适用范围	风险评估过程					能否提供定量结果
		风险辨识	风险分析			风险评价	
			后果	可能性	风险等级		
头脑风暴法	适用于风险评估全过程。可以单独使用来激发风险管理过程阶段的想象力，也可以与其他风险评估方法一起使用	非常适用	适用	适用	适用	适用	否
德尔菲法	适用于风险评估全过程。可依靠集体的经验判断进行风险分析，但难以借助精确的分析技术。受时间和经费限制，或因专家之间存有分歧、隔阂不宜当面交换意见	非常适用	适用	适用	适用	适用	否
检查表法	可以用来识别潜在危险、风险或者评估控制效果，可以作为其他风险评估技术的组成部分进行使用	非常适用	不适用	不适用	不适用	不适用	否
风险指数法	可以有效地划分风险等级，主要用于风险分析	适用	非常适用	非常适用	适用	非常适用	是
层次分析法	用于多目标、多层次、多因素的复杂系统的决策	不适用	适用	适用	非常适用	非常适用	是
风险矩阵法	风险矩阵是一种将后果分级与风险可能性相结合的方式。适用于风险评估全过程。该方法可根据使用需求对风险等级划分进行修改，使其适用不同的分析系统，但要有一定的工程经验和数据资料作依据	非常适用	非常适用	非常适用	非常适用	适用	是

1. 头脑风暴法

头脑风暴法是指激励一群知识渊博的人员畅所欲言，以发现潜在的失效模式及相关危害、风险、决策准则或应对办法的方法。该方法主要通过组织专家团队讨论来发现问题，或做更细致的评审以及特殊问题的细节讨论，需要参与人员提前进行充分准备，明确会议的目的和结果，有具体的方法来评价讨论思路，并尽可能多地收集不同观点，以便进行后续分析。

头脑风暴法可以单独使用来激发风险管理过程阶段的想象力，也可以与其他风险评估方法一起使用。

该方法的优点包括：

(1) 激发了想象力，有助于发现新的风险和全新的解决方案；

(2) 让主要的利益相关方参与其中，有助于进行全面沟通；

(3) 速度较快并易于开展。

该方法的局限包括：

(1) 参与者可能缺乏必要的技术及知识，无法提出有效的建议；

(2) 由于该方法相对松散，因此较难保证过程及结果的全面性；

(3) 可能会出现特殊的小组状况，导致某些有重要观点的人保持沉默而其他人成为讨论的主角。

2. 德尔菲法

德尔菲法是依据一套系统的程序在一组专家中取得可靠共识的技术。该方法是通过使用问卷调查表对一组专家进行提问，专家组成员独立填写问卷，调查人员再集结、整理并共享意见，周而复始，最终获取共识。

德尔菲法可以用于风险管理过程或系统生命周期的任何阶段。

该方法的优点包括：

(1) 由于观点是匿名的，因此成员更有可能表达出那些不受欢迎的看法；

(2) 所有观点都获得相同的重视，以避免某一权威占主导地位和话语权的问题；

(3) 便于展开，成员不必一次聚集在某个地方。

该方法的局限包括：

(1) 是一项费力、耗时的工作；

(2) 要求参与者进行清晰的书面表达。

3. 检查表法

检查表法是指凭经验编制一个危险、风险或控制故障的清单列表，并按此表进行检查，以"是/否"进行回答的方法。该方法通过组成检查表编制组，依据有关标准、规范、法律条款及过去经验，选择设计一个能充分涵盖整个范围的检查表，经过熟悉过程或系统各个因素的人员、团队审查检查表上的项目是否有缺失，再按此表对系统进行检查。

检查表法可用来识别潜在危险、风险或者评估控制效果，适用于产品、过程或系统的生命周期的任何阶段。它们可以作为其他风险评估技术的组成部分进行使用。

该方法的优点在于：

(1) 简单明了，非专业人士也可以使用；

(2) 如果考虑全面，可将各种专业知识纳入便于使用的系统中；

(3) 有助于确保常见问题不会被遗漏。

该方法的局限包括：

(1) 只可以进行定性分析；

(2) 可能会限制风险识别过程中的想象力；

(3) 检查过程只是对设置好的选项"在方框内画钩"；

(4) 往往基于已观察到的情况，不利于发现以往没有被观察到的问题。

4. 风险指数法

风险指数是对风险的半定量测评，是利用顺序尺度的记分法得出的估算值。风险指数法通过确认一个系统，对系统的各因素确定分值，并将得分相加来考虑累计效果，再将这些得分结合起来，以提供综合指数。

风险指数法可作为一种范围划定工具用于各种类型的风险，以根据风险水平划分风险。

该方法的优点包括：

(1) 可以提供一种有效的划分风险等级的工具；

(2) 可以将影响风险等级的多种因素整合到对风险等级的分析中。

该方法的局限包括：

(1) 如果过程(模式)及其输出结果未得到很好的确认，那么可能使结果毫无意义。

(2) 在很多使用风险指数的情况下，缺乏一个基准模型来确定风险因素的单个尺度是线性的、对数的还是某个其他形式，也没有固定的模型可以确定如何将各因素综合起来。在这些情况下，评级本身是不可靠的，对实际数据进行确认就显得尤其重要。

5. 层次分析法

层次分析法是指将一个复杂的多目标决策问题作为一个系统，将目标分解为多个目标或准则，进而分解为多指标(或准则)的若干层次，通过定性指标模糊量化方法算出层次单排序(权数)和总排序，以作为目标(多指标)、多方案优化决策的系统方法。

层次分析法适合于多目标、多层次、多因素的复杂系统的决策，在目标因素结构复杂且缺少必要数据的情况下使用更为方便。

该方法的优点包括：

(1) 是系统性的分析方法、简洁实用的系统性决策方法，所需定量信息较少，较好地体现了系统工程学定性与定量分析相结合的思想；

(2) 在决策过程中，决策者直接参与决策过程，并且其定性思维过程被数学化、模型化，而且还有助于保持思维过程的一致性。

该方法的局限包括：

(1) 很大程度上依赖于人们的经验，主观因素的影响很大，它至多只能排除思维过程中的严重非一致性，却无法排除决策者个人可能存在的严重片面性；

(2) 比较、判断过程较为粗糙，不能用于精度要求较高的决策问题。

6. 风险矩阵法

风险矩阵法是将风险事件发生的概率和影响程度分级评分，然后分别作为矩阵的行和列形成风险矩阵，将风险概率和风险后果估计值相乘得到风险值，进而按照风险事件在矩阵中的位置做出评估的方法。该方法需要对风险发生可能性的高低和后果严重程度进行定性或定量评估后，依据评估结果绘制风险图谱再结合风险矩阵进行风险等级划分，是一种常用的方法。

风险矩阵法通常作为一种筛查工具用来对风险进行排序，根据其在矩阵中所处的区域，确定哪些风险需要更细致的分析，或是应首先处理哪些风险，该方法可根据使用需求对风险等级划分进行修改，使其适用不同的分析系统，但要有一定的工程经验和数据资料作依据。其既适用于整个系统，又适用于系统中的某一环节。

该方法的优点包括：

(1) 方法简单，易于使用；

(2) 显示直观，可将风险很快划分为不同的重要性水平。

该方法的局限包括：

(1) 必须设计出适合具体情况的矩阵，因此，很难有一个适用于组织各相关环境的通用系统；

（2）很难清晰地界定等级；

（3）该方法的主观色彩较强，不同决策者之间的等级划分结果会有明显的差别；

（4）无法对风险进行累计叠加。

1.3.1.2 基坑工程风险评估步骤

基坑工程风险评估包括风险辨识、风险分析和风险评价，应对基坑工程中存在的各种风险及其影响程度进行综合分析、对比和排序，评估步骤如下。

1. 风险辨识

风险辨识也称为风险识别，是调查识别基坑工程中潜在的风险因素、类型、可能发生部位及原因等所做的工作，运用各种方法，系统地、连续地认识所面临的各种风险以及分析事故发生的潜在原因。基坑工程风险辨识包括静态风险辨识和动态风险辨识。静态风险辨识是在勘察阶段、设计阶段、施工阶段的准备工作中的风险辨识；动态风险辨识是对施工过程中可能出现的新风险进行的辨识。风险辨识是风险控制的基础和前提，因此要全面、系统地分析风险因素，辨识各类风险。

风险辨识步骤包括风险分类、确定参与者、收集相关资料、风险识别、风险筛选和编制风险辨识报告。风险辨识参与者需选择工程经验丰富及理论水平较高的工程技术人员、管理人员和研究人员一起参与，风险辨识中专家信息对辨识十分重要。

1）风险辨识方法

风险辨识可采用检查表法、专家调查法等定性方法，以及工程类比法等综合分析方法。

2）风险源和风险因素

风险源是指可能造成人员伤害或疾病、财产损失、工作环境破坏或这些情况组合的根源或状态，是风险的载体；风险因素是指可能引起或增加风险事故发生的机会或扩大损失的幅度，风险因素是不利事件发生的潜在原因，也是造成损失的直接或间接原因。风险源具有多样性和多层次性，与分析的对象关系密切；从宏观上看，勘察阶段、设计阶段、施工阶段均可看成基坑工程风险源，一个风险源可能包括若干个次一级的风险源或风险因素。

（1）勘察阶段风险因素：勘察阶段风险指基坑工程由勘察缺失或偏差导致基坑工程不利事件的发生。勘察阶段风险因素包括：未作勘察、勘察范围不足、特殊工程地质条件、水文地质条件、地层抗剪强度、工程建议等（表1-7）。

表1-7 勘察阶段风险因素

序号	风险因素	风险描述	风险类型
1	未作勘察	套用附近建筑物以往勘察资料，导致地层分布情况失真	导致设计阶段缺陷和施工阶段事故
2	勘察范围不足	钻孔深度和布置不符合标准要求；地质纵剖面图中，绘制出的地质情况带有部分虚假成分	
3	特殊工程地质条件	特殊地层勘探精准度差；漏判粉、砂土地层中的液化土层或特殊地层；地层空洞的规模、准确位置不清楚等	
4	水文地质条件	对上层滞水、潜水、承压水界定有误，对承压水水位、水头标高及土层渗透系数等的确定有误	

续表

序　号	风险因素	风险描述	风险类型
5	地层抗剪强度	地层抗剪强度指标不正确	
6	工程建议	工程建议不正确	

(2) 设计阶段风险因素：设计阶段风险指基坑工程因设计缺陷而导致基坑工程不利事件的发生。设计阶段风险因素包括：支护结构选型不当、设计参数取值不当、计算结果错误、构造要求不合理、周边环境保护措施不足、施工要求不明确等(表1-8)。

表1-8　设计阶段风险因素

序　号	风险因素	风险描述	风险类型
1	支护结构选型不当	采用的基坑支护方案与工程地质、水文地质条件、周边环境条件不匹配；支护结构的设计图不完整，深度不够、内容不全；不同支护剖面间的过渡缺乏表达	导致施工阶段缺陷或不良影响或事故
2	设计参数取值不当	在基坑支护结构受力计算和稳定验算中，土体的强度指标选用不正确	
3	计算结果错误	基坑周边地面超载、堆载范围、施工荷载与工程实际不一致；计算程序、计算公式、荷载组合存在错误，计算工况与实际工程不一致；计算基坑深度、支护参数取值与实际工程不一致；过大折减支护结构的土压力或内力，导致支护结构抗力不足；荷载组合系数、分项系数、重要性系数取值有误，内力计算、配筋不正确；基坑稳定性验算内容不全，稳定性安全系数取值不正确	
4	构造要求不合理	构造不满足规范要求；尺寸或配筋与计算书不一致；节点设计不完整	
5	周边环境保护措施不足	对周边环境调查不够，对周边环境风险认识不足，支护结构、周边环境的变形控制不满足要求	
6	施工要求不明确	设计说明中相关的技术要求不完善；监测布点图不正确；周边环境及支护结构的安全控制标准、管理要求有误；应急预案要求不完善	

(3) 施工阶段风险因素：基坑工程施工阶段风险指因技术方案存在缺陷、使用材料存在缺陷、施工设施不安全、施工管理缺陷可能造成的工程事故。技术方案的缺陷包括施工工序、风险预控措施、地下水控制、风险跟踪与监测、应急预案等不遵循勘察和设计文件，或没有辨识新风险相关内容等；施工管理缺陷包括施工过程中的风险跟踪与监测和应急预案等管理措施不到位。基坑工程施工阶段风险类型主要分为基坑坍塌、机械伤害、高处坠落、物体打击、起重伤害、火灾、车辆伤害、触电、中毒和窒息等九类，其中基坑坍塌、机械伤害、高处坠落、物体打击为本书讨论内容。

基坑工程施工可划分为土方开挖、支护施工、地下水控制、维护使用和支护结构拆除五个关键工序，按各关键工序，分析风险因素，判断风险类型，筛选出主要风险类型并排序(表1-9)。

表 1-9　基坑工程施工关键工序与风险因素

序　　号	风险因素	关键工序	风险描述	风险类型	风险类型排序
1	不利自然条件	土方开挖	主要指暴雨、汛期雨季等；没有季节性施工安全措施	坍塌	坍塌、机械伤害、高处坠落、物体打击
2	超挖		未按设计要求开挖，包括支护结构未达到设计强度而进行的开挖	坍塌	
3	地层条件		地质情况局部突变	坍塌	
4	开挖工艺		非对称开挖导致偏压过大	坍塌	
5	成品保护		碰撞或损伤支护结构	坍塌	
6	地面超载		土方堆置不合理，坑边超载过大	坍塌	
7	机械设备		作业不规范，碰撞、碾压作业人员	机械伤害	
8	施工工艺	支护结构施工	施工未按照设计图纸要求；打桩、连续墙施工措施不当；锚杆、土钉施工工艺不当	坍塌	
9	施工质量		支护桩（墙）、锚杆（土钉）、支撑施工质量存在缺陷，支撑杆件内部损坏（内伤），建筑材料与构配件不合格	坍塌	
10	轴力施加		加撑或预加轴力不及时	坍塌	
11	机械设备		钻机、起吊设备及钢筋笼侧翻	机械伤害	
12	地下水控制方法	地下水控制	未进行地下水控制或方法不当，产生流砂等	坍塌	
13	辅助排水		坑壁及坑底疏、排水措施不当	坍塌	
14	止水帷幕		止水帷幕失效	坍塌	
15	支护结构	维护使用	支护结构变形过大、开裂、支撑断裂破坏	坍塌	
16	交叉作业		基坑内打桩、地基处理或施工抗浮锚杆影响支护结构	坍塌	
17	基坑暴露		坑底暴露时间过长	坍塌	
18	基坑排水		坑顶排水措施不当	坍塌	
19	周边堆载		基坑周边堆载超过设计值	坍塌	
20	邻近工程		邻近工程影响；相邻基坑施工时，由于两基坑开挖、支护、回筑不同步造成压力不平衡、失稳	坍塌	
21	拆除方法	支护结构拆除	除支撑（锚杆）前未按设计要求换撑	坍塌	
22	作业人员保护		拆除支撑时保护措施不当	高处坠落、物体打击	
23	机械设备		拆除锚杆、腰梁等措施不当	机械伤害	

基坑工程施工关键工序的划分，不同支护结构形式有区别，如基坑开挖深度之内无地下水，则不存在“地下水控制”关键工序。进行基坑工程风险因素辨识时，应当依据所采用的基坑支护结构形式，合理划分关键工序。

风险跟踪与监测和应急预案风险因素的分析见表1-10。

表1-10　风险跟踪与监测和应急预案的风险因素

序　　号	风险因素	管理措施	风险描述	风险类型
1	监测点布设	风险跟踪与监测	监测点破坏或不稳固；监测点布设不规范	坍塌
2	数据分析		对基坑结构自身及周围环境不监测；监测分析和预判不准确；未及时发现支护结构变形过大、轴力过大或丧失	
3	信息反馈与预警		出现连续报警或突变值未被重视	
4	无应急预案	应急预案	出现问题不能及时分析和处理，应急预案无法落实	坍塌
5	应急处置措施		应急处置措施不当	

2. 风险分析

1）后果严重性分析

后果严重性指风险事故发生时对人、经济、周边环境、社会的影响程度。可采用不同方法对基坑工程主要风险事故（基坑坍塌）进行后果严重性分级。按照基坑开挖深度、地质条件和周边环境条件可将基坑坍塌后果的严重性划分为三级（表1-11），该表中α为相对距离比，为工程地质、水文地质条件，参见图1-1。对同一基坑的不同侧壁，可采用不同的后果严重性等级；当同一基坑工程存在不同后果严重性等级时，可取其中最高等级。

表1-11　后果严重性等级划分

<table>
<tr><td rowspan="4">开挖深度 h/m</td><td colspan="9">周边环境条件</td></tr>
<tr><td colspan="3">$\alpha<0.5$</td><td colspan="3">$0.5\leqslant\alpha\leqslant1.0$</td><td colspan="3">$\alpha>1.0$</td></tr>
<tr><td colspan="9">工程地质、水文地质条件</td></tr>
<tr><td>Ⅰ</td><td>Ⅱ</td><td>Ⅲ</td><td>Ⅰ</td><td>Ⅱ</td><td>Ⅲ</td><td>Ⅰ</td><td>Ⅱ</td><td>Ⅲ</td></tr>
<tr><td>$h>15$</td><td colspan="3">一级</td><td colspan="3">一级</td><td colspan="2">一级</td><td>二级</td></tr>
<tr><td>$10<h\leqslant15$</td><td colspan="3">一级</td><td colspan="2">一级</td><td>二级</td><td>一级</td><td colspan="2">二级</td></tr>
<tr><td>$5<h\leqslant10$</td><td colspan="3">一级</td><td>一级</td><td colspan="2">二级</td><td>二级</td><td colspan="2">三级</td></tr>
<tr><td>$h\leqslant5$</td><td colspan="2">一级</td><td>二级</td><td>二级</td><td colspan="2">三级</td><td colspan="3">三级</td></tr>
</table>

后果严重性等级一级：对人、经济、周边环境、社会的影响很大，后果很严重；

后果严重性等级二级：对人、经济、周边环境、社会的影响较大，后果较严重；

后果严重性等级三级：对人、经济、周边环境、社会的影响一般，后果不严重。

表1-11中，对人、经济、周边环境、社会的影响严重性判定标准见表1-12～表1-15。

（1）人员伤亡严重性等级见表1-12。

表 1-12 人员伤亡严重性等级分类及描述

分　类	人		
等级	描述	死亡人数	受重伤人数
1	很严重	≥3	10 人以上
2	较严重	1～2	3 人以上 10 人以下
3	不严重	0	1 人以上 3 人以下

（2）经济损失严重性等级见表 1-13。

表 1-13 经济损失严重性等级分类及描述

等　级	描　述	直接经济损失
1	很严重	1000 万元以上
2	较严重	100 万元以上 1000 万元以下
3	不严重	100 万元以下

直接经济损失是指在工程建设期内由安全风险控制措施失效引发的事故造成的人身伤亡赔偿治疗费用及工程实体损失费用。

（3）周边环境影响严重性等级见表 1-14。

表 1-14 周边环境影响严重性等级分类及描述

等级	描述	周边环境
1	很严重	工程建设期内施工场地在 $\alpha<0.5$ 范围内存在： （1）既有轨道交通工程基础设施； （2）重要建（构）筑物，如党政机关、军事管理区、文物保护单位、学校、医院、人员密集场所、居民居住区、大型公交枢纽、化工厂、加油站等； （3）重要市政地下管线，如水、电、气、热等； （4）河流或湖泊； （5）处于重大活动保障任务范围内
2	较严重	工程建设期内施工场地在 $0.5\leqslant\alpha\leqslant1$ 范围内存在： （1）既有轨道交通工程基础设施； （2）重要建（构）筑物，如党政机关、军事管理区、文物保护单位、学校、医院、人员密集场所、居民居住区、大型公交枢纽、化工厂、加油站等； （3）重要市政地下管线，如水、电、气、热等； （4）河流或湖泊； （5）处于重大活动保障任务范围内
3	不严重	工程建设期内施工场地在 $\alpha>1$ 存在： 一般建（构）筑物、一般城市桥梁道路、一般市政地下管线

（4）社会关注度等级见表 1-15。

表 1-15 社会关注度等级分类及描述

等　级	描　述	工程项目社会性质	同一事故类型频次
1	很严重	国家和地方重点工程、标志性工程、保密工程	工程所在区级行政区域及管理区域 6 个月内施工现场发生过亡人或重大社会影响的事故类型

续表

等级	描述	工程项目社会性质	同一事故类型频次
2	较严重	基础设施工程、民生工程、住宅工程；一般性社会投资工程	工程所在区级行政区域及管理区域12个月内施工现场发生过亡人或重大社会影响的事故类型
3	不严重	除上述工程以外的其他工程	—

2）发生的可能分析

基坑工程事故发生的可能性指风险事故发生的概率，根据基坑支护形式和施工企业及项目经理信用能力确定，按事故发生概率的高低分为很可能、较可能、可能、较不可能、基本不可能五类，以基坑支护常用的土钉墙、锚拉式、内支撑式划分的结果见表1-16。

表1-16 基坑工程风险发生可能性分级表

支护形式		施工企业及项目经理信用能力		
		良好	一般	不良
锚拉式	排桩+锚杆	可能	较可能	很可能
	连续墙+锚杆	较不可能	较可能	很可能
内撑式	桩+内支撑	可能	较可能	很可能
	连续墙+内支撑	基本不可能	可能	较可能
土钉墙		很可能	很可能	很可能

根据生产安全事故统计，土钉墙支护结构基坑工程事故发生的概率最高，因此其发生事故的可能性很大，表1-16中均评定为：很可能。

施工企业及项目经理信用能力包括企业安全生产管理水平、项目部管理能力和水平、项目部管理人员配备情况，它们与发生事故的概率密切相关；企业及项目经理信用能力评价结果分为良好、一般和不良三类（表1-17）。

表1-17 企业及项目经理信用能力评价表

项目经理考评结果	企业标准化考评结果		
	优良	合格	不合格
优良	良好	一般	一般
合格	一般	一般	不良
不合格	不良	不良	不良

表1-17中，依据“住房城乡建设部关于印发《建筑施工安全生产标准化考评暂行办法》的通知”（建质[2014]111号），对施工企业评定结果分为“优良”“合格”“不合格”；对项目经理信用能力评价目前尚无权威可信的评价数据，暂按“合格”考虑，如有可信资料，也可按“优良”或“不合格”考虑；企业暂无安全生产标准化考评结果的，企业信用能力按“一般”考虑。

出现下列任一情况，可将发生事故的可能性直接定为：很可能。

（1）企业半年内发生2起一般生产安全事故的；

（2）企业一年内发生3起一般生产安全事故的；

(3) 企业一年内发生1起较大及以上生产安全事故的;

(4) 采用新技术、新工艺、新设备、新材料,尚无国家、行业及地方技术标准,可能给施工安全带来较大风险的;

(5) 工程项目施工工期压缩超过30%或者工期压缩未采取技术措施的;

(6) 其他自然条件复杂、工艺复杂、结构复杂、技术难度大的分部分项工程。

3. 风险评价

风险评价是依据后果的严重性、可能性判定风险大小,确定风险等级的过程。风险评价应从识别出的风险因素所引发的风险事故发生的可能性、后果严重性两个方面进行分析,为确定基坑工程风险等级并决定风险是否需要应对和管控提供信息支撑。

1) 风险等级

风险等级按矩阵法分为重大风险、较大风险、一般风险和低风险四级,见表1-18。

表1-18 基坑工程风险等级划分矩阵表

发生的可能性	后果严重性		
	三级	二级	一级
基本不可能	低风险	低风险	一般风险
较不可能	低风险	一般风险	较大风险
可能	低风险	一般风险	重大风险
较可能	一般风险	较大风险	重大风险
很可能	较大风险	重大风险	重大风险

存在下列情况之一的,可直接列为重大风险:

(1) 基坑开挖对邻近建(构)筑物、设施造成重大安全影响或有特殊保护要求的;

(2) 达到设计使用年限拟继续使用的基坑;

(3) 改变现行设计方案,进行加深、扩大及改变使用条件的基坑;

(4) 邻近有水源的基坑。

存在下列情况之一的,可直接列为较大风险:

(1) 存在影响基坑工程安全性、适用性的材料低劣、质量缺陷、构件损伤或其他不利状态的情况;

(2) 支护结构或邻近施工产生的振动、剪切等可能产生流土、土体液化、渗流破坏;

(3) 截水帷幕可能发生渗漏;

(4) 交通主干道位于基坑开挖影响范围内,或基坑周围建筑物、构筑物、市政管线可能产生渗漏、管沟存水,或存在渗漏变形敏感性强的排水管等可能发生的水作用产生的危险源;

(5) 雨季施工时土钉墙、浅层设置的预应力锚杆可能失效或承载力严重下降;

(6) 侧壁为杂填土或淤泥等特殊性岩土;

(7) 基坑开挖可能产生过大的坑底隆起;

(8) 基坑侧壁存在振动、冲击荷载;

(9) 内支撑因各种原因失效或发生破坏;

(10) 对支护结构可能产生横向冲击荷载。

2）风险等级动态调整

按以上内容确定的基坑工程风险等级为初评等级，施工过程中依据风险跟踪与监测结果及相关规定按以下情况进行动态调整：

（1）风险自身发生变更；

（2）周边环境发生变更；

（3）企业及项目经理的信用能力发生变更；

（4）相关的法律、法规和技术标准发生变更；

（5）同类型施工安全风险发生灾难性事故；

（6）项目所在地的敏感程度和敏感时段。

除上述以外，尚应结合基坑工程支护形式、施工工况情况进行动态调整。基坑工程风险等级动态调整标准见表1-19。

表1-19　基坑工程风险等级动态调整标准表

支护形式		工况		
		开挖至基底	开工至开挖深度小于设计深度1/2或肥槽回填深度大于设计深度1/2至回填完成	基坑超过使用期或长期中途停工
锚拉式	连续墙＋锚杆	初评等级	降一级	升一级
	桩＋锚杆	初评等级	降一级	升一级
内撑式	连续墙＋钢筋混凝土内支撑	初评等级	降一级	升一级
	桩＋内支撑	初评等级	降一级	升一级
土钉墙		很可能	初评等级	初评等级

表1-19中：

（1）基坑超过使用期是指基坑已开挖至设计（或接近）标高后，支护结构工作超过正常使用期限（通常为一年）；

（2）长期中途停工是指基坑在开挖过程中因故停工超过3个月；

（3）“降一级”的基础是初评等级，施工风险最低等级为“低风险”；“升一级”的基础是动态调整后的等级，施工风险最高等级为“重大风险”。

1.3.2　基坑工程风险预控

前已述及，基坑工程风险预控是在不利事件发生前而预先采取的措施，以减少或避免不利事件的发生。

1. 勘察阶段风险预控

（1）避免地质勘察缺失或偏差，地质报告应经过相关审查；

（2）保证地质勘察精准度，提供准确的工程地质、水文地质资料，保证土层参数试验方法的正确性；

（3）提出合理可行的工程建议。

2. 设计阶段风险预控

（1）避免无证设计、超越设计，信用能力良好的企业承担设计任务是取得基坑工程成功的关键；

(2) 总体设计或方案设计应遵循规避风险的原则，应尽量避开不良地质和重要周边环境；

(3) 应遵循降低风险、控制风险的原则，确定合理的支护结构形式、施工方法和技术措施；保证计算或验算结果的正确性；制定科学、合理的风险监测项目及控制值；提出或加强结构自身或周边环境保护技术措施；对应急预案提出要求。

3. 施工阶段风险预控

在施工阶段的施工准备工作中进行风险预控，主要内容为：

1) 基坑工程风险分析与评价完成后，应填报风险清单；对重大风险应当编制评估报告，评估报告应当客观公正、数据准确、内容完整、结论明确、措施可行。

2) 对重大风险和较大风险，施工单位应在风险评估的基础上综合考虑技术措施、管理措施等方面编制专项施工方案，专项施工方案的内容如下：

(1) 技术措施包括：科学先进的施工工艺技术、结构自身和周边环境保护技术等；

(2) 管理措施包括：

① 制定施工安全保障措施、施工管理及作业人员配备和分工以及组织制度、责任制度、考核制度、培训制度等各项管理制度；

② 制定风险跟踪与监测方案；

③ 制定新风险的辨识及处理方案；

④ 制定应急预案，包括应急处置措施、应急抢险队伍、储备应急物资、进行有针对性的应急演练等；制定重大风险清单及应急处置措施。

3) 对一般风险和较低风险，施工单位编制施工方案，明确管控措施。

4) 施工单位项目部应通过施工现场安全教育、安全技术交底等方式明确各岗位存在的风险及应采取的措施。

1.4 风险跟踪与监测

1.4.1 风险跟踪与监测的目的和工作内容

1.4.1.1 风险跟踪与监测的目的

1. 辨识新风险

调查识别基坑工程施工过程中出现的新风险，包括风险源和风险因素、可能发生部位及原因，全面掌控基坑工程的安全状态，避免新风险造成的事故。

2. 观测风险动态变化

基坑工程风险等级为初评等级，其在施工过程中是动态变化的，及时捕捉风险升级或降级信息，利于全局把控风险情况。

3. 预控措施效果分析与评价

设计阶段和施工阶段的施工准备中均制定了预先控制措施，跟踪与监测并分析与评价这些预控措施的效果对规避或减少基坑工程事故的发生具有重要意义；此外，当前我国基坑支护结构设计水平处于半理论半经验状态，积累完整准确数据，对于验证并完善基坑工程设计、总结工程施工经验也具有重要意义。

4. 保护基坑工程安全

基坑工程施工中为满足支护结构及被支护土体的稳定性，首先要防止破坏或极限状态发生；破坏或极限状态主要表现为静力平衡的丧失，或支护结构的构造性破坏。在破坏前，往往会在基坑侧向的不同部位上出现较大的变形，或变形速率明显增大。支护结构和被支护土体的过大位移，将引起周边环境的使用功能丧失，甚至会引发一连串灾难性的后果。因此，在施工过程中进行风险跟踪与监测是保证基坑工程安全的重要手段。

1.4.1.2　工作内容

应在基坑工程风险评估与风险预控的基础上结合施工方案编制风险跟踪与监测方案，包括风险跟踪和风险监测工作内容；在施工过程中采用现场巡查和远程视频监控技术、仪器观测等方法对基坑工程施工进行实时全方位跟踪和监控。

1. 风险跟踪工作内容

风险跟踪指采用现场巡查、远程视频监控和仪器设备等方法对风险和风险因素的发展情况进行跟踪观察，及时发现和处理尚未辨识到的新风险，同时督促风险预控措施的实施。

风险跟踪的工作内容如下：

(1) 已经辨识的风险的观察记录，对风险的发展状况进行记录和查询，便于及时地发现和解决问题；

(2) 新风险的辨识和观察记录，对发现的新风险应重新进行风险评估、风险预控，并更新风险清单；

(3) 跟踪风险预控措施实施情况的记录；

(4) 风险动态调整记录；

(5) 监测设施和监测风险因素的跟踪与记录。

记录的内容包括风险辨识人员、风险的区域及风险因素、发展状态、是否采取控制措施、实施人员等。

应有专门工程技术人员对风险和风险因素进行认真的观察和记录，对发现的异常情况应及时通知有关人员进行处理；对重大风险应建立风险清单并形成专门的风险管理文档。

2. 风险监测工作内容

施工阶段风险监测指利用仪器设备等多种技术手段对基坑工程施工过程中可能产生的基坑结构自身、周围岩土体、周边环境风险进行连续量测，及时进行数据分析与处理和预警，以防止风险事故的发生。

风险监测的工作内容如下：

(1) 明确监测项目及其控制值；

(2) 风险监测的实施，对结构自身、周围岩土体、周边环境进行监测，通过实测值与控制值之间的关系评价预控措施并提出处理措施建议；

(3) 反馈风险状态，发出风险预警；

(4) 提出风险处置措施建议。

1.4.2 基坑工程影响分区与监测等级

一般来说，邻近基坑岩土体受扰动程度最大，由近到远的影响程度越来越小，因此应对基坑工程进行影响区域的划分，并明确监测等级，目的是在监测设计工作量布置时更具有针对性，突出重点，节约监测费用，从而合理开展监测工作。国家标准《城市轨道交通工程监测技术规范》(GB 50911—2013)在此方面做了明确规定。

1.4.2.1 基坑工程影响分区

基坑工程根据周围岩土体和周边环境受工程施工影响程度的大小而进行的区域划分，一般划分为主要影响区、次要影响区和可能影响区(表 1-20、图 1-7)。

表 1-20 基坑工程影响分区

基坑工程影响区	范　　围
主要影响区(Ⅰ)	基坑周边 $0.7H$ 或 $H\cdot\tan(45°-\varphi/2)$范围内
次要影响区(Ⅱ)	基坑周边 $0.7H$～$(2.0～3.0)H$ 或 $H\cdot\tan(45°-\varphi/2)$～$(2.0～3.0)H$ 范围内
可能影响区(Ⅲ)	基坑周边$(2.0～3.0)H$ 范围外

(1) H——基坑设计深度，m；φ——岩土体内摩擦角，(°)；

(2) 基坑开挖范围内存在基岩时，H 可为覆盖土层和基岩强风化层厚度之和；

(3) 工程影响分区的划分界线取表中 $0.7H$ 或 $H\cdot\tan(45°-\varphi/2)$的较大值。

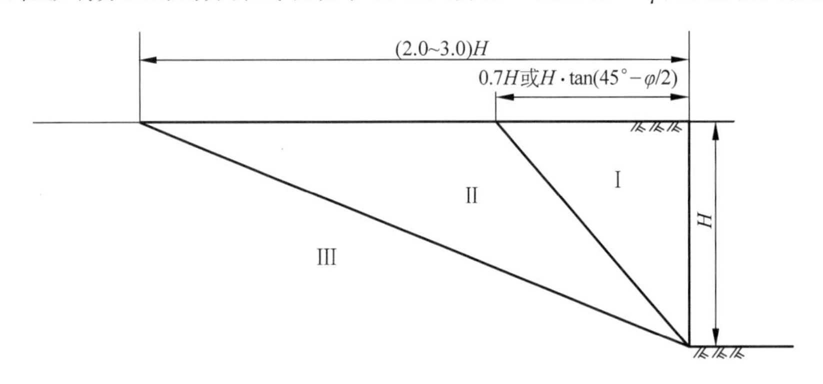

图 1-7 基坑工程影响分区

例如，北京地区地层较为坚硬、稳定，根据 $H\cdot\tan(45°-\varphi/2)$计算结果接近 $0.7H$，主要影响区为基坑周边 $0.7H$ 范围内，次要影响区为基坑周边 $0.7H$～$2.0H$ 范围内，可能影响区为基坑周边 $2.0H$ 范围外；上海地区地层较为软弱，岩土性质较差，主要影响区可根据 $H\cdot\tan(45°-\varphi/2)$计算确定，次要影响区范围适当扩大，为基坑周边 $H\cdot\tan(45°-\varphi/2)$～$3.0H$ 范围内，可能影响区为基坑周边 $3.0H$ 范围外；广州、重庆等存在基岩的地区，基岩微风化、中等风化岩层较为稳定，工程影响分区主要考虑覆盖土层和基岩全风化、强风化层的影响，H 可按土层和基岩全风化、强风化层厚度之和进行取值计算，综合确定工程影响分区。

1.4.2.2 监测等级

监测等级(表 1-21)指根据基坑工程自身、周边环境和地质条件等风险大小的不同，对风险监测进行的等级划分。

表 1-21 监测等级

工程自身风险等级	周边环境风险等级			
	一级	二级	三级	四级
一级	监测一级	监测一级	监测一级	监测一级
二级	监测一级	监测二级	监测二级	监测二级
三级	监测一级	监测二级	监测三级	监测三级

工程自身风险是指工程自身设计、施工的复杂程度带来的风险，一般根据支护结构发生变形或破坏、岩土体失稳等的可能性和后果的严重程度来确定(表 1-22)。

表 1-22 基坑工程自身风险等级

工程自身风险等级		等级划分标准
基坑工程	一级	设计深度大于或等于 20 m 的基坑
	二级	设计深度大于或等于 10 m 且小于 20 m 的基坑
	三级	设计深度小于 10 m 的基坑

周边环境风险是指地下工程施工对周边环境造成的风险，根据周边环境发生变形或破坏的可能性和后果的严重程度进行等级划分(表 1-23)。

表 1-23 周边环境风险等级

周边环境风险等级	等级划分标准
一级	主要影响区内存在既有轨道交通设施、重要建(构)筑物、重要桥梁与隧道、河流或湖泊
二级	主要影响区内存在一般建(构)筑物、一般桥梁与隧道、高速公路或重要地下管线；次要影响区内存在既有轨道交通设施、重要建(构)筑物、重要桥梁与隧道、河流或湖泊；隧道工程上穿既有轨道交通设施
三级	主要影响区内存在城市重要道路、一般地下管线或一般市政设施；次要影响区内存在一般建(构)筑物、一般桥梁与隧道、高速公路或重要地下管线
四级	次要影响区内存在城市重要道路、一般地下管线或一般市政设施

工程监测等级与工程地质条件的复杂性有很密切的关系，在已有分级的基础上，还需要根据工程地质条件复杂程度(表 1-24)对监测等级进行调整。

表 1-24 地质条件复杂程度

地质条件复杂程度	等级划分标准
复杂	地形地貌复杂；不良地质作用强烈发育；特殊性岩土需要专门处理；地基、围岩和边坡的岩土性质较差；地下水对工程的影响较大需要进行专门研究和治理
中等	地形地貌较复杂；不良地质作用一般发育；特殊性岩土不需要专门处理；地基、围岩和边坡的岩土性质一般；地下水对工程的影响较小

续表

地质条件复杂程度	等级划分标准
简单	地形地貌简单；不良地质作用不发育；地基、围岩和边坡的岩土性质较好；地下水对工程无影响

1.4.3 现场巡查和远程视频监控项目

1.4.3.1 现场巡查项目

现场巡查简单且经济，是风险跟踪的重要手段之一，也是一件非常重要的工作。现场巡查以目测为主，辅以锤、钎、量尺、放大镜等简单工具以及摄影、摄像等设备。工程实践表明，现场巡查能对整个工区及其周边环境的动态进行宏观监控，能对仪器监测点未布控处的风险提供及时和准确的信息，能发现新的风险，并能对风险的动态变化提供依据。

现场巡查按照施工阶段的5个关键工序进行已辨识的风险和其他突发风险的观察记录，分析不同工序中风险的发展与变化，总结变化趋势，掌握风险发展状况。

1. 土方开挖

不利自然条件、超挖、地层条件、开挖工艺、成品保护、地面超载、机械设备等。

2. 支护结构施工

施工工艺、施工质量、轴力施加、机械设备等。

3. 地下水控制

地下水控制方法、辅助排水、止水帷幕等。

4. 维护使用

支护结构、交叉作业、基坑暴露、基坑排水、周边堆载、邻近工程等。

5. 支护结构拆除

拆除方法、作业人员保护、机械设备等。

6. 监测设施

观察并记录基准点、监测点、监测元器件的完好状况、保护情况。

7. 其他突发风险

观察并记录是否有机械伤害、高处坠落、物体打击的风险因素，以及其他可能出现的风险，如坑边活荷载、动荷载和地表裂缝等；建(构)筑物、地下管线、道路等周边环境的异常情况。

8. 跟踪风险预控措施的实施情况

观察并记录风险预控措施是否实施及实施效果。

基坑工程施工期间，应派专人对风险进行现场巡查，注意留好纸质记录及影像资料。一经发现异常情况，应立即上报相关单位，并采取相应措施。

1.4.3.2 远程视频监控项目

远程视频监控是指利用图像采集、传输、显示等设备及语音系统、控制软件组成的工程安全管理监控系统，对基坑工程进行监视、跟踪和信息记录，其内容与现场巡查的类似。对于重大风险应采用远程视频监控进行24小时的全天候监控；对于较大风险可采用远程视频监控。

1.4.4 仪器量测项目

1.4.4.1 仪器量测对象

仪器量测是指采用水准仪、全站仪、测斜仪等仪器进行数据采集与分析的方法，为风险监测的主要工作。监测仪器和传感器的选用应满足监测精度和量程的要求，并应稳定、可靠。

仪器量测对象有结构自身、周围岩土体和周边环境。

1. 结构自身

结构自身指基坑工程的支护结构，包括土钉墙支护结构、锚拉式支护结构、支撑式支护结构等。

(1) 支护结构、边坡顶部变形是反映基坑稳定性的重要指标；

(2) 挡土结构的变形可反映出其沿深度方向上不同位置处的变形情况，对于分析、评判基坑的稳定和变形发展趋势起着重要作用；

(3) 基坑内立柱结构一旦变形过大会导致支撑体系失稳，因此立柱结构的变形也是表征基坑安全的重要指标；

(4) 基坑水平支撑为挡土结构提供平衡力，以使其在外侧土压力的作用下不至于出现过大变形，甚至倾覆，可见，支撑轴力是反映基坑稳定性的重要指标；

(5) 基坑采用锚杆进行侧壁的加固，其拉力变化也是反映基坑稳定性的重要指标。

2. 周围岩土体

周围岩土体指基坑工程施工影响范围内的地表、岩土体、地下水等。

(1) 地表沉降是综合分析基坑的稳定以及地层位移对周边环境影响的重要依据；

(2) 基坑工程塌方与地下水的影响关系密切，地下水是影响基坑安全的一个重要因素；

(3) 基坑开挖是一个卸载的过程，随着坑内土体的开挖，坑底土体隆起会越来越大，尤其是软弱土地区，过大的基底隆起会引起基坑失稳。

3. 周边环境

周边环境指基坑工程施工影响范围内既有的轨道交通设施、建筑物、地下管线、桥梁、高速公路、道路、河流、湖泊等。

1.4.4.2 监测点布设原则和监测点保护

1. 监测点布设原则

1) 支护结构和周围岩土体

(1) 支护结构和周围岩土体监测点的布设位置和数量应以针对性、合理性和经济性为原则，根据施工工法、地质条件及监测方法的要求等综合确定，并应满足反映监测对象实际状态、位移和内力变化规律，以及分析监测对象安全状态的要求。

（2）支护结构监测应在支护结构设计计算的位移与内力最大部位、位移与内力变化最大部位及反映工程安全状态的关键部位等布设监测点。

2）周边环境

周边环境监测点的布设位置和数量应根据其类型和特征、监测等级或基坑工程安全等级、监测项目及监测方法的要求等综合确定。

（1）周边环境监测点应布设在反映环境对象变形特征的关键部位和受施工影响敏感的部位。

（2）周边环境监测点的布设应便于观测，且不应影响或妨碍环境监测对象的结构受力、正常使用和美观。

3）监测断面

监测点布设时应设置监测断面，且监测断面的布设应反映监测对象的变化规律，以及不同监测对象之间的内在变化规律。纵向监测断面是指沿着基坑长边方向布设的监测点组成的监测断面；横向监测断面是指沿垂直于基坑长边方向布设的监测点组成的监测断面。考虑不同监测对象的内在联系和变化规律时，不同的监测项目布点要处在同一断面上（图 1-8）。

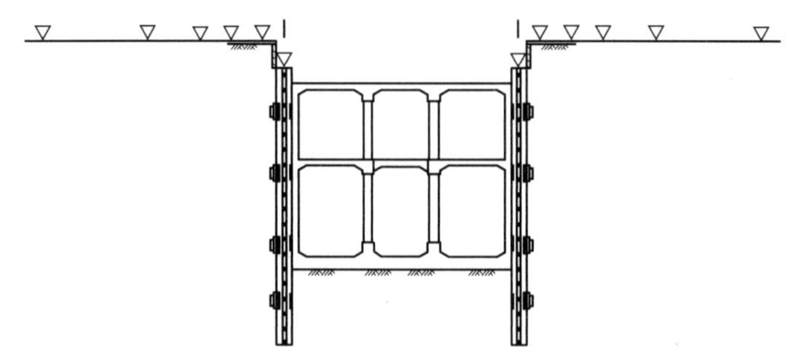

图 1-8　监测断面示意图

2. 监测点保护

监测点是一切测试工作的基础，因此应特别加强对各监测点的保护工作，完善检查、验收措施。监测过程中，应做好监测点和传感器的保护工作。测斜管、水位观测孔、分层沉降管等管口应砌筑窨井，并加盖保护；爆破振动、应力应变等传感器应防止信号线被损坏。

（1）在每个监测点埋设完成后，应立即检查埋设质量，发现问题，及时整改；

（2）确认埋好后，埋设人员应及时填写埋设记录，并准确测量初始数据存档，作为开挖时监测的参考；项目负责人应进行实地验收，并在埋设记录上签字确认；

（3）对于所有预埋监测点的实地位置应做精确记录，露出地坪的应做出醒目标志，并设保护装置；

（4）监测过程中应跟踪并记录监测点的完好状态。

1.4.4.3　监测项目与监测方法

监测所采用的方法和使用的仪器设备多种多样。监测对象和监测项目不同，采用的监测方法和仪器设备就不同；工程监测等级和监测精度不同，采用的监测方法和仪器设备的精度也不一样；另外，由于场地条件、工程经验的不同，也会采用不同的监测方法。因此，监测方法的选择应根据监测对象和监测项目的特点、设计要求、精度要求、场地条件和当地工程经验等综合确定，并应合理易行。

基准点为测量控制点，应布设在施工影响范围以外的稳定区域，且每个监测工程的竖向位移观测的基准点不应少于3个，水平位移观测的基准点不应少于4个；当基准点距离所监测工程较远致使监测作业不方便时，宜设置工作基点；基准点和工作基点应在工程施工前埋设，经观测确定稳定后再使用。

监测期间，基准点应定期复测。当使用工作基点时，应与基准点进行联测。监测点埋设并稳定后，应至少连续独立进行3次观测，并取其稳定值的平均值作为初始值。

1. 水平位移

水平位移监测常用经纬仪或全站仪。经纬仪、全站仪可以精密地测定水平角度、垂直角度及距离，主要用来观测水平位移，如支护结构顶水平位移、边坡坡顶水平位移等。

2. 竖向位移

竖向位移监测常用几何水准测量、静力水准测量等方法，此外有电子测距三角高程测量方法，主要用来观测沉降或隆起。

1）几何水准测量

几何水准测量的仪器为水准仪，水准仪能提供水平视线，是用以测量各测点之间高差的光学仪器。水准仪可用来观测沉降，如道路、地表、支护结构、周围岩土体、周边环境、地下水的沉降等，此外也可观测地表隆起等。几何水准测量手段是最为普及的方法，具有实施灵活、精度较高、成果可靠的特点。若水准测量不具备测量条件，可采用全站仪三角高程测量代替水准仪进行量测。

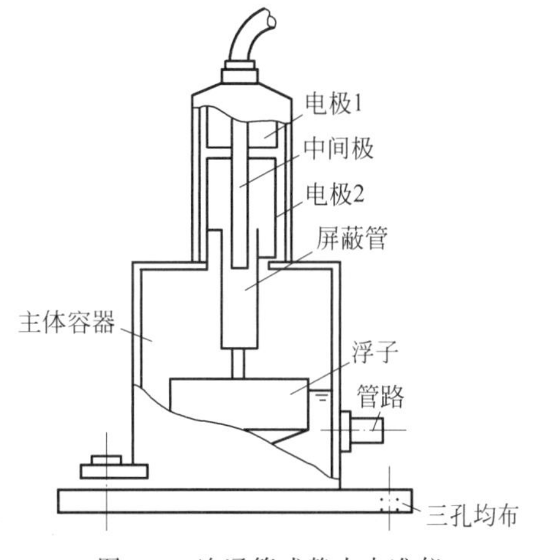

图1-9　连通管式静力水准仪

2）静力水准测量

静力水准测量采用的仪器为静力水准仪（图1-9），目前有连通管式静力水准和压差式静力水准两种装置。连通管式应用较广泛，其原理是利用连通容器中液体通过管路流动和交换，静止液面在重力作用下保持水平这一特征来测量各监测点间的高差；压差式静力水准系统是通过设置在容器间的压力传感器测量金属膜片压力差的变化计算测点高差。

静力水准仪配套采集系统、传输系统、数据处理分析系统等，具有精度高、稳定性好、无需通视等特点，可实施远程自动化24小时连续监测，主要应用于既有轨道交通结构、桥梁等监测。

3. 深层水平位移

挡土构件和土体深层水平位移的监测常采用测斜仪。测斜仪是一种能有效且精确地测量土体内部水平位移或变形的仪器。测斜仪分为固定式和活动式两种。固定式将测头固定埋设在结构物内部的固定点上；活动式即先埋设带导槽的测斜管，间隔一定时间将测头放入管内沿导槽滑动。测斜管采用聚氯乙烯(PVC)工程塑料或铝合金管制成，管内有两组相互垂直的纵向导槽。

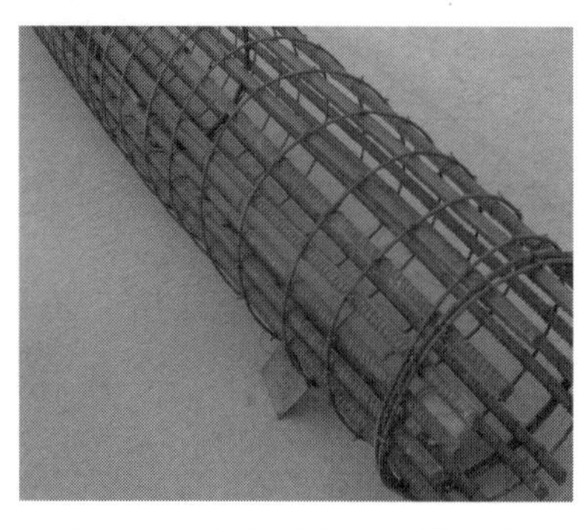
图 1-10 测斜管与钢筋笼绑扎

挡土构件水平位移监测方法为：测斜管与挡土构件的钢筋笼绑扎(图 1-10)，一同下放并浇筑混凝土；将测斜仪探头放入测斜管底，恒温一段时间后自下而上以 0.5 m 间隔逐段量测各深度处的水平位移。每监测点均应进行正、反两次量测，并取其平均值为最终值。

4. 支撑轴力

支撑轴力常采用轴力计来量测。根据测量原理不同，轴力计可分为钢弦式和电阻应变式，相应采用频率计和电阻应变仪进行测读。

5. 锚杆和土钉拉力监测

锚杆和土钉拉力常采用测力计、钢筋应力计或应变计进行监测，当使用钢筋束作为锚杆时，宜监测每根钢筋的受力。

测力计、钢筋应力计和应变计的量程宜为设计值的 2 倍，量测精度不宜低于 0.5% F·S(综合精度)，分辨率不宜低于 0.2% F·S。

6. 倾斜

采用投点法、激光铅直仪法、垂准法、倾斜仪法或差异沉降法等方法量测建(构)筑物的倾斜，如建筑物、桥梁、高耸构筑物等。

倾斜仪法可采用水管式、水平摆、气泡或电子倾斜仪等进行观测，倾斜仪应具备连续读数、自动记录和数字传输功能。

差异沉降法采用水准方法测量沉降差，经换算求得倾斜度和倾斜方向；当采用全站仪或经纬仪进行外部观测时，仪器设置位置与监测点的距离宜为上、下点高差的 1.5～2.0 倍。

7. 地下水位

地下水位监测通过钻孔设置水位观测管，采用测绳、水位计等进行量测。

水位观测管埋设稳定后应测定孔口高程并计算水位高程。人工观测地下水位的测量精度不宜低于 20 mm，仪器观测精度不宜低于 0.5% F·S。

8. 结构应力监测

混凝土结构应力和钢筋内力采用安装在结构内部或表面的应变计或钢筋应力计进行量测。

1) 应变计

应变计是用于测试结构承受荷载、温度变化而产生变形的一种传感器。根据其工作原理可分为电阻应变计、钢弦式应变计及光纤光栅应变计。表面式应变计通过粘结固定在被测表面上，具有测量精度高、测量范围大、可靠性高、抗电磁干扰等优点；埋入式应变计是埋入结构混凝土或钢筋等材料中，以便长期观测其结构应变的变化，进行状态分析，达到示警以及故障诊断的目的。

2）钢筋应力计

钢筋应力计又称为钢筋计，用于测量钢筋混凝土内的钢筋应力，如支护结构钢筋内力、格栅内力等。钢筋计与受力主筋一般通过连杆电焊的方法连接。

对同一监测项目，监测工作应遵循以下基本原则：

（1）采用相同的监测方法和监测路线；

（2）使用同一监测仪器和设备；

（3）固定监测人员；

（4）在基本相同的时段和环境条件下工作。

1.4.4.4 监测频率与监测周期

1. 监测频率

监测频率为监测的频次，与施工方法、施工进度、工程所处的地质条件、周边环境条件，以及监测对象和监测项目的自身特点等密切相关。在制定监测频率时既要考虑不能错过监测对象的重要变化时刻，也应当合理布置工作量，控制监测费用。选择科学、合理的监测频率有利于监测工作的有效开展。

2. 监测周期

监测周期指监测工作开始与结束时间，监测工作在施工前开始并贯穿工程施工全过程，满足下列条件时，可结束监测工作：

（1）基坑回填完成后；

（2）满足设计要求结束监测工作的条件。

1.4.4.5 监测数据分析处理

监测数据需及时进行计算、分析和整理工作，形成完整、清晰的分析和处理成果。数据处理成果可以采用图表、曲线等直观且易于反映工程安全问题的表现形式，同时对相关图表、曲线也应附必要的文字说明。在某个阶段或整个过程的监测工作完成后，应形成书面文字报告，对该阶段或整个监测工作（包括新发现风险的监测）进行总结、分析，提出相关分析结论和建议。

1. 数据处理

现场监测所取得的原始数据，不可避免地具有一定的离散性，其中包含量测误差，甚至有测试错误，不经过整理和数学处理的数据是难以直接利用的，因此在监测数据整理分析过程中，首先应对原始监测数据进行可靠性检验和误差分析，如发现当日当次数据存在误差，则在可能的情况下应该立即重测，并在履行必要的手续后修改原始数据；如查明存在其他形式的误差且无法补测，则应做详细记录，并在数据整理过程中进行修正。

监测成果经过汇总，应整理成直观、易懂、一目了然的曲线（散点）图，如位移-时间变化、位移速度-时间变化等曲线（散点）图。当曲线趋于平缓时，进行非线性回归分析、理论分析，推算最终位移值，总结出位移变化的动态规律。

2. 非线性回归分析

根据实测数据的历时曲线特征选择合适的曲线函数，如对数函数、指数函数、双曲线函数等进行回归分析。对地表沉降等变形的预测时，采用的非线性回归函数有：

（1）对数函数

$$u=a\lg(t+1) \tag{1-1}$$

$$u=a+\frac{b}{\lg(t+1)} \tag{1-2}$$

（2）指数函数

$$u=a\mathrm{e}^{-b/t} \tag{1-3}$$

$$u=a(1-\mathrm{e}^{-b/t}) \tag{1-4}$$

（3）双曲线函数

$$u=t/(at+b) \tag{1-5}$$

$$u=a\left[1-\left(\frac{1}{1+bt}\right)^2\right] \tag{1-6}$$

式中：u——变形值（或应力值）；

a,b——回归系数；

t——测点的观测时间，d。

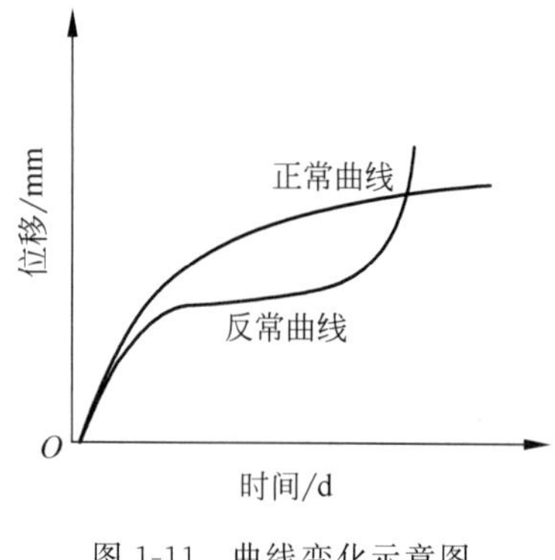

图 1-11　曲线变化示意图

图 1-11 中的位移-时间变化曲线图中的正常曲线，反映了曲线的位移变化随时间逐渐稳定，说明风险可控；反常曲线的反弯点，说明位移出现了反常的急剧增长现象，表明风险不可控，应立即采取相应的措施，必要时立即停止施工进行处理。

3. 理论计算分析

目前采用的理论计算方法主要为有限单元法、有限差分法、灰色系统、神经网络分析方法等，利用监测所取得的数据与理论计算结果进行对比分析，如变化规律相符，就可以利用理论计算的结果来预测分析后续施工的状态。

1.4.4.6　监测项目控制值

监测项目控制值是基坑工程施工过程中对结构自身、周边环境的安全状态或正常使用状态进行判断的重要依据，其大小直接影响到工程自身和周边环境的安全。因此，合理地确定监测项目控制值是一项十分重要的工作。

1. 控制值确定原则

（1）支护结构的安全性；

（2）周边环境使用的功能及安全性；

对控制值的确定应综合考虑支护结构的安全性，周边环境对象的实际状态、使用功能及安全性等保护要求。

2. 确定方法

1）位移控制值

位移控制值可采用工程类比法或综合分析法确定。工程类比法是在现场调查分析的基础上，结合类似工程已有监测控制值的基础上而确定的具体数值；综合分析法是采用数值模拟法、原位测试、模型试验、经验公式等一种或多种方法，结合相关标准和已有监测经验而综合确定的具体数值。

位移控制值包括累计变化值和变化速率值，累计变化值反映的是监测对象当前的安全状态，而变化速率值反映的是监测对象安全状态变化的发展速度，过大的变化速率，往往是突发事故的先兆。

2）周边环境控制值

周边环境控制值一般由评估单位在现状调查或检测、分析计算和评估的基础上，结合产权单位的要求综合确定。

1.4.4.7 监测预警

监测预警是风险监测工作的核心，通过监测预警能够使相关单位对异常情况及时做出反应，采取相应的措施。监测预警采用累计变化值和速率变化值的双重控制体系；基坑施工过程中，监测项目累计变化值在达到控制值之前，往往出现速率变化过大现象，根据该现象而采取的控制措施，能达到抑制风险发展、规避风险的目的，从而避免工程自身和周边环境等风险事故的发生。

1. 监测预警分级

监测预警分级按实测值达到控制值的百分比进行划分，一般划分为70%、85%和100%三级，实测值达到控制值的百分比小于70%可认为无风险，大于70%需引起注意。目前北京市轨道交通工程监测预警体系较为成熟，其分级标准参见表1-25。

表1-25　监测预警分级

预警级别	预警状态描述
黄色预警	累计变化值和速率变化值均达到控制值的70%；或之一达到控制值的85%时
橙色预警	累计变化值和速率变化值均达到控制值的85%；或之一达到控制值时
红色预警	累计变化值和速率变化值均达到控制值

（1）黄色预警：风险预控效果良好，施工状态为安全；

（2）橙色预警：风险预控效果一般，应通知甲方、施工方、管理部门等相关单位，同时加强观测，配合施工查找原因，对施工有效加强控制措施提出建议；

（3）红色预警：风险预控效果差，立即向甲方、管理部门、设计、施工方等相关单位报警，同时增加监测测点、加密监测频率、及时反馈信息，配合专项技术会议，根据实施特殊措施需要开展专项监测。

当有风险事故征兆时，应及时加强跟踪与监测。

2. 警情报送

警情报送是监测的重要工作之一，也是监测人员的重要职责，通过警情报送能够使相关各方及时了解和掌握现场情况，以便采取相应措施，避免事故的发生。

(1) 当监测数据达到预警标准时应进行警情报送，这就要求外业监测工作完成后，应及时对监测数据进行内业整理、计算和分析，发现监测项目的累计变化量或变化速率无论达到任何一级预警标准都要进行警情报送。

(2) 现场巡查过程中发现下列警情之一时，应根据警情紧急程度、发展趋势和造成后果的严重程度进行警情报送：

① 基坑支护结构出现明显变形、较大裂缝、断裂、较严重渗漏水，锚杆、土钉出现松弛或拔出等；

② 基坑周围岩土体出现涌砂、管涌，较严重渗漏水、突水，滑移、坍塌，基底较大隆起等；

③ 周边地表出现突然明显沉降或较严重的突发裂缝、坍塌；

④ 周边环境出现危害正常使用功能或结构安全的过大沉降、倾斜、裂缝等；

⑤ 周边地下管线变形突然明显增大或出现裂缝、泄漏等。

3. 预警消除

出现的警情采取措施处理完成后，满足下列条件之一的，可消除预警：

(1) 结构自身、周边环境变形稳定，现场巡查正常，且没有产生新风险或次生风险；

(2) 地下主体结构完成。

1.4.4.8 信息反馈

风险跟踪与监测工作日常信息反馈有日报、阶段性报告和总结报告等形式。风险跟踪与监测数据正常情况下每日提交一次日报，阶段性报告为每周提交一次周报、每月提交一次月报，结束后提交总报告。

1.5 基坑工程施工过程中的风险控制

基坑工程风险控制应遵循安全第一、风险预控、综合治理的原则。

基坑工程风险控制是制定风险处置措施及应急预案，实施监测、跟踪与记录施工过程中的风险，以防止不利事件发生或减少其发生造成的损失；风险处置措施包括风险消除、风险降低、风险转移和风险自留四种方式。

1.5.2.1 风险控制步骤

1) 根据风险评估结果制定相应的风险预控措施

2) 施工过程中，按照施工关键工序进行风险因素的控制，采用风险跟踪与监测对基坑工程已辨识风险进行跟踪、监测，并进行风险预控措施效果的评价与分析，同时进行如下工作：

(1) 新风险的观测与记录，若发现新风险，应按照前述内容进行风险再评估并根据风险等级情况采取处理措施；

(2) 分析风险动态降级与升级情况，动态升级的风险，应按照新风险处理。

3）风险处置措施

（1）根据风险评估结果结合经济、技术分析，可预先采用风险转移的处置措施；

（2）施工过程中采用风险跟踪与监测的方法来分析风险预控的实施效果、是否有新的风险出现或风险动态降级与升级情况、基坑工程的安全状态等，从而采取相应的风险消除、风险降低或风险自留的处置措施。

1.5.2.2　风险处置措施

基坑工程从风险因素入手，完成风险评估后，根据总体目标，以有利于提高对基坑工程风险的控制能力、减少风险发生可能性和降低风险损失为原则，选择合理的风险处置对策。

风险处置有四种基本对策，可选择一种或多种对策实施风险控制。

1. 风险消除

风险消除是指采取措施不让基坑工程不利事件发生或发生的可能性降至最低。风险消除措施包括：

（1）调整工程规划，避开风险源；

（2）改移周边环境风险源；

（3）采取效果良好的风险预控措施。

施工过程中，风险监测与跟踪结果正常，预控措施效果明显，未发现新风险或出现风险升级情况，可认为风险已被消除。

2. 风险降低

风险降低是指通过采取预控措施或修改技术方案等降低基坑工程风险事故发生的概率和（或）损失。风险降低措施包括：

（1）采取预控措施，降低风险等级，如加强支护结构强度与刚度、加强周边环境的保护措施等，将重大风险降低为较大风险甚至降低成一般风险；

（2）在施工过程中跟踪与监测各风险因素并进行风险预控措施效果的评价与分析，出现异常及时采取处理措施，使基坑工程始终处于安全可控状态；

（3）施工过程中根据基坑工程支护形式、工况进行的动态降低调整（参见表1-19）；

（4）施工过程中根据风险跟踪与监测情况，修改技术方案，通过加强技术措施来降低风险等级。

施工过程中风险等级降低后，风险监测与跟踪结果正常，预控措施效果良好，未发现新风险或出现风险升级情况，可认为风险降低有效。

3. 风险转移

依法将基坑工程建设风险的全部或部分转让或转移给第三方（专业单位），或通过保险等合法方式使第三方承担工程建设风险。基坑工程可采用保险来转移风险，但不应将工程保险作为唯一减轻或降低风险的控制措施。

4. 风险自留

风险自留是指施工企业自己非理性或理性地主动承担风险，以其内部的资源来弥补损失。风险自留包括由企业自身原因造成的风险等级升级而产生的不利事件，如基坑超过使用期或长期中途停工而进行的动态升级调整。风险自留的前提是成本低于风险消除、风险降低和风险转移所需的成本。风险自留措施包括：

(1) 制定切实可行的应急预案；

(2) 施工过程中加强风险跟踪与监测、预警和警情报送，根据预警、警情报送及时启动应急预案。

1.6 超深基坑工程带来的技术挑战

基坑工程是地下空间开发利用的一个重要方面，地下空间是城市的战略性空间资源，是新型的国土资源。我国《危险性较大的分部分项工程安全管理规定》(建办质〔2018〕31 号)指出：深基坑工程为开挖深度超过 5 m(含 5 m)的基坑(槽)的土方开挖、支护、降水工程。

《上海市城市总体规划》(2017—2035 年)中将地面以下 30 m 深度范围内的空间作为浅、中层地下空间，大于 50 m 深度作为深层地下空间，二者之间有 20 m 的过渡区域；根据北京市中心城中心地区地下空间开发利用规划，地下空间可划分为 4 层：浅层空间(－10 m 以上)、次浅层空间(－10 m 至－30 m)、次深层空间(－30 m 至－50 m)和深层空间(－50 m 至－100 m)(笔者认为深度 30 m 以上的基坑可看作是超深基坑)。目前我国 30 m 以内的浅层空间已得到利用，发达城市或有特殊用途的领域已进入 30 m 以上的超深基坑，如北京“中国尊”基坑深度达到 40 m；滇中引水工程龙泉倒虹吸接收井基坑开挖深度达 77.3 m，是目前国内开挖深度最深的基坑，该工程在国内超深基坑施工中具有里程碑意义，将引领国内深井基坑施工水平迈向新的高度。

超深基坑工程具有如下特点：

1) 开挖影响范围大

为最大程度地利用地下空间，城市超深基坑工程往往需要开挖的深度和面积大，使得超深基坑工程具有影响范围大的特点。

2) 基坑工程施工工期长

浅层基坑工程的支护结构为临时性结构，基坑维护使用周期一般不超过两年；而超深基坑工程在其开挖、支护结构施作和维护使用周期均将超过浅层基坑工程，势必增加基坑工程的施工工期。

3) 安全问题突出

相比较于浅层基坑工程，超深基坑工程是一个更为复杂的系统工程，影响超深基坑工程安全的风险因素更多；由于基坑深、范围大，安全管理困难、救援也困难，发生事故时的危害程度也就更大。

基坑工程向大深度、大面积的超深基坑工程方向发展，已成为必然趋势，与浅层基坑工程相比面临着设计方面、施工方面和风险控制等诸多挑战与难题。

1.6.1 设计方面

1.6.1.1 支护结构的计算

《建筑基坑支护技术规程》(JGJ 120—2012)的规定限于临时性基坑支护，支护结构是按临时性结构考虑的，基坑开挖后支护结构的使用周期一般不超过两年，设计时采用的荷载一般不需考虑长期作用，有关结构和构造的规定未考虑耐久性问题，荷载及其分项系数也是按临时作用考虑的。而超深基坑支护使用持续时间较长，荷载可能会随时间发生改变，材料性能和基坑周边环境也可能会发生变化。超深基坑支护结构的计算理论是广大工程技术人员面临的一个巨大难题。

1.6.1.2　支护结构选型

超深基坑支护结构仍然应具有的两种功能：首先应具有防止基坑的开挖危害周边环境的功能；其次应具有保证工程自身主体结构施工安全的功能，应为主体地下结构施工提供正常施工的作业空间及环境，提供施工材料、设备堆放和运输的场地、道路条件，隔断基坑内外地下水、地表水以保证地下结构和防水工程的正常施工。

超深基坑支护结构选型考虑的因素极多，往往通过若干方案的必选继续确定，以国家大剧院支护结构方案比选为例，综合考虑地下水控制方法共设计了五个超深基坑支护方案(表1-26)，最终在方案五的基础上进行进一步修改完善，完成了国家大剧院的支护结构设计方案。

表1-26　国家大剧院支护结构方案比选

方　案	施工方法及分析	优　点	缺　点
方案一 地下连续墙支护结构方案	从－26.0 m基底处施作地下连续墙支护结构，该方案考虑到基底抗浮和抗管涌的安全，地下连续墙的底部必须进入相对隔水层一定深度(墙底标高为－57.0 m左右)，连续墙设计深度较大，穿过卵石层且已穿透第二层承压水	施工风险小	① 施工难度大 ② 造价高不利于地下水的保护
方案二 高压旋喷方案	采用高压旋喷的方法，将台仓底部相对隔水层的厚度增大，即将基底相对隔水层下部的卵石层旋喷加固约4 m厚；从而平衡来自第二层承压水的浮力，使台仓基底稳定	理论效果好	施工难度大，质量难以保证，实施效果难以预测，不利于地下水的保护
方案三 旋喷隔水帷幕＋基底抗拔桩方案	旋喷隔水帷幕与抗拔桩能共同组成一个整体，抗拔桩进入卵石层约4 m深，从而平衡来自第二层承压水的浮力，使台仓基底稳定。抗拔桩和旋喷帷幕向来很难紧密结合，从而抗拔桩所起到作用微小	理论效果好	施工质量要求很高，实施效果难以预测，不利于地下水的保护
方案四 冻结基坑壁加坑壁喷锚支护方案	经测算坑壁冻结厚度平均为2.0 m，冻结结构底部须进入相对隔水层一定深度，底标高同样为－57.0 m，深度为11.0 m。冻结坑壁内喷锚结构厚约30 cm，逆做施工并适当施以对撑，冻结结构起到支挡隔水和基底抗浮的作用	施工风险小，有利于地下水资源保护	施工工期长，耗电量大，造价高
方案五 减压降水加薄壁连续墙隔水帷幕方案	台仓基坑周围施作减压降水井，将影响台仓基底稳定的第二层承压水的水头标高降低至基底稳定的水头标高，同时在台仓周围施作隔水帷幕墙，将－26 m大面积基坑的稳定水位与台仓内疏干后的水位隔开，以确保－26 m大面积基坑的稳定。隔水帷幕仅起到隔水的作用，厚度可减薄为300 mm厚，采用连续墙成槽的设备施工，槽内灌素混凝土	造价低，较有利于地下水资源保护	地下水的控制施工要求高，有一定的风险

1.6.2 施工方面

1.6.2.1 成孔、成槽机械设备

超深基坑往往选择钻孔灌注桩或地下连续墙作为支护结构，中间立柱一般采用钻孔灌注桩形式，成孔、成槽机械设备特殊，技术难度大。以龙泉倒虹吸盾构接收井为例，采用地下连续墙支护，地下连续墙厚 1.5 m，总深度 94.0 m，地下连续墙嵌固深度达 19.3 m，这对成槽机械设备提出了更高的要求。

1.6.2.2 支护结构施工

(1) 超深基坑支护结构施工中受到超深地层水土压力、承压水层与土体蠕变的显著影响，面临槽壁(孔壁)稳定性、垂直度控制、沉渣厚度控制等诸多难题。

(2) 超深基坑支护必定会存在超长钢筋笼吊装技术挑战，该施工重难点在于需解决吊装起重机选型、吊点数量及位置布置等一系列问题。

(3) 超深基坑面临着坑底与地表落差大的问题，这会导致混凝土浇筑难度极大。

(4) 地下连续墙接头施工，柔性接头由于存在刚度低、整体性差、抗渗性差、接头管拔起极为困难，易发生断管埋管现象等显著缺点在超深基坑中不被考虑。刚性接头同样存在抗弯性能差，无法有效防止混凝土绕流，需要配合止浆铁皮等措施使用；接头在处理绕流清槽时易损坏，影响止水效果等缺陷。

1.6.2.3 地下水控制

以北京地区为例，超深基坑所处地层大多伴随承压水，且开挖至坑底标高后承压水层上方土体卸荷量巨大，极易发生承压水冲破上覆土层，发生基坑突涌的现象(图 1-12)。需综合考虑施工成本与超深基坑周围地表沉降选取合理的地下水处理方法。

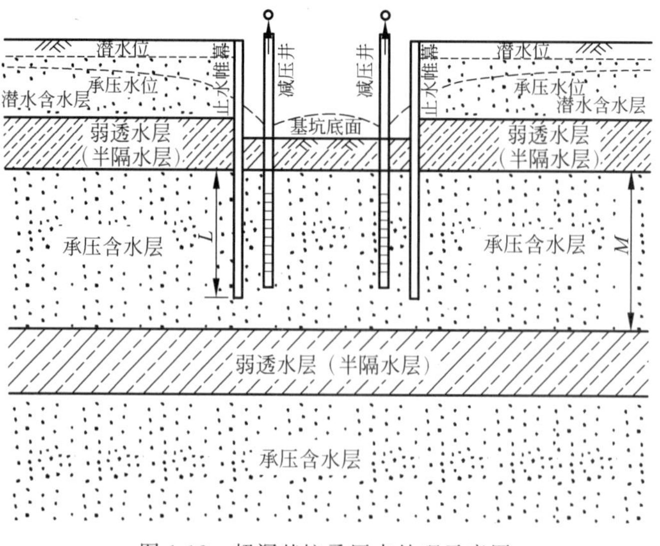

图 1-12 超深基坑承压水处理示意图

超深基坑对于地下水的处理与浅基坑有很大差别，基坑较浅时，地层所遇到的大多为无压潜水。降水深度小于5 m可选用集水明排(上层滞水)。但超深基坑一般超过该降水深度范围，并且伴随的大多是承压水。与浅层基坑相比，承压水上方卸荷量更加巨大，更易发生承压水冲破上覆土层，发生基坑突涌的现象。

1.6.2.4　土方开挖与出土

超深基坑由于深而大，土方开挖将涉及分区、分段、分层，因此土方开挖与出土难度极大。

1.6.3　风险监测与控制方面

相比较于浅基坑或一般的深基坑工程，由于基坑工程开挖工期长、施工难度大、技术复杂、现场施工条件差、对环境影响控制要求高，以及深基坑工程在土方开挖、支护施工、地下水控制、维护使用和支护结构拆除五个关键工序中所涉及问题的复杂性和不确定性更加突出，所以超深基坑工程风险因素更多，安全问题更加突出，发生事故时的危害程度也更大。

与浅层基坑相比，超深基坑具有更加明显的空间效应，超深基坑的地表变形、支撑轴力、支护结构位移均有明显区别。以深圳福田区1号地块超深基坑为例，该基坑最大开挖深度约为33.80 m，支护结构形式为桩+5道混凝土内支撑，研究发现：

(1) 桩体深层水平位移：该基坑短边监测点支护桩体变形明显大于基坑长边，长边与短边受到坑角效应的影响程度存在明显的差异。

(2) 支撑轴力：拆除过程中，围护结构长边变形较小，土拱效应不明显横向支撑轴力不断增大。围护结构短边变形较大，存在明显的土拱效应导致纵向支撑轴力呈现突变性的减小。

(3) 地表沉降：在支撑拆除过程中，基坑周围的地表沉降表现出明显的空间效应，沉降曲线并不是传统的单一的盆形、三角形或者抛物线形，而是在不同的空间位置呈现不同的沉降曲线。

多数超深基坑的支护结构在开挖过程中尚无破坏迹象；而当支撑拆除后，支护结构往往会产生较大的变形并且支撑轴力明显增高，同时周围构筑物也会发生明显的沉降。因此，超深基坑工程不但要考虑到开挖过程中的安全与稳定，更应保证在拆撑过程中对周围环境不造成破坏性影响。

随着城市化进程的加快，土地资源的匮乏已严重影响了城市的各种功能，开发利用深层地下空间拓展人类生存空间已成为发展的方向。本书的基坑工程适用于浅层地下空间的开发，寄希能对深层地下空间的开发提供一条思路，以激发青年学子、工程技术人员协作探究的积极性和主动性，做到勇担使命、创新进取。

第2章

基坑支护设计原理与风险预控

2.1　基坑支护设计原则

2.1.1　基坑支护设计总体原则

基坑支护设计首先应规定其设计使用期限，设计使用期限不应小于一年。基坑支护设计原则如下：

(1) 安全可靠：满足支护结构本身强度、稳定性及变形的要求，保证基坑周边建(构)筑物、地下管线、道路的安全和正常使用；

(2) 经济合理：在确保支护结构安全可靠的前提下，综合确定具有明显经济效益的方案；

(3) 施工便利：在安全可靠、经济合理的前提下，满足施工便利，保证主体地下结构的施工空间。

2.1.2　基坑支护设计极限状态

根据建工行业建设标准《建筑基坑支护技术规程》(JGJ 120—2012)的规定，基坑支护应采用分项系数表示的极限状态设计方法进行设计。极限状态分为两类：承载能力极限状态和正常使用极限状态。

2.1.2.1　承载能力极限状态

1) 当出现下列状态之一时，应判定为达到了承载能力极限状态：

(1) 支护结构构件或连接因超过材料强度而破坏，或因过度变形而不适于继续承受荷载或出现压屈、局部失稳；

(2) 支护结构及土体整体滑动；

(3) 坑底土体隆起而丧失稳定；

(4) 对支挡式结构，坑底土体丧失嵌固能力而使支护结构推移或倾覆；

(5) 对锚拉式支挡结构或土钉墙，土体丧失对锚杆或土钉的嵌固能力；

(6) 支挡式结构因其持力土层丧失承载能力而破坏；

(7) 地下水渗流引起的土体渗透破坏。

2）支护结构构件或连接因超过材料强度或过度变形的承载能力极限状态设计，应按下式要求计算：

$$\gamma_0 S_d \leqslant R_d \tag{2-1}$$

式中：γ_0——支护结构重要性系数；

S_d——作用基本组合的效应（轴力、弯矩等）设计值；

R_d——结构构件的抗力设计值。

对临时性支护结构，作用基本组合的效应设计值应按下式确定：

$$S_d = \gamma_F S_k \tag{2-2}$$

式中：γ_F——作用基本组合的综合分项系数；

S_k——作用标准组合的效应。

3）整体滑动、坑底隆起失稳、挡土构件嵌固段推移、锚杆与土钉拔动、支护结构倾覆与滑移、土体渗透破坏等稳定性计算和验算，均应符合下式要求：

$$\frac{R_k}{S_k} \geqslant K \tag{2-3}$$

式中：R_k——抗滑力、抗滑力矩、抗倾覆力矩、锚杆和土钉的极限抗拔承载力等土的抗力标准值；

S_k——滑动力、滑动力矩、倾覆力矩、锚杆和土钉的拉力等作用标准值的效应；

K——安全系数。

4）支护结构构件按承载能力极限状态设计时，作用基本组合的综合分项系数不应小于1.25；对安全等级为一级、二级、三级的支护结构，其结构重要性系数分别不应小于1.1、1.0、0.9。

2.1.2.2 正常使用极限状态

1）当出现下列状态之一时，应判定为达到了正常使用极限状态。

（1）造成基坑周边建（构）筑物、地下管线、道路等损坏或影响其正常使用的支护结构位移；

（2）地下水位下降、地下水渗流或施工因素造成基坑周边建（构）筑物、地下管线、道路等损坏或影响其正常使用的土体变形；

（3）影响主体地下结构正常施工的支护结构位移；

（4）影响主体地下结构正常施工的地下水渗流。

2）由于支护结构水平位移、基坑周边建筑物和地面沉降等控制的正常使用极限状态设计，应符合下式要求：

$$S_d \leqslant C \tag{2-4}$$

式中：S_d——作用标准组合的效应（位移、沉降等）设计值；

C——支护结构水平位移、基坑周边建筑物和地面沉降的限值。

3）基坑支护设计应按下列要求设定支护结构的水平位移控制值和基坑周边环境的沉降控制值。

（1）当基坑开挖影响范围内有建筑物时，支护结构水平位移控制值、建筑物的沉降控制值应按不影响其正常使用的要求确定，并应符合现行国家标准《建筑地基基础设计规范》

(GB 50007—2011)中对地基变形允许值的规定；当基坑开挖影响范围内有地下管线、地下构筑物、道路时，支护结构水平位移控制值、地面沉降控制值应按不影响其正常使用的要求确定，并应符合现行相关标准对其允许变形的规定；

(2) 当支护结构构件同时用作主体地下结构构件时，支护结构水平位移控制值不应大于主体结构设计对其变形的限值；

(3) 当无以上两种情况时，支护结构水平位移控制值应根据地区经验按工程的具体条件确定。

2.2 基坑工程勘察

2.2.1 基坑勘察方案

基坑工程勘察主要可以分为两个阶段：初步勘察阶段和详细勘察阶段。勘察工作应与建筑地基的勘察工作同步进行以满足地基和基坑设计施工的要求。

初步勘察阶段方案主要针对工程地质和水文地质条件进行制定，勘察成果用于初步分析，预测可能产生的工程问题并初步决定需要采取的支护措施。详细勘察阶段方案应针对基坑工程的设计要求制定。成果需提供基坑工程设计施工的场所，地层及地下水条件的基础资料，并针对基坑工程提出针对性的建议。当勘察资料不足时，应制定相关的补充勘察方案进行补充勘察。

在制定勘察方案时，勘察量需视基坑工程要求确定，当勘察资料内容未能符合技术要求时，不得进行基坑支护的设计和施工。

2.2.2 基坑勘察成果

基坑需勘察的内容如下。

1. 地层条件

在受到基坑工程影响的场地范围内，应查明岩土层的地层条件，如地层结构、成因、厚度、埋深、年代及固结情况，还应包括各土层的相关物理力学指标及抗剪强度指标。对于勘察中出现的不良地质现象应适当进行补充勘察，查明详细情况，在特殊性岩土层区需查明土层的特殊性质对基坑工程可能会产生的影响。

2. 地下水条件

在基坑工程的影响范围内，查明其地下水分布的相关条件，如地下水类型、埋藏条件、渗透性，需提供相关的水位条件(初见水位、稳定水位、承压含水层水头高度)，查明各水层的补给条件和水力联系。对于地下水渗流可能产生的相关渗透性破坏问题要进行分析，评估其对工程的影响程度。

3. 基坑周边环境调查

基坑周边环境调查主要包括既有的地上建筑物、地下管线及构筑物和邻近道路三个方面。

地上建筑物应查明其结构类型、层数及地理位置、基础形式和尺寸、基础埋深、结构使用年限和用途，结构沉降、变形和损坏情况，对开挖变形的承受能力等。

地下构筑物应查明其类型、埋深、地理位置及尺寸、使用年限及用途等。地下管线应查明管线类型，对于可能出现渗漏的管线（如雨水、污水管），应查明其使用状况及渗漏情况。

邻近道路应查明其类型、位置、道路宽度、使用情况及最大车辆荷载等。

基坑工程勘察应针对以下内容进行分析，提供有关计算参数和建议：

（1）基坑边坡的局部稳定性、整体稳定性和坑底抗隆起稳定性；

（2）基坑坑底渗透稳定性和基坑侧壁渗透稳定性；

（3）基坑边坡和挡土结构可能发生的变形；

（4）基坑开挖和降水可能对周边环境、邻近的建筑物和地下设施等的影响。

勘察报告中还应包括下列内容：

（1）与基坑开挖有关的场地条件、土质条件和工程条件；

（2）提出处理方式、计算参数和支护结构选型的建议；

（3）提出地下水控制方法、计算参数和施工控制的建议；

（4）提出对施工方法和施工中可能遇到的问题的防治措施的建议；

（5）提出对于施工阶段的环境保护和监测工作的建议。

2.3　土压力计算

基坑支护结构主要承受基坑侧壁的水土压力，支护结构的设计正是为了抵抗基坑侧壁的水土压力而进行的确定支护结构类型和参数的一系列活动。因此，水土压力确定的合理与否是支护结构设计成败的关键。

建工行业建设标准《建筑基坑支护技术规程》（JGJ 120—2012）对荷载效应组合、设计水平荷载作了详细阐述，支护结构设计时，所采用的荷载效应最不利组合与相应的抗力限值应按下列规定：

（1）支护结构构件承载力计算时，按承载能力极限状态下的荷载效应基本组合；

（2）支护结构整体稳定性计算时，按承载能力极限状态下荷载效应的标准组合；

（3）支护结构水平位移及周边地面沉降计算时，按正常使用极限状态下荷载效应的标准组合。

支护结构作为分析对象时，支护结构上的作用除水土压力等直接作用之外，还包括周边建筑物、施工材料、设备、车辆等间接作用，其通过土体传递到支护结构上，也影响着支护结构上土压力的大小。另外，土的冻胀、温度变化也会使土压力发生改变。因此，计算作用在支护结构上的水平荷载时应考虑下列因素：

（1）基坑内外土的自重（包括地下水）；

（2）基坑周边既有和在建的建（构）筑物；

（3）基坑周边施工材料和设备荷载；

（4）基坑周边道路车辆荷载；

（5）冻胀、温度变化等产生的作用。

2.3.1 土的抗剪强度指标取值

土的抗剪强度指标是指在外力作用下，土体内部产生剪应力时，土对剪应力的极限抵抗能力，是指土体抵抗剪切破坏的极限能力，通常由下式确定。

$$\tau_f = c + \sigma \tan\varphi \tag{2-5}$$

式中：τ_f——土的抗剪强度，kPa；

σ——作用于剪切面上的法向应力，kPa；

φ——土的内摩擦角，(°)；

c——土的黏聚力，kPa；对于无黏性土层，该值取为0。

土的抗剪强度指标包括黏聚力和内摩擦角，其大小反映了土的抗剪强度高低。它们主要是通过土工试验确定的，随试验方法和土样的试验条件等不同它们的值会有所不同。室内试验常用的方法有直剪试验和三轴剪切试验，原位测试方法主要有十字板剪切试验、静力触探试验和标贯试验。应根据实际情况选择不同的试验方法进行指标测量，即根据场地土层情况选择不同的抗剪强度指标，具体选择方式如下。

1）地下水位以上(仅有土压力)

(1) 黏性土、黏质粉土：三轴固结不排水抗剪强度指标 c_{cu}、φ_{cu} 或直剪固结快剪强度指标 c_{cq}、φ_{cq}。

(2) 砂质粉土、砂土、碎石土：有效应力强度指标 c'、φ'。

2）地下水位以下(有土压力和水压力)

(1) 黏性土、黏质粉土(水土压力合算)。

① 正常固结土或超固结土：三轴固结不排水抗剪强度指标 c_{cu}、φ_{cu} 或直剪固结快剪强度指标 c_{cq}、φ_{cq}；

② 欠固结土：有效自重压力下预固结的三轴不固结不排水抗剪强度指标 c_{uu}、φ_{uu}。

(2) 砂质粉土(水土压力分算)：有效应力强度指标 c'、φ'(缺少有效应力强度指标时，也可采用三轴固结不排水抗剪强度指标 c_{cu}、φ_{cu} 或直剪固结快剪强度指标 c_{cq}、φ_{cq} 代替)。

(3) 砂土和碎石土(水土压力分算)：有效应力强度指标 c'、φ'。

有效应力强度指标 φ' 可根据标准贯入试验实测击数和水下休止角等物理力学指标取值；采用水、土压力分算时，水压力可按静水压力计算；当地下水渗流时，宜按渗流理论计算水压力和土的竖向有效应力；当存在多个含水层时，应分别计算各含水层的水压力。

有可靠的地方经验时，土的抗剪强度指标尚可根据室内、原位试验得到的其他物理力学指标，按经验方法确定。

2.3.2 竖向附加应力计算

竖向附加应力是指在坑外超载的情况下所引起的附加应力，这种附加应力会引起支护结构上产生附加土压力，二者之间的计算关系为：超载所产生的竖向附加应力乘以水平土压力系数为附加土压力。

在计算竖向应力标准值时，应考虑土体的自重应力和支护结构外侧地面荷载、建筑物荷载等产生的竖向附加应力，即：

$$\sigma_{ak} = \sigma_{ac} + \sum \Delta\sigma_{k,j} \tag{2-6}$$

$$\sigma_{pk} = \sigma_{pc} \tag{2-7}$$

式中：σ_{ac}——支护结构外侧计算点，由土的自重产生的竖向总应力，kPa；

σ_{pc}——支护结构内侧计算点，由土的自重产生的竖向总应力，kPa；

$\Delta\sigma_{k,j}$——支护结构外侧第 j 个附加荷载作用下计算点的土中附加竖向应力标准值，kPa。

竖向附加应力标准值 $\Delta\sigma_{k,j}$ 可按荷载形式不同作用形式进行计算，主要可分为均布荷载、条形荷载和矩形荷载等作用形式。

2.3.2.1　均布荷载

当支护结构外侧地面考虑施工材料堆放、设备荷载及行车荷载时，应按满布的均布荷载计算，计算深度处的竖向附加应力标准值 $\Delta\sigma_{k,j}$ 可按下式计算(图 2-1)：

$$\Delta\sigma_{k,j} = q_0 \tag{2-8}$$

式中：q_0——均布荷载，kPa。

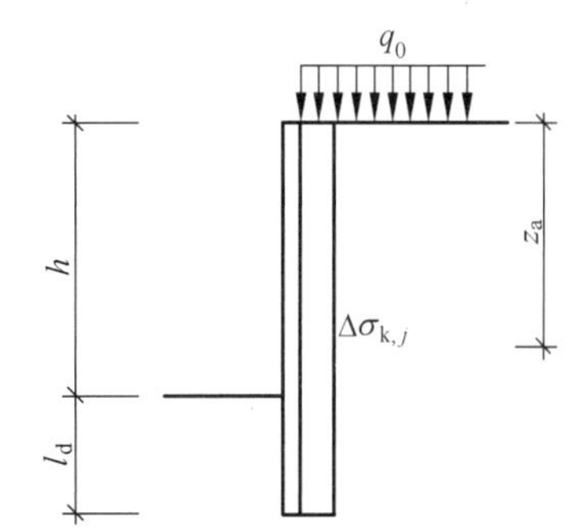

图 2-1　半无限均布荷载附加竖向应力计算简图

2.3.2.2　条形荷载

对条形基础下的附加荷载，计算深度处的竖向附加应力标准值 $\Delta\sigma_{k,j}$ 可按下式计算(图 2-2(a))：

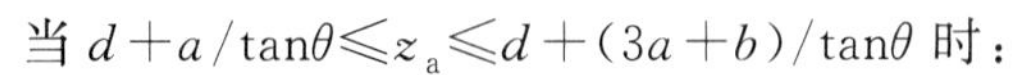

当 $d + a/\tan\theta \leqslant z_a \leqslant d + (3a + b)/\tan\theta$ 时：

$$\Delta\sigma_{k,j} = \frac{p_0 b}{b + 2a} \tag{2-9}$$

式中：p_0——基础底面附加压力标准值，kPa；

d——基础埋置深度，m；

b——基础宽度，m；

a——支护结构外边缘至基础的水平距离，m；

θ——附加荷载的扩散角，(°)；宜取 $\theta = 45°$；

z_a——支护结构顶面至土中附加竖向应力计算点的竖向距离，m。

当 $z_a < d + a/\tan\theta$ 或 $z_a > d + (3a + b)/\tan\theta$ 时，取 $\Delta\sigma_{k,j} = 0$。

2.3.2.3　矩形荷载

对矩形基础下的附加荷载，计算深度处的竖向附加应力标准值 $\Delta\sigma_{k,j}$ 可按下式计算(图 2-2(a))：

当 $d + a/\tan\theta \leqslant z_a \leqslant d + (3a + b)/\tan\theta$ 时：

$$\Delta\sigma_{k,j} = \frac{p_0 b l}{(b + 2a)(l + 2a)} \tag{2-10}$$

式中：b——与基坑边垂直方向上的基础尺寸，m；

l——与基坑边平行方向上的基础尺寸，m。

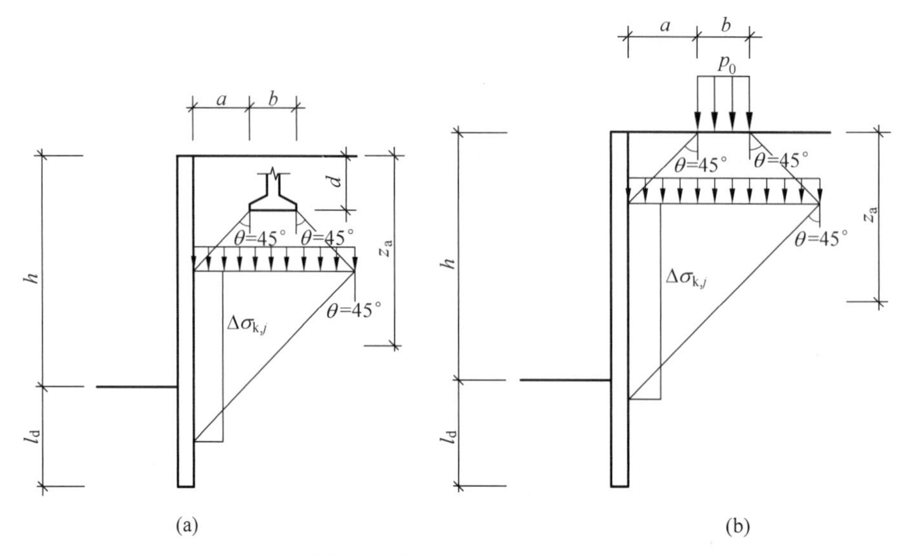

图 2-2 局部附加荷载作用下的土中附加竖向应力计算

(a) 条形或矩形基础；(b) 作用在地面的条形或矩形附加荷载

当 $z_a < d + a/\tan\theta$ 或 $z_a > d + (3a+b)/\tan\theta$ 时，取 $\Delta\sigma_{k,j}=0$。

对作用在地面的条形、矩形附加荷载，计算土中附加竖向应力标准值 $\Delta\sigma_{k,j}$ 时，取 $d=0$（图 2-2(b)）。

2.3.2.4 挡土结构顶部放坡时的附加荷载

当挡土结构顶部以上采用放坡或土钉墙时，其竖向附加应力计算方式如图 2-3 所示。

1）当 $a/\tan\theta \leqslant z_a \leqslant (a+b_1)/\tan\theta$ 时：

$$\Delta\sigma_{k,j} = \frac{\gamma_m h_1}{b_1}(z_a - a) + \frac{E_{ak1}(a + b_1 - z_a)}{K_{am} b_1^2} \tag{2-11}$$

$$E_{ak1} = \frac{1}{2}\gamma_m h_1^2 K_{am} - 2c_m h_1 \sqrt{K_{am}} + \frac{2c_m^2}{\gamma_m} \tag{2-12}$$

2）当 $z_a > (a+b_1)/\tan\theta$ 时：

$$\Delta\sigma_{k,j} = \gamma_m h_1 \tag{2-13}$$

3）$z_a < a/\tan\theta$ 时：

$$\Delta\sigma_{k,j} = 0 \tag{2-14}$$

式中：z_a——挡土结构顶面至土中附加竖向压力计算点的竖向距离，m；

a——挡土结构外边缘至放坡坡脚的水平距离，m；

b_1——放坡坡面的水平尺寸，m；若上方采用土钉墙取该值等于 h_1；

h_1——地面至挡土结构顶面的竖向距离，m；

γ_m——挡土结构顶面以上土的重度，对多层土取各层土按厚度加权的平均值，kN/m^3；

c_m——挡土结构顶面以上土的黏聚力，kPa；

K_{am}——挡土结构顶面以上土的主动土压力系数，对多层土取各层土按厚度加权的平均值；

E_{ak1}——挡土结构顶面以上土层所产生的主动土压力标准值，kN/m。

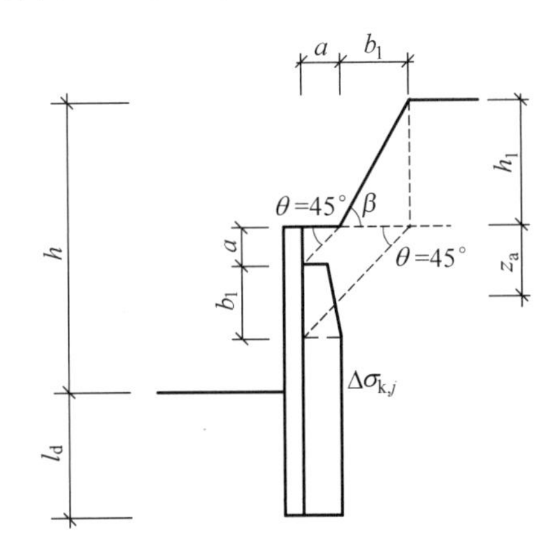

图 2-3　上部放坡土中竖向附加压力计算图

2.3.3　土压力标准值计算

挡土结构上的土压力计算是个比较复杂的问题，从土力学这门学科的土压力理论上讲，根据不同的计算理论和假定，得出了多种土压力计算方法，其中有代表性的经典理论如朗肯土压力、库仑土压力。土压力的计算应考虑：土的物理力学性质(主要指土的重力密度、抗剪强度)、地面超载和邻近基础荷载以及地下水位及其变化等因素。《建筑基坑支护技术规程》(JGJ 120—2012)规定：按朗肯土压力计算时，作用在挡土结构上主动、被动土压力标准值可按下列公式计算(图 2-4)：

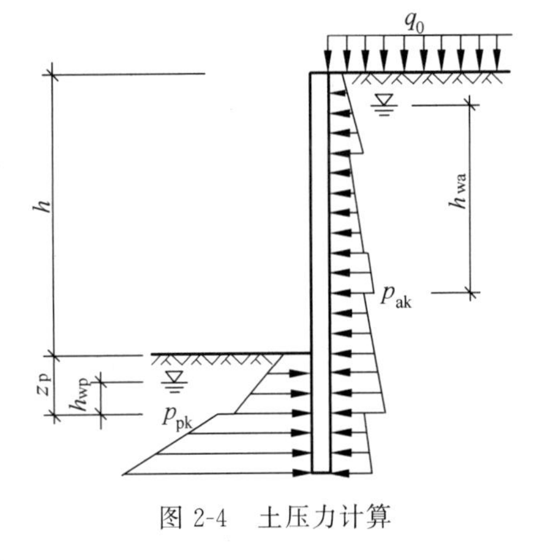

图 2-4　土压力计算

(1) 对地下水位以上或水土合算的土层

$$p_{ak}=\sigma_{ak}K_{a,i}-2c_i\sqrt{K_{a,i}} \tag{2-15}$$

$$K_{a,i}=\tan^2\left(45°-\frac{\varphi_i}{2}\right) \tag{2-16}$$

$$p_{pk}=\sigma_{pk}K_{p,i}+2c_i\sqrt{K_{p,i}} \tag{2-17}$$

$$K_{p,i}=\tan^2\left(45°+\frac{\varphi_i}{2}\right) \tag{2-18}$$

式中：p_{ak}——挡土结构外侧，第 i 层土中计算点的主动土压力标准值，kPa；当 $p_{ak}<0$ 时，应取 $p_{ak}=0$；

σ_{ak}、σ_{pk}——分别为挡土结构外侧、内侧计算点的土中竖向应力标准值，kPa，按式(2-6)、式(2-7)计算；

$K_{a,i}$、$K_{p,i}$——分别为第 i 层土的主动土压力系数、被动土压力系数；

c_i——第 i 层土的黏聚力，kPa；

φ_i——第 i 层土的内摩擦角，(°)；

p_{pk}——挡土结构内侧，第 i 层土中计算点的被动土压力标准值，kPa。

（2）对水土分算的土层

$$p_{ak}=(\sigma_{ak}-u_a)K_{a,i}-2c_i\sqrt{K_{a,i}}+u_a \tag{2-19}$$

$$p_{pk}=(\sigma_{pk}-u_p)K_{p,i}+2c_i\sqrt{K_{p,i}}+u_p \tag{2-20}$$

式中：u_a、u_p——分别为挡土结构外侧、内侧计算点的水压力，kPa；当采用悬挂式截水帷幕时，应考虑地下水沿挡土结构向基坑面的渗流对水压力的影响。

（3）静止地下水的水压力

$$u_a=\gamma_w h_{wa} \tag{2-21}$$

$$u_p=\gamma_w h_{wp} \tag{2-22}$$

式中：γ_w——地下水的重度，kN/m^3，取 $\gamma_w=10\ kN/m^3$；

h_{wa}——基坑外侧地下水位至主动土压力计算点的垂直距离，m；对承压水，地下水位取测压管水位；当有多个含水层时，应以计算点所在含水层的地下水位为准；

h_{wp}——基坑内侧地下水位至被动土压力计算点的垂直距离，m；对承压水，地下水位取测压管水位。

2.3.4 有限土压力标准值计算

当邻近基坑的建筑物基础低于基坑底面时（图 2-5），根据结构水平净距与计算点深度进行计算，且外墙距支护结构净距 b 符合下式：

$$b<h\tan(45°-\varphi_k/2) \tag{2-23}$$

根据地层含水状态，可按下列方法计算有限宽度土体作用在支护结构上的土压力标准值 p_{ak}（图 2-5）：

1）当计算点深度 $z\leqslant b\cot(45°-\varphi_k/2)$，或 $z\geqslant b\cot(45°-\varphi_k/2)+d_h$ 时，按《建筑基坑支护技术规程》(JGJ 120—2012)第 3.4.3～3.4.6 条的规定计算；

2）当计算点深度 $b\cot(45°-\varphi_k/2)<z<b\cot(45°-\varphi_k/2)+d_h$ 时：

（1）对于黏性土、粉土和地下水位以上的砂土、碎石土

$$p_{ak}=(2-n_b)\eta_b\sigma_{ak}K_{a,i}-2c_i\eta_b\sqrt{K_{a,i}} \tag{2-24}$$

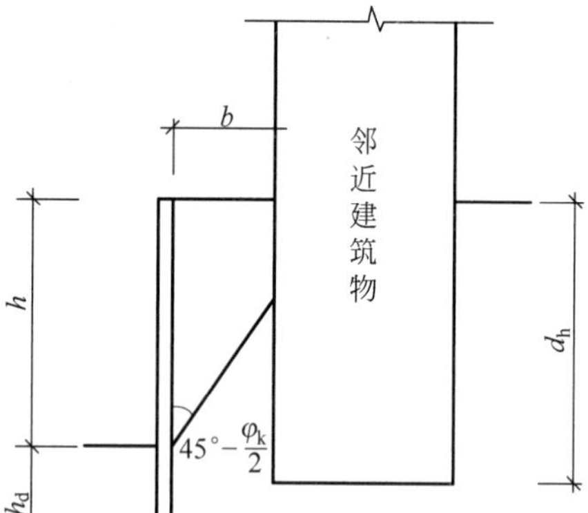

图 2-5 有限范围土体的土压力计算简图

（2）对于地下水位以下的砂土、碎石土

$$p_{ak}=(2-n_b)\eta_b\sigma_{ak}K_{a,i}-2c_i\eta_b\sqrt{K_{a,i}}+u_a(1-K_{a,i}) \tag{2-25}$$

式中：h——基坑深度，m；

z——计算点深度，m；

d_h——邻近建筑物基础埋置深度，m；

η_b——系数，$\eta_b=b/h\tan(45°-\varphi_k/2)$。

2.3.5　土压力存在的问题及计算优化方向思考

1. 主动土压力极限状态

工程上一般采用朗肯土压力理论，但经一些学者研究位移与土压力的关系发现，若基坑挡土结构变形较小，则作用的土压力可能介于静止土压力与主动土压力之间，所以可根据不同的位移状态来考虑土压力的计算。这里便引出一个问题，位移值达到多少时土体达到主动土压力计算的极限状态呢？这里并没有一个明确和标准的数值。由于是否达到主动土压力计算极限状态所引起的差异相较于土体抗剪强度参数的误差引起的差异更小，所以在工程中通常并未考虑。

2. 经典理论土压力分布与实测统计的表观经验土压力分布不同

太沙基等西方工程计算方法中采用了一种依据实测统计的表观经验土压力计算支护内力和支撑力。这种表观土压力分布通常是矩形或梯形的，与朗肯土压力理论的三角形(如图2-6(a))分布不同。是否是朗肯土压力计算理论并不适用呢？

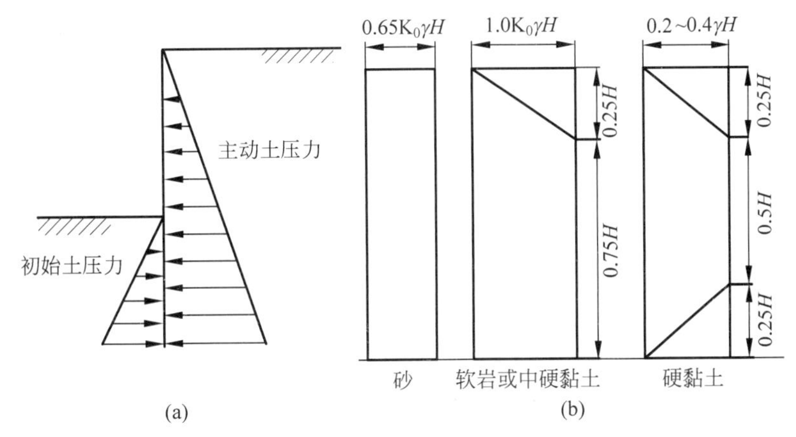

图2-6　不同土压力分布图

(a) 经典土压力分布图；(b) Terzaghi-Peck 理论

结论并非如此。杨光华采用朗肯土压力，用增量法计算了支撑力，再把支撑力按其承担的面积变成分布力，发现这个分布力与太沙基(Terzaghi)的表观经验土压力一致，由此可认为，所谓的表观土压力，其实是支撑力的分布压力，由于支撑后施加，各支撑受力发挥作用的时间不同，支撑是在挡土结构已发生了位移后再施加上去的，其分担的土压力与施工的顺序有关，迟加的支撑发挥作用晚，这样，最下一道支撑力并不像朗肯土压力那样越往下面越大，而可能是矩形甚至更小的梯形分布，如图2-6(b)所示。而Terzaghi-Peck的1/2分割法计算支撑力采用这种表观经验土压力其实就是考虑了支撑施工顺序影响的一种简化方法，如图2-7(a)所示，而如果还是用如图2-7(b)所示的朗肯土压力，反而是不合适的。

3. 经典理论土压力计算方法相对保守

在实际的工程中，一些工程挡土结构实测内力较小，尤其是一些硬土地基，当然也可能是岩土参数或是其他原因，但土压力计算理论也存在一定的问题。通常朗肯理论要比库仑理论保守，主要是土与挡墙间是否为光滑或有摩擦的差异。但二者之间产生的土压力差异不少，一般朗肯主动土压力计算值偏大，被动土压力计算值偏小，而库仑主动土压力计算值偏小，被动土压力计算值偏大。因而在工程中，为了结构安全，通常采用朗肯土压力进行设计。

我国学者杨光华也推导了另一种新的土压力公式，其假设破坏面是地基承载力的Prandtle面，局部是非直线段（朗肯理论或库仑理论其破坏面都是直线），土与墙体接触光滑，其得到的公式形式与朗肯土压力相同，只是主动和被动土压力系数不同，其结果是介于朗肯土压力与库仑土压力之间，也是一个可用的理论，三种土压力理论的结论的差别如图 2-8 所示。

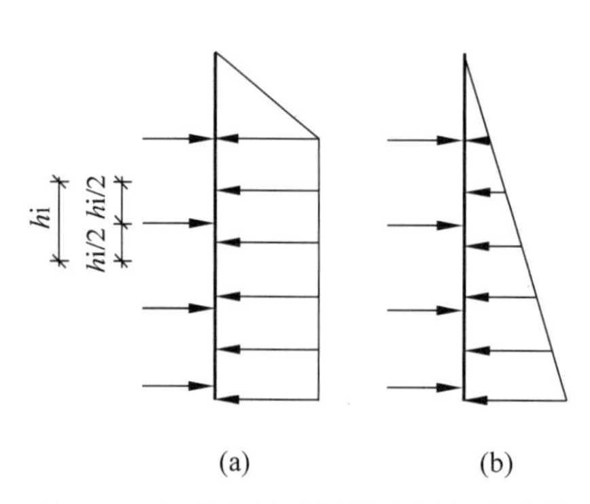

图 2-7　1/2 分割法建议的土压力分布图

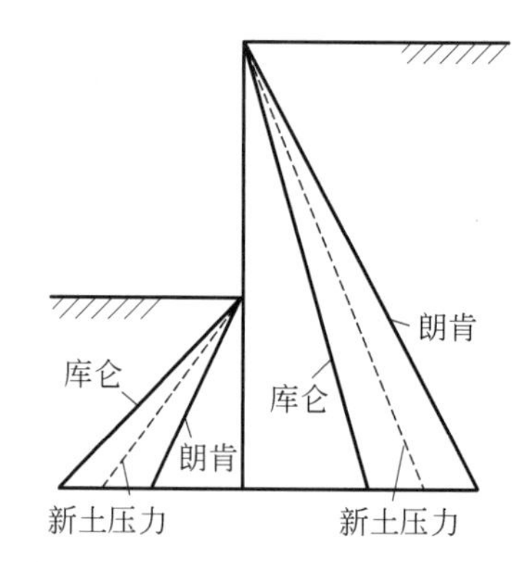

图 2-8　不同土压力理论计算比较图

2.4　挡土结构设计计算

2.4.1　挡土结构变形特点

一般认为，挡土结构变形性状随诸多因素变化而变化，但挡土结构变形性状，总体可分为如下两种基本形式：

悬臂型：最大变形发生在顶部，呈悬臂式变形，如图 2-9(a)所示；

内凸型：最大变形发生在基坑开挖面附近，且随开挖深度的变化或变化，而顶部位移很小，如图 2-9(b)所示；

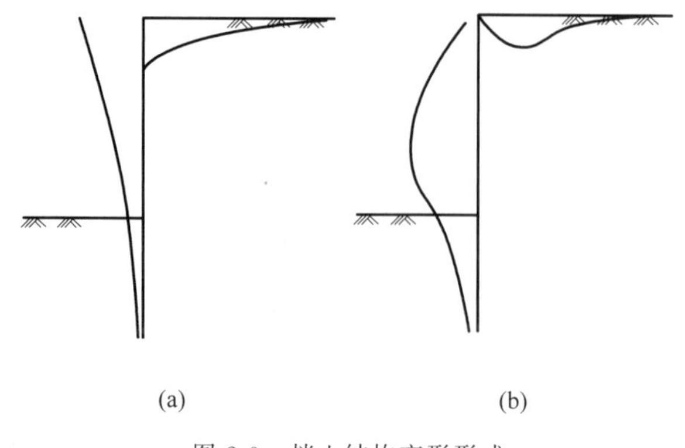

图 2-9　挡土结构变形形式

(a) 悬臂型；(b) 内凸型

但在实际工程中，由于水文地质条件、开挖深度、支锚刚度及施工工序等因素的不同，挡土结构变形形态并非简单地表现为某一单一的形式，而常常是由多种变形形式组合而成的，如图 2-10 所示，具体包括以下 4 种。

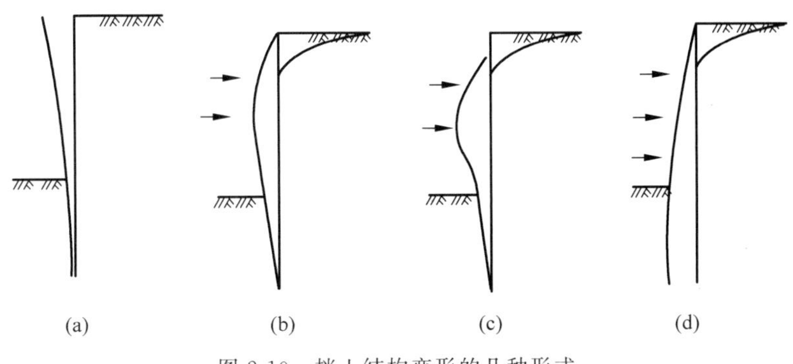

图 2-10　挡土结构变形的几种形式

1. 悬臂式变形

如图 2-10(a)所示，挡土结构处于悬臂状态或支锚刚度较差时，挡土结构的最大水平位移发生在顶部，而开挖面位置处的位移很小，类似于悬臂杆件的变形形态。

2. 内凸式变形

基坑支锚刚度较强时，挡土结构顶部位移受到较强约束，变形很小，而随着基坑开挖的进行，挡土结构的最大水平位移则发生在开挖面附近，此时无明显反弯点，如图 2-10(b)所示。

3. 组合式变形

当基坑支锚刚度一般，在基坑开挖初期，挡土结构顶部发生了一定的水平位移，随着开挖深度的加大，挡土结构的最大水平位移可能由顶部转移至开挖面附近，即该变形形状为上述两种变形形状的组合型。该变形形状在实际工程中常易发生，如图 2-10(c)所示。此时，挡土结构在开挖面附近存在一反弯点，反弯点以上曲线呈正向弯曲，以下则呈反向弯曲。

4. 踢脚式变形

当基坑位于深厚软土中，且墙体插入深度不太大时，挡土结构上部在支撑约束下位移很小，但墙底位于软土中，受到的土体抵抗力较小，故易发生较大的向坑内的踢脚位移，如图 2-10(d)所示。

因此，基坑挡土结构的变形形式并非简单地表现为某一单一的形式，而常常是由多种变形形式组合而成，具体形式与土体性质、挡土结构与支锚刚度、施工工序等因素紧密相关。

一般情况下，挡土结构最大水平位移的位置随着基坑的开挖不断发生变化。在基坑开挖初期，支锚尚未设置，挡土结构处于悬臂状态，其最大水平位移发生在挡土结构顶部；随着开挖深度的增大及支锚的设置，挡土结构顶部水平位移受到了限制，而挡土结构中部逐渐向坑内突出，最大水平位移也相应逐渐下移，并发生在开挖面附近。此外，挡土结构最大水平位移的发生位置还与基坑开挖影响范围内的土层性质、最下道支锚的位置及挡土结构的嵌固深度等有着重要的关系。

2.4.2 挡土结构变形与内力影响因素

2.4.2.1 挡土结构变形影响因素

由基坑变形的机制可知，挡土结构的变形受到诸多因素的影响，主要可以归纳为以下几个方面，具体如下。

1. 土层特点及地下水条件

挡土结构的变形直接与所处位置土层条件紧密相关，各土层的分布、强度及刚度等因素都对挡土结构变形产生重要影响，由于岩土体的性质随场地千变万化，尤其是对于存在软弱土层的地层中，其分布及厚度对变形的影响需给予足够的重视，软土的抗剪强度很低，土体自立能力很低，使支护体系承受的荷载较大，基坑的开挖变形也相应更大。

场地水文地质条件复杂，地下水位的高低、潜水、承压水分布以及渗流情况也将对挡土结构变形产生较大的影响，增加了基坑工程的设计和施工的难度。

2. 挡土结构与支撑的性能

在挡土结构类型选择上，应综合考虑水文地质条件、工程规模及周边环境等方面的要求，选择合理的挡土结构形式。针对不同类型的挡土结构，其强度和刚度不同，适用范围也不同。因此，挡土结构类型应根据具体工程地质条件及环境保护要求进行选择，使其强度能满足变形要求，从而有效地控制基坑的变形。

挡土结构与支锚系统的刚度体现为支护体系抵抗基坑变形的能力，其中，挡土结构的刚度主要与挡土结构类型、厚度、插入深度相关，支锚系统的刚度与支锚的种类、水平与竖向间距、预加载大小、反压土的预留等因素紧密相关。

1）挡土结构刚度及插入深度影响

挡土结构的刚度主要取决于其自身厚度，合理地确定挡土构件的厚度能够使得挡土结构与支锚系统达到平衡，有利于节约基坑工程的造价。选择合适的嵌固深度，对于基坑的抗隆起稳定性有着重要的意义。当基坑的抗隆起稳定性得到保证，基坑的变形也将得到显著的控制。在一般情况下，适当增大嵌固深度将有效地减少挡土结构的位移，但当嵌固深度超过一定值时，继续增加嵌固深度对变形的影响效果将很小。

2）支锚的横向与竖向间距的影响

支锚的横向及竖向间距布置对支护系统的整体刚度有较大的影响。当支锚的横向间距较大时，每道支锚所承担的由挡土构件传递来的荷载也相应较大，此时支锚将产生较大的变形，并由此引发基坑发生较大变形甚至失稳。当支锚的竖向间距较大时，支护系统的刚度将急剧减小，导致挡土结构的最大位移显著增大。因此，支锚的横向与竖向间距对于基坑的变形有着重要意义。

3）第一道支锚和最下道支锚的影响

除了满足支锚间距的布置要求外，第一道支锚的位置对于基坑的变形也有重要意义。合理控制第一道支锚的设置位置及设置时间，控制未支护位置的开挖深度，进而减少悬臂状态下的挡土结构变形，对于控制基坑的变形有着重要的作用。

在基坑开挖过程中，当最下一道支锚距离开挖面的高度过大时，将使挡土结构的变形显著增大，从而导致基坑发生较大的变形，且随着基坑开挖深度的增大，挡土结构变形呈现向基坑内部的内凸变形，且最大值基本发生在开挖面附近。因此，为了有效控制基坑的变形，需要合理控制最下一道支锚距离开挖面的高度，尤其是在软土地区，除了控制挡土结构的悬臂高度外，还应尽量缩短挡土结构的悬臂暴露时间，保证支锚及时有效地设置，并发挥承载作用，减小基坑变形。

2.4.2.2 挡土结构内力影响因素

1. 基坑几何形状及尺寸影响

基坑的几何形状对基坑变形的影响主要体现为基坑的空间效应，如长条形基坑、不规则基坑的阳角等均表现出一定的变形特点。在基坑阳角位置，支护结构受到两个垂直方向的土压力作用，需设置较强的支锚体系方可更好地控制阳角处变形。

2. 场地周边环境及超载的影响

场地周边建(构)筑物、交通荷载、施工超载将间接影响作用在挡土结构上的土压力，增大挡土结构的变形，尤其是位于软土场地中的交通荷载及施工超载。当动荷载较为显著时，将对软土产生较大的扰动，导致土体强度降低，最终导致挡土结构的变形显著增大。

3. 施工相关因素影响

施工相关因素的影响主要包括施工质量、施工工艺、施工周期、施工人员技术水平等。其中施工质量和施工工艺是影响基坑变形的重要因素。例如，在软土地区，土方分层分段开挖步骤合理性将改变基坑的空间变形状况，支锚设置及时与否对于控制基坑变形有着重要的意义。

2.4.3 挡土结构设计

挡土结构包括排桩、钢板桩、SMW 工法墙和地下连续墙等。

2.4.3.1 排桩设计

排桩是沿基坑侧壁排列设置的支护桩及冠梁组成的支挡式结构部件或悬臂式支挡结构。支护桩是以队列式沿基坑侧壁布置的，最常用的支护桩是钢筋混凝土钻孔灌注桩和挖孔桩，此外还有工字钢桩或 H 型钢桩。

1. 桩型选择

桩型与成桩工艺应根据桩所穿过地层的性质、地下水条件及基坑周边环境要求进行选择。

若桩的施工影响范围内存在对地基变形敏感、结构性能较差的建筑物或地下管线时，不应采用挤土效应严重、易塌孔、易缩径或有较大振动的桩型和施工工艺。

2. 桩径选择

对悬臂式排桩，桩径宜大于或等于 600 mm；对锚拉式排桩或支撑式排桩，桩径宜大于或等于 400 mm；排桩的中心距不宜大于桩直径的 2.0 倍。

3. 桩身混凝土选择

桩身混凝土强度等级不宜低于 C25。

4. 桩顶冠梁设计

排桩顶部应设置混凝土冠梁。冠梁的宽度不宜小于桩径，高度不宜小于桩径的 0.6 倍。在有主体建筑地下管线的部位，排桩冠梁宜低于地下管线。

冠梁钢筋应符合现行国家标准《混凝土结构设计规范》(2015 年版)(GB 50010—2010)对梁的构造配筋要求。冠梁用作支撑或锚杆的传力构件或按空间结构设计时，尚应按受力构件进行截面设计。

排桩顶部设置钢筋混凝土构造冠梁时，纵向钢筋锚入冠梁的长度宜取冠梁厚度；冠梁按结构受力构件设置时，桩身纵向受力钢筋伸入冠梁的锚固长度应符合现行国家标准《混凝土结构通用规范》(GB 55008—2021)对钢筋锚固的有关规定；当不能满足锚固长度的要求时，其钢筋末端可采取机械锚固措施。

5. 桩间土处理设计

桩间土防护措施宜采用内置钢筋网或钢丝网的喷射混凝土面层。喷射混凝土面层的厚度不宜小于 50 mm，混凝土强度等级不宜低于 C20，混凝土面层内配置的钢筋网的纵横向间距不宜大于 200 mm。钢筋网或钢丝网宜采用横向拉筋与两侧桩体连接，拉筋直径不宜小于 12 mm，拉筋锚固在桩内的长度不宜小于 100 mm。钢筋网宜采用桩间土内打入直径不小于 12 mm 的钢筋钉固定，钢筋钉打入桩间土中的长度不宜小于排桩净间距的 1.5 倍且不应小于 500 mm。

2.4.3.2 钢板桩设计

钢板桩是一种带锁口或钳口的热轧(或冷弯)型钢，锁口或钳口相互连接咬合，形成连续的钢板桩墙挡土结构。

由结构计算求得钢板桩结构的最大弯矩后，可根据强度要求确定钢板桩的截面模量和钢板桩的材质，最终选择确定钢板桩的型号。表 2-1 给出了我国常用的钢板桩技术规格。

表 2-1 国家标准《热轧钢板桩》(GB/T 20933—2021)中部分钢板桩技术规格

型号(宽度×高度)	有效宽度 W/mm	有效高度 H/mm	腹板厚度 t/mm	单根材				每米板面			
				截面面积 /cm^2	理论质量 /(kg/m)	惯性矩 I_x/cm^4	截面模量 W_x/cm^3	截面面积 /cm^2	理论质量/(kg/m^2)	惯性矩 I_x/cm^4	截面模量 W_x/cm^3
PU 400×100	400	100	10.5	61.18	48.0	1240	152	153.0	120.1	8740	874
PU 400×125	400	125	13.0	76.42	60.0	2220	223	191.0	149.9	16800	1340
PU 400×170	400	170	15.5	96.99	76.1	4670	362	242.5	190.4	38600	2270
PU 500×210	500	210	11.5	98.7	77.5	7480	527	197.4	155.0	42000	2000
PU 500×210	500	210	15.6	111.0	87.5	8270	547	222.0	175.0	52500	2500
PU 500×210	500	210	20.0	131.0	103.0	8850	562	262.0	206.0	63840	3040
PU 500×225	500	225	27.6	153.0	120.1	11400	680	306.0	240.2	86000	3820
PU 600×130	600	130	10.3	78.70	61.8	2110	203	131.2	103.0	13000	1000

续表

型号（宽度×高度）	有效宽度 W/mm	有效高度 H/mm	腹板厚度 t/mm	单根材 截面面积/cm²				每米板面 截面面积/cm²			
				截面面积/cm^2	理论质量/(kg/m)	惯性矩 I_x/cm^4	截面模量 W_x/cm^3	截面面积/cm^2	理论质量/(kg/m^2)	惯性矩 I_x/cm^4	截面模量 W_x/cm^3
PU 600×180	600	180	13.4	103.9	81.6	5220	376	173.2	136.0	32400	1800
PU 600×210	600	210	18.0	135.3	106.2	8630	539	225.5	177.0	56700	2700
PU 600×218	600	217.5	13.9	120.3	92.2	9100	585	200.6	153.7	52420	2410
PU 600×228	600	228	15.8	123.7	97.1	9880	580	206.1	161.8	61560	2700
PU 600×226	600	226	19.0	145.0	114.0	11280	649	241.7	190.0	72320	3200
PU 700×200	700	200	9.0	84.0	65.1	5500	408	120.0	93.0	23000	1150
PU 700×200	700	200	10.0	96.3	75.6	5960	437	137.6	108.0	26800	1340
PU 700×220	700	220	9.7	98.6	77.4	7560	507	140.9	110.6	33770	1535

2.4.3.3　SMW 工法墙设计

SMW 工法墙是一种在连续套接的三轴水泥土搅拌桩内插入型钢形成的挡土兼挡水结构。其利用三轴搅拌桩钻机在地层中切削土体，同时在钻头前端低压注入水泥浆液，与切碎的土体充分搅拌形成水泥土柱列式挡土结构，并在水泥土浆液尚未硬化前插入型钢的一种地下工程技术。

1. 水泥土搅拌桩桩径选择

水泥土搅拌桩的直径宜采用 650 mm、850 mm、1000 mm；内插的型钢宜采用 H 型钢，型钢型号应与水泥土搅拌桩直径相匹配：

（1）当桩径为 650 mm 时，内插 H 型钢截面宜采用 H500×300、H500×200；

（2）当桩径为 850 mm 时，内插 H 型钢截面宜采用 H700×300；

（3）当桩径为 1000 mm 时，内插 H 型钢截面宜采用 H800×300、H850×300。

2. 型钢插入形式选择

型钢的间距和平面布置形式应根据计算确定，常用的内插型钢布置形式可采用密插型、插二跳一型和插一跳一型 3 种（图 2-11）。SMW 工法桩中的水泥土搅拌桩可作为截水帷幕，水泥土搅拌桩应采用套接一孔法施工。

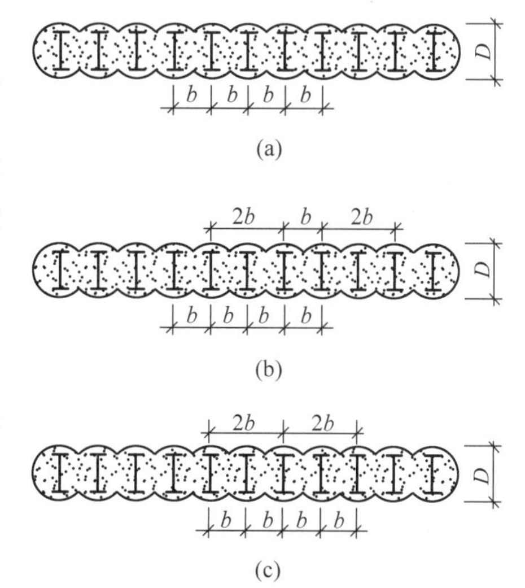

图 2-11　型钢插入形式
（a）密插型；（b）插二跳一型；（c）插一跳一型

3. 入土深度设计

1）型钢的入土深度

型钢入土深度一般比水泥搅拌桩入土深度小 0.5～1.0 m，主要由基坑抗隆起稳定性，挡土结构的内力、变形、型钢拔出等条件决定。

2）水泥搅拌桩的入土深度

对于兼作挡水结构的水泥搅拌桩嵌固深度主要由三因素决定：确保坑内降水不影响基坑外环

境、防止管涌发生、防止底鼓发生。

当地下水的向上渗流力大于土的有效重度时，土粒会处于浮动状态，产生渗流失稳现象。要防止这种现象的发生就要求：

$$K_s = \frac{\gamma'}{j} \tag{2-26}$$

式中：K_s——抗渗流安全系数，取1.5～2.0；

j——地下水的向上渗流力，kN/m^3；

γ'——坑底土体的有效重度，kN/m^3，可按下式计算：

$$\gamma' = i\gamma_w = \frac{h_w}{h_w + 2(D_c - h)}\gamma_w \tag{2-27}$$

式中：i——渗流水力坡度；

γ_w——地下水的重度，kN/m^3；

D_c——水泥土桩的入土深度，m；

h_w、h——意义见图2-12。

于是，水泥土桩的最小入土深度为：

$$D_c = K_s h_w \frac{\gamma_w}{\gamma'} - h_w + 2h \tag{2-28}$$

同时应满足 $D_c > D_H$（D_H 为水泥土搅拌桩内型钢插入深度）。

4. 型钢间距确定

型钢间距的确定除应满足截面抗弯和抗剪承载力外，还应满足水泥搅拌桩桩身局部受剪承载力的要求。局部受剪承载力包括型钢与水泥土之间的错动受剪承载力和水泥土最薄弱截面处的局部受剪承载力，如图2-13(a)所示。

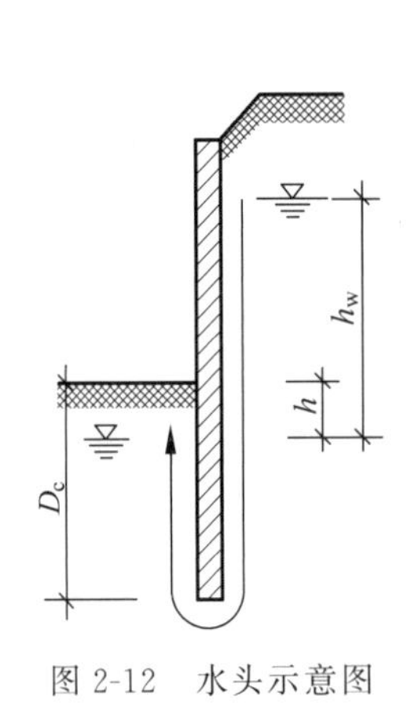

图2-12 水头示意图

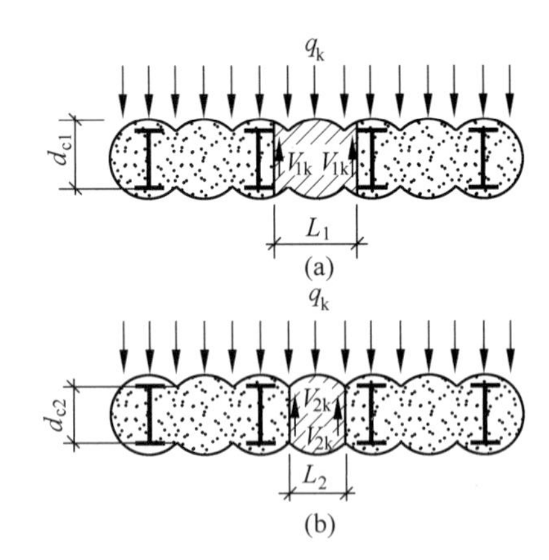

图2-13 搅拌桩局部受剪承载力计算示意图

(a) 型钢与水泥土间错动受剪承载力验算图；(b) 水泥土最薄弱截面局部受剪承载力验算图

(1) 型钢与水泥土之间的错动受剪承载力应按下列公式进行计算：

$$\tau_1 \leqslant \tau \tag{2-29}$$

$$\tau_1 = 1.25\gamma_0 V_{1k}/d_{e1} \tag{2-30}$$

$$V_{1k}=q_kL_1/2 \tag{2-31}$$

$$\tau=\tau_{ck}/1.6 \tag{2-32}$$

式中：τ_1——作用于型钢与水泥土之间的错动剪应力设计值，N/mm^2；

V_{1k}——作用于型钢与水泥土之间单位深度范围内的错动剪应力标准值，N/mm；

q_k——作用于型钢水泥土搅拌墙计算截面处的侧压力强度标准值，N/mm^2；

L_1——相邻型钢翼缘之间的净距，mm；

d_{e1}——型钢翼缘处水泥土墙体的有效厚度，mm；

τ——水泥土抗剪强度设计值，N/mm^2；

τ_{ck}——水泥土抗剪强度标准值，N/mm^2，可取搅拌桩28d龄期无侧限抗压强度的1/3。

（2）在型钢间隔设置时，参见图2-13(b)，水泥土搅拌桩最薄弱截面的局部受剪承载力应按下列公式进行计算：

$$\tau_2\leqslant\tau \tag{2-33}$$

$$\tau_2=1.25\gamma_0V_{2k}/d_{e2} \tag{2-34}$$

$$V_{2k}=q_kL_2/2 \tag{2-35}$$

式中：τ_2——作用于水泥土最薄弱截面处的局部剪应力设计值，N/mm^2；

V_{2k}——作用于水泥土最薄弱截面处单位深度范围内的剪应力标准值，N/mm；

L_2——水泥土相邻最薄弱截面的净距，mm；

d_{e2}——水泥土最薄弱截面处墙体的有效厚度，mm。

2.4.3.4　地下连续墙设计

地下连续墙是分槽段使用专用机械成槽、浇筑钢筋混凝土所形成的连续地下墙体。

1. 墙厚及槽段宽度选择

地下连续墙的墙体厚度宜按成槽机的规格，选取600 mm、800 mm、1000 mm、1200 mm或1500 mm。

确定地下连续墙单元槽段的平面形状和成槽宽度需考虑墙段的结构受力特性、槽壁稳定性、周边环境的保护要求和施工条件等因素。一般来说，壁板式一字形槽段宽度不宜大于6 m，宜取4～6 m；折线形槽段等槽段各肢宽度总和不宜大于6 m。地层稳定性越好，槽幅可适当加宽，但一般不大于8 m；当成槽施工可能对周边环境产生不利影响或槽壁稳定性较差时，应取较小的槽段宽度。必要时，宜采用搅拌桩对槽壁进行加固。

2. 不同槽段构件设计

1）转角设计

地下连续墙的转角处或有特殊要求时，单元槽段的平面形状可采用L形、T形等。

2）槽段接头设计

地下连续墙宜采用圆形锁口管接头、波纹管接头、楔形接头、工字形钢接头或混凝土预制接头等柔性接头。

当地下连续墙作为主体地下结构外墙，且需要形成整体墙体时，宜采用刚性接头；刚性接头可采用一字形或十字形穿孔钢板接头、钢筋承插式接头等。

在采取地下连续墙顶设置通长的冠梁、墙壁内侧槽段接缝位置设置结构壁柱、基础底板与地下连续墙刚性连接等措施时，也可采用柔性接头。

3. 墙体混凝土选择

地下连续墙的混凝土设计强度等级宜取C30～C40。地下连续墙用于截水时，墙体混凝土抗渗等级不宜小于P6，槽段接头应满足截水要求。当地下连续墙同时作为主体地下结构构件时，墙体混凝土抗渗等级应满足现行国家标准《地下工程防水技术规范》(GB 50108—2008)及其他相关规范的要求。

4. 入土深度设计

连续墙入土深度与基坑开挖深度的比应具体根据基坑稳定性、隔水作用按照相应计算方法确定。

5. 冠梁设计

地下连续墙墙顶应设置混凝土冠梁。冠梁宽度不宜小于墙厚，高度不宜小于墙厚的0.6倍。冠梁钢筋应符合现行国家标准《混凝土结构设计规范》(2015年版)(GB 50010—2010)对梁的构造配筋要求。冠梁用作支撑或锚杆的传力构件或按空间结构设计时，尚应按受力构件进行截面设计。

冠梁按构造设置时，纵向钢筋锚入冠梁的长度宜取冠梁厚度。冠梁按结构受力构件设置时，桩身纵向受力钢筋伸入冠梁的锚固长度应符合现行国家标准《混凝土结构设计规范》(2015年版)(GB 50010—2010)对钢筋锚固的有关规定。当不能满足锚固长度的要求时，其钢筋末端可采取机械锚固措施。

2.4.4 挡土结构内力及变形计算

根据《建筑基坑支护技术规程》(JGJ 120—2012)的规程，推荐使用弹性抗力法进行挡土结构的计算。挡土结构计算前，需要根据2.4.3节内容选择好挡土结构形式、宽度、间距等，然后采用不同计算方法计算其各点内力、变形及其最大值。

2.4.4.1 理论计算方法介绍

近年来，随着岩土力学理论的发展和各国专家学者的努力，多种计算理论和方法被提了出来，归纳起来，其基本方法大致可分为三类：极限平衡法、数值模拟法、弹性抗力法。

1. 极限平衡法

极限平衡法在基坑设计的早期即开始使用，常采用的有静力平衡法、太沙基法、等值梁法、1/2分割法、H. Blum法、残余力矩法等。极限平衡法假定作用在挡土结构前后的土压力分别达到被动土压力和主动土压力，在此基础上再做某些力学上的假设，把超静定问题简化为静定问题求解。它未考虑挡土结构位移对土压力的影响，也不能反映挡土结构的变形情况，尤其是对有支撑或锚杆的挡土结构采用等值梁法设计时，对支点力的计算假定与支点刚度系数无关。以下只介绍静力平衡法、太沙基法、等值梁法。

1) 静力平衡法

古典板桩计算理论认为，悬臂式挡土结构在主动土压力作用下，将趋于绕挡土结构上的某一点发生转动，从而使土压力的分布发生变化。在图2-14的支点b处，挡土结构背面承受的土压力由主动土压力转到被动土压力，而前面承受的土压力则由被动土压力转到主动土压力。在计算 b 点以下的主动及被动土压力时，可方便地把该点以上的土体当作超载来考虑。假定挡土结构底端不承受弯矩和剪力，即可由静力平衡条件，通过求解插入深度的四次方程得到挡土结构旋转点的位置、插入深度及内力。

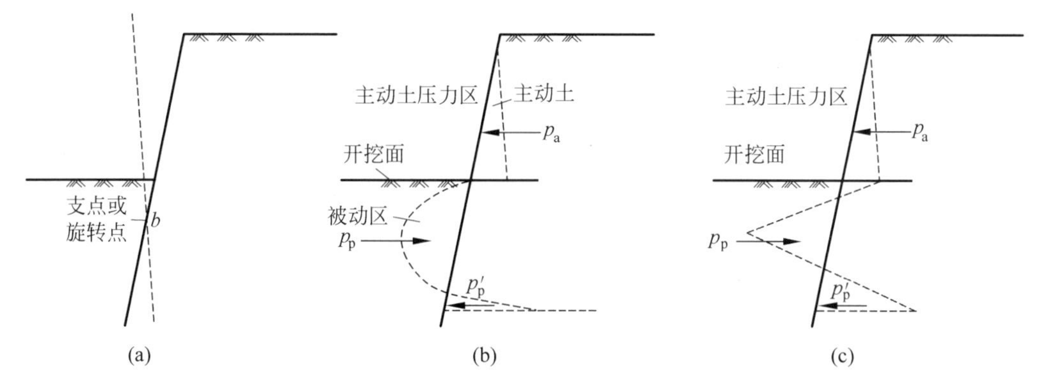

图 2-14　悬臂式挡土结构的土压力分布（所示为砂性土并无水）
(a) 假设弹性线；(b) 土压力定量分布；(c) 计算土压力

上述方程求解四次方程时，往往需通过试算，计算量较大。因此还可根据 H. Blum 理论采用简化方法，如图 2-15(a)所示，u 为支点 b 至基坑底的距离，l_0 为支点 b 至桩底的距离，将支点 b 以下的被动土压力近似地在桩底 C 点处用一个集中力 R_c(图 2-15(b))代替，l_0 可用 x 来表示，它必须满足绕 C 点的静力平衡条件，由此即可求出挡土结构的最小插入深度和内力。简化后采用 $\sum M=0$ 计算得到的插入深度是偏小的，因此 Blum 建议按图 2-15(b) 计算出 x 后，把 x 增加 20% 作为插入深度。

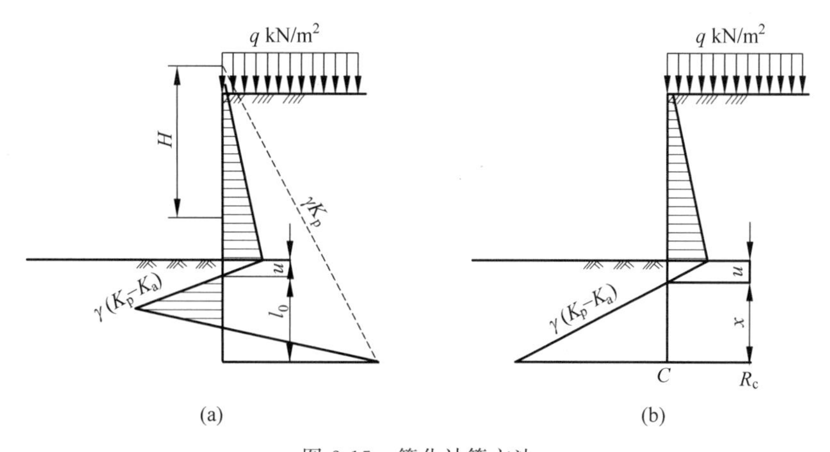

图 2-15　简化计算方法
(a) 简化前的土压力分布；(b) 简化后的土压力分布

2) 太沙基法

太沙基法假定墙体在横撑(第一道撑除外)支点及开挖底面处形成塑性铰，该法横撑轴向力相差不大，但弯矩则主要为开挖侧的正弯矩。

用太沙基法，可估算横撑轴向力及墙身弯矩，按以下假定及步骤进行：

(1) 如图 2-16(a)所示，假定每次开挖最下一道支撑 k 的支点 c 为铰接，应用土压力对 c

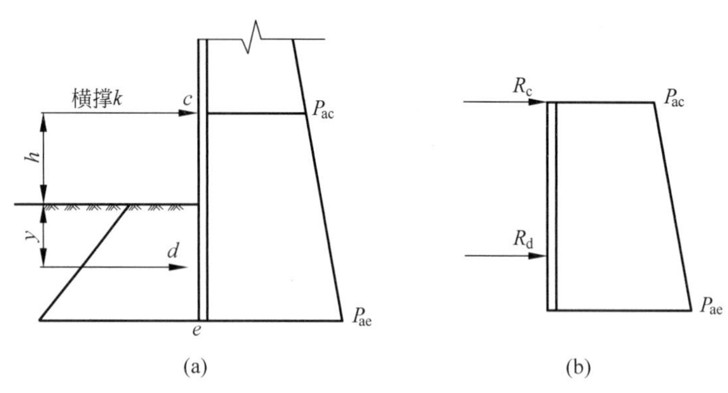

图 2-16 横撑 k 与虚支点间荷载

点弯矩平衡条件，求出维持土压力平衡所需深度 x；

(2) 计算出墙前被动土压力合力的作用点 d 距坑底的深度 y，设 d 点为虚支点；

(3) 将图 2-16(b)实线所示的墙身作为支承于 c 点及 d 点的简支梁，按简支梁以墙后主动土压力及水压力为荷载，计算出 c 点的反力(亦即 k 道支撑轴向力 N_k)及墙身最大弯矩。

3) 等值梁法

等值梁法是一种用以计算挡土结构内力的方法，适用于带支撑的挡土结构。由于该方法较为简便，在实际工作中运用十分广泛，但等值梁法是一种不考虑土与结构变形的近似计算方法。

等值梁法可以分成整体等值梁法和分段等值梁法。

所谓整体等值梁法，就是把基坑底面下桩底土压力零点与桩顶之间的部分当作多跨连续梁，锚(支撑)点位置为连续梁的支点，采用结构力学中力矩分配法计算连续梁的方法计算支点反力。

所谓分段等值梁法，就是基坑逐层开挖过程中支撑或拉锚力不变的等值梁法，这种方法应根据土方开挖和支撑或拉锚的设置顺序分段计算。在每一阶段，可将该阶段开挖面上的支撑(或拉锚)点和开挖面下的土压力零点之间的支挡结构作为简支梁对待，然后把计算出的支点反力保持不变，并作为外力计算下一段梁的支点反力。在分阶段计算多支撑结构内力时，引入了三点基本假设：不考虑设支撑前墙体已产生的位移；假定支撑为不动铰支座；下层支撑设置后，上层支撑的支撑力不变。

应用等值梁法计算板桩，首先要知道正负弯矩转折点的位置。由于板桩地面下，土压力等于零点的位置很接近正负弯矩的转折点，所以为简化计算，就用土压力等于零点的位置来代替它。这样，板桩就相当于一根简支梁，很容易求出其支点反力，然后即可求出入土深度和最大弯矩。

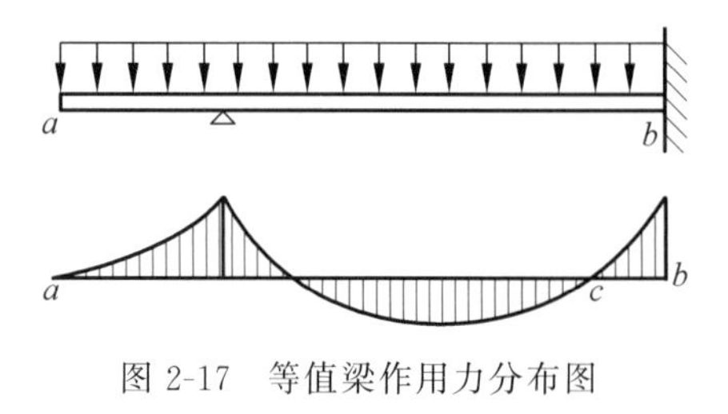

图 2-17 等值梁作用力分布图

等值梁法的基本原理如图 2-17 所示：图中 ab 梁一端固定，另一端简支，弯矩图的正负弯矩在 c 点转折。若将梁 ab 在 c 点切断，并于 c 点置一自由支承，形成 ac 梁，则 ac 梁上的弯矩将保持不变，即称 ac 梁为 ab 梁的等值梁。

等值梁法的计算方法如下(图 2-18)：

(1) 基坑面以下挡土结构的反弯点取在土压力为零的 C 点，并视为等值梁的一个铰支点；

(2) 第一层支撑设置后的挡土结构计算，基坑深度 h_1 取第二层支撑设置时的开挖深度。

按下式计算第一层支撑的支撑力 T_1：

$$T_1 = E_{a_1} a_1 / a_{T_1} \tag{2-36}$$

式中：E_{a_1}——基坑开挖至 h_1 深度时，主动侧土压力的合力，kN；

a_1——E_{a_1} 对反弯点的力臂，m；

a_{T_1}——第一层支撑的支撑力对反弯点的力臂，m。

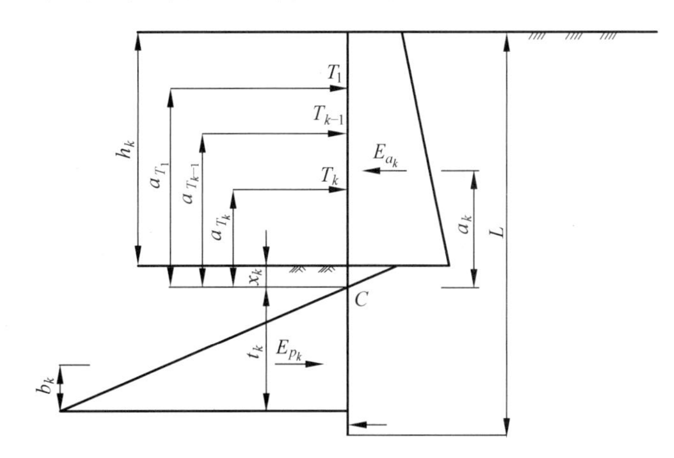

图 2-18　锚撑式结构等值梁法计算简图

第 k 层支撑设置后的挡土结构计算，基坑深度 h_k，取第 $k+1$ 层支撑设置时的开挖深度，第一层至第 $k-1$ 层支撑的支撑力为已知；第 k 层支撑的支撑力 T_k 按下式计算：

$$T_k = (E_{a_k} a_k - \sum T_A a_{T_A}) / a_{T_k}, \quad (A = 1, 2, \cdots, k-1) \tag{2-37}$$

式中：E_{a_k}——基坑开挖至 h_k 深度时，主动侧土压力的合力，kN；

a_k——E_{a_k} 对反弯点的力臂，m；

T_A——第一层至第 $k-1$ 层支撑的支撑力，kN；

a_{T_A}——第一层至第 $k-1$ 层支撑的支撑力对反弯点的力臂，m；

a_{T_k}——第 k 层支撑的支撑力对反弯点的力臂，m。

第 k 层支撑设置后，基坑开挖至 h_k 深度时挡土结构的嵌固深度 t_k 应满足下式：

$$t_k \geqslant E_{p_k} b_k / Q_k \tag{2-38}$$

式中：E_{p_k}——基坑开挖至 h_k 深度时，被动侧土压力的合力，kN；

b_k——E_{p_k} 对支护墙下端的力臂，m；

Q_k——反弯点处挡土结构单位宽度的剪力，按下式计算：

$$Q_k = E_{a_k} - \sum T_A \tag{2-39}$$

2. 数值模拟法

随着计算机技术的提高，有限元和数值分析法在挡土结构分析中得到了广泛应用，提供了一种理论上更为合理的设计计算方法。它将土体和挡土结构分别划分为有限单元进行计算，其优点是可以考虑土体与挡土结构的相互作用，可以从整体上分析挡土结构及周围土体的应力和位移，而且还可求得基坑的隆起量、地表的沉降量和土中的塑性区范围及发展过程。数值模拟法可分为杆系有限单元法和有限单元法。下面重点讲一下杆系有限单元法。

杆系有限单元法将挡土结构离散成若干个有限单元，基坑底面以上部分的挡土结构采用梁单元，基坑底面以下部分的挡土结构采用弹性地基梁单元，支撑为弹性支撑杆单元，荷载为主动土压力和水压力。然后按照常规杆系有限单元法即可求得各节点的位移和各单元的节点力。具体而言如下：

已知弹性地基梁挠曲微分方程为：

$$EI\frac{d^4y}{dz^4}=q(z,y) \tag{2-40}$$

式中：E——支挡结构的弹性模量；

I——支挡结构的截面惯性矩；

z——地面或开挖面以下的深度；

$q(z,y)$——梁上荷载强度，包括地基反力、锚撑力和其他外荷载。

通常上式仅对简单外荷载分布模式才能求得解析解，而对设有锚撑、支挡结构前后作用荷载分布模式比较复杂的情况，无法求得解析解，但可以凭借弹性杆系有限单元数值计算方法进行求解。

弹性杆系有限单元法分析挡土结构内力和变形的过程如下。

(1) 结构理想化

结构理想化是把挡土结构的各个组成部分，根据其结构受力特性，理想化为杆系单元，即基底以上部分挡土结构简化为两端嵌固的梁单元，基底以下部分简化为文克尔(Winkler)弹性地基梁单元，锚杆(索)简化为二力杆单元。

(2) 结构离散化

结构离散化是把挡土结构沿竖向划分成有限个单元，每隔 2 m 划分一个单元。为计算方便，尽可能将节点布置在挡土结构的截面、荷载突变处、弹性地基反力系数变化段及锚杆(索)的作用点处，各单元以边界上的节点相连接。

(3) 建立结构平衡方程

将各个单元的单元刚度矩阵经矩阵变换得到结构总刚度矩阵，作用在结构节点上的荷载和节点位移之间的关系以结构总刚度矩阵来联系。结构平衡方程为：

$$[\boldsymbol{K}]\{\boldsymbol{\delta}\}=\{\boldsymbol{R}\} \tag{2-41}$$

式中：$[\boldsymbol{K}]$——结构总刚度矩阵；

$\{\boldsymbol{\delta}\}$——结构节点位移列阵；

$\{\boldsymbol{R}\}$——为结构节点荷载列阵。

梁单元、Winkler 弹性地基梁单元和杆单元的单元刚度矩阵可查阅徐芝纶主编的《弹性力学》。

求解上述平衡方程式，可求得结构节点位移，进而可求得单元内力。

弹性地基梁的地基反力可由结构位移乘以水平地基反力系数求得。

在岩土工程中较为常见的有限元计算应用软件有同济大学开发的“启明星”系列软件

FRWS，国外软件有 ANSYS、FLAC3D、2D-σ 及 3D-σ 等，它们在物理建模上取得了发展，但在岩土本构模型的选取上仍存在很大的空间。目前，在选取合理的土层和挡土结构的本构模型与计算参数、变形范围与稳定性之间的定量关系仍依靠经验确定。

采用有限单元法可获得整个地基的位移场和应力场随基坑开挖的变化过程，由此可得到挡土结构的内力、变形以及基坑周围地表沉降量等，因此越来越多的人采用有限单元法分析基坑问题。过去多按二维平面问题求解，目前已开始采用三维有限元来考虑基坑开挖的空间效应。另外，基坑开挖的时间效应也引起了人们的重视。

虽然采用有限单元法分析基坑问题可获得大量的数据，但由于基坑工程的复杂性和土体材料本构关系的不确定性，目前采用有限单元法分析基坑问题还很难获得满意的结果，其计算精度有待进一步提高。

3. 弹性抗力法

据上述理论分析可知，传统的经典方法是以手算为主，主要是计算内力，是一种高度的简化方法，与实际结果差异大，并且不能计算挡土结构的变形。实体有限元数值方法由于本构模型的不完善，使计算结果稳定性不太理想，需要有丰富的应用经验，作为工程设计普遍应用有一定难度。因此，发展计算结果稳定、计算简便的实用计算方法更易于工程应用。故我国规范推荐使用弹性抗力法进行计算。我们将在下文对其计算过程进行详细的叙述。

2.4.4.2　规范推荐使用的计算方法——弹性抗力法

弹性抗力法在一定程度上考虑了挡土结构与土体的相互作用，基坑开挖和回填过程中的基本因素对挡土结构的影响，是我国《建筑基坑支护技术规程》(JGJ 120—2012)推荐的方法，在工程应用中比较广泛。其概念是由于挡土结构位移有控制要求，内侧不可能达到完全的被动状态，实际上仍处在弹性抗力阶段，因此引用承受水平荷载桩的横向抗力概念，将外侧主动土压力作为施加在挡土结构上的水平荷载，用弹性地基梁的方法计算挡墙的变形与内力，土对挡土结构的水平向支撑用弹性抗力系数来模拟，支锚结构也用弹簧模拟。

弹性抗力法在基坑支护设计计算中，常将挡土结构前后土体视为由水平向的弹簧组成的计算模型，通过挠曲线的近似方程来计算挡土结构的弯矩、剪力和变形。按 Winkler 假定，每一点的水平向的反力与这点的弹性变形成正比，一般适用于锚拉式平面结构或受力对称的内支撑式平面结构。弹性抗力法关键需解决三个问题：一是施工过程不同阶段的受力模拟，二是土压力荷载，三是岩土弹簧刚度的合理确定。

弹性抗力法亦可称为平面杆系结构弹性支点法，计算简图如图 2-19 所示。

1）挡土结构采用排桩且取单根支护桩进行分析时：

(1) 排桩外侧土压力计算宽度(b_a)应取排桩间距；

(2) 主动土压力强度标准值(p_{ak})可按 2.3.2 节规定计算；

(3) 土反力(p_s)和初始土反力(p_{s0})，按以下公式确定：

$$p_s = k_s v + p_{s0} \tag{2-42}$$

挡土构件嵌固段上的基坑内侧分布土反力应符合下列条件：

$$P_s \leqslant E_p \tag{2-43}$$

式中：p_s——分布土反力，kPa；

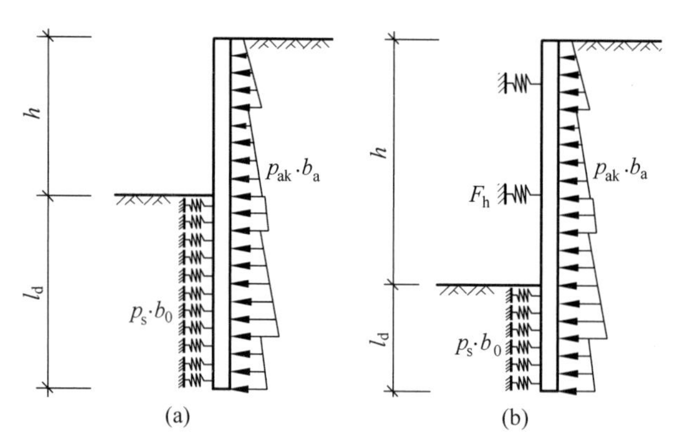

图 2-19 弹性抗力法计算简图

(a) 悬臂式挡土结构；(b) 拉锚式或支撑式挡土结构

k_s——土的水平反力系数，kN/m^3，按式(2-18)计算；

v——挡土构件在分布土反力计算点的水平位移值，m；

p_{s0}——初始土反力，kPa；作用在挡土构件嵌固段上的基坑内侧初始土压力强度可按式(2-15)和式(2-19)确定，但应将公式中的 p_{ak} 用 p_{s0} 代替，σ_{ak} 用 σ_{pk} 代替，u_a 用 u_p 代替，且不计$(2c_i\sqrt{K_{a,i}})$项；

P_s——作用在挡土构件嵌固段上的基坑内侧土反力合力，kN；可按式(2-42)计算的分布土反力 p_s 得出；

E_p——作用挡土构件嵌固段上的被动土压力合力，kN。

挡土构件内侧嵌固段上土的水平反力系数可按下列公式计算：

$$k_s=m(z-h) \tag{2-44}$$

式中：m——土的水平反力系数的比例系数，kN/m^4；

z——计算点距地面的深度，m；

h——计算工况下的基坑开挖深度，m。

土的水平反力系数的比例系数(m)宜按桩的水平荷载试验及地区经验取值，缺少试验和经验时，可按下列经验公式计算：

$$m=\frac{0.2\varphi^2-\varphi+c}{v_b} \tag{2-45}$$

式中：c、φ——c 是土的黏聚力，kPa；φ 是土的内摩擦角，(°)；对多层土，按不同土层分别取值；

v_b——挡土构件在坑底处的水平位移量，mm；当此处的水平位移不大于 10 mm 时，可取 10 mm。

当不符合式(2-43)的计算条件时，应增加挡土构件的嵌固长度或取 $P_s=E_p$ 时的分布土反力。

除上述规范计算方法外，陆培炎提出了另一种采用土的变形模量用 J. Boussinesq 解近似求解土的水平反力系数 K_s(即土弹簧刚度) 的方法，按下式计算：

$$K_s=\frac{bE_0}{(1-\mu^2)w} \tag{2-46}$$

式中：E_0——土的变形模量，MPa；

b——支护桩直径或计算单元宽度，m；

μ——土的泊松比；

w——几何形状系数。

其主要用土的变形模量 E_0 来计算土的弹簧刚度 K_s。相较于上述规范推荐使用的 m 法。计算结果对于非软土土层差异不大，但对于岩层，陆培炎提出的方法所得的结果可能会偏小。

(4) 排桩嵌固段上的土反力(p_s)和初始土反力(p_{s0})的计算宽度(b_0)取值按下列规定计算(图 2-20)：

对于圆形桩：

$$b_0 = 0.9(1.5d + 0.5),\quad (d \leqslant 1\ \text{m}) \tag{2-47}$$

$$b_0 = 0.9(d + 1),\quad (d > 1\ \text{m}) \tag{2-48}$$

对于矩形桩或工字形桩：

$$b_0 = 1.5b + 0.5,\quad (d \leqslant 1\ \text{m}) \tag{2-49}$$

$$b_0 = b + 1,\quad (d > 1\ \text{m}) \tag{2-50}$$

式中：b_0——单桩土反力计算宽度，m；当按式(2-48)～式(2-50)计算的 b_0 大于排桩间距时，取 b_0 等于排桩间距；

d——桩的直径，m；

b——矩形桩或工字形桩的宽度，m。

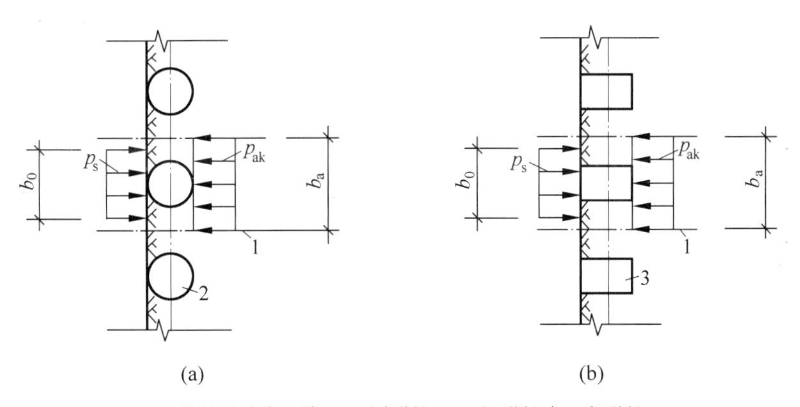

1—排桩对称中心线；2—圆形桩；3—矩形桩或工字形桩。

图 2-20　排桩计算宽度

(a) 圆形截面排桩计算宽度；(b) 矩形或工字形截面排桩计算宽度

2) 挡土结构采用地下连续墙且取单幅墙进行分析时，相关计算应符合下列规定：

(1) 地下连续墙外侧土压力计算宽度(b_0)应取包括接头的单幅墙宽度；

(2) 主动土压力标准值(p_{ak})可按 2.3.3 节规定计算；

(3) 地下连续墙嵌固段上的土反力(p_s)和初始土反力(p_{s0})的计算宽度(b_0)取包括接头的单幅墙宽度；

(4) 土反力(p_s)和初始土反力(p_{s0})可按式(2-42)确定；

3) 锚杆和内支撑对挡土构件的约束作用应按弹性支座考虑，其边界条件应按下式确定：

$$F_h = k_R(v_R - v_{R0}) + P_h \tag{2-51}$$

式中：F_h——挡土构件计算宽度内的弹性支点水平反力，kN；

k_R——计算宽度内弹性支点刚度系数，kN/m；按式(2-52)、式(2-53)和式(2-55)取值；

v_R——挡土构件在支点处的水平位移值，m；

v_{R0}——设置支点时，支点的初始水平位移值，m；

P_h——挡土构件计算宽度内的法向预加力，kN；采用锚杆或竖向斜撑时，取 $P_h = P \cdot \cos\alpha \cdot b_a/s$，采用水平对撑时，取 $P_h = P \cdot b_a/s$；对不预加轴向压力的支撑，取 $P_h = 0$；锚杆的预加轴向拉力(P)宜取(0.75～0.9)N_k，支撑的预加轴向压力(P)宜取(0.5～0.8)N_k(kN)，此处，P 为锚杆的预加轴向值或支撑的预加轴向压力值，α 为锚杆倾角或支撑仰角(°)，b_a 为结构计算宽度(m)，s 为锚杆或支撑的水平间距(m)，N_k 为锚杆轴向拉力标准值或支撑轴向压力标准值(kN)。

(1) 采用锚杆时：锚拉式支挡结构的弹性支点刚度系数按下式计算：

$$k_R = \frac{(Q_2 - Q_1)b_a}{(s_2 - s_1)s} \tag{2-52}$$

式中：Q_1、Q_2——分别为锚杆循环加载或逐级加载试验中(Q-s)曲线上对应锚杆锁定值与轴向拉力标准值的荷载值，kN；应取在相当于预张拉荷载的加载量下卸载后的再加载曲线上的荷载值；

s_1、s_2——分别为(Q-s)曲线上对应于 Q_1、Q_2 的锚头位移值，m；

b_a——结构计算宽度，m；

s——锚杆水平间距，m。

拉伸型钢绞线锚杆或普通钢筋锚杆，在缺少试验时，弹性支点刚度系数按下式计算：

$$k_R = \frac{3E_sE_cA_pAb_a}{(3E_cal_f + E_sA_pl_a)s} \tag{2-53}$$

$$E_c = \frac{E_sA_p + E_m(A - A_p)}{A} \tag{2-54}$$

式中：E_s——锚杆杆体的弹性模量，kPa；

E_c——锚杆的复合体弹性模量，kPa；

A_p——锚杆杆体的截面面积，m^2；

A——锚杆固结体的截面面积，m^2；

l_f——锚杆自由段长度，m；

l_a——锚杆的锚固段长度，m；

E_m——锚杆固结体的弹性模量，kPa。

(2) 采用内支撑体系时：支撑式支挡结构的弹性支点刚度系数宜通过对内支撑结构整体进行线弹性结构分析得出的支点力与水平位移的关系确定，对于水平对撑，当支撑腰梁或冠梁的挠度可忽略不计时，计算宽度内弹性支点刚度系数可按下式取值：

$$k_R = \frac{\alpha_R EAb_a}{\lambda l_0 s} \tag{2-55}$$

式中：λ——支撑不动点调整系数：支撑两对边基坑的土性、深度、周边荷载等条件相近，且分层开挖时，取 $\lambda=0.5$；支撑两对边基坑的土性、深度、周边荷载等条件或开挖时间有差异时，对土压力较大的一侧，取 $\lambda=0.5\sim1.0$，且差异大时取大值，反之取小值，对土压力较小或后开挖的一侧取$(1-\lambda)$；当基坑一侧取 $\lambda=1$ 时，基坑另一侧应按固定支座考虑；对竖向斜撑构件，取 $\lambda=1$；

α_R——支撑松弛系数，对混凝土支撑和预加轴向压力的钢支撑，取 $\alpha_R=1.0$，对不预加支撑轴向压力的钢支撑，取 $\alpha_R=0.8\sim1.0$；

E——支撑材料的弹性模量，kPa；

A——支撑的截面面积，m^2；

l_0——受压支撑构件的长度，m；

s——支撑水平间距，m。

4）在进行挡土结构设计时，对计算参数取值和计算分析结果，应根据工程经验分析判断其合理性。

针对不同的施工阶段，弹性抗力法的计算过程如下：

（1）计算支点刚度系数可按式(2-52)、式(2-53)和式(2-55)确定，若采用复杂支撑，则应考虑其空间协同作用，需对围护结构和支撑系统进行整体分析。

（2）土弹簧刚度（土的水平反力系数）计算（参照上述计算过程）；

（3）坑外主动侧水土压力计算（见 2.3 节）；

（4）对弹性地基梁的内力和位移进行求解。

2.4.5　挡土结构截面计算

根据上述计算方法进行挡土结构内力及变形计算后，按照挡土结构计算出的支点力对冠梁和腰梁进行设计计算，按照计算出的包络弯矩和剪力对挡土结构截面进行验算。

2.4.5.1　排桩配筋计算

1. 正截面受弯承载力计算

1）圆形截面桩

沿周边均匀配置纵向钢筋的圆形截面支护桩（图 2-21），其正截面受弯承载力应符合下列规定：

$$M\leqslant\frac{2}{3}f_cAr\frac{\sin^3\pi\alpha}{\pi}+f_yA_sr_s\frac{\sin\pi\alpha+\sin\pi\alpha_t}{\pi}\tag{2-56}$$

$$\alpha f_cA\left(1-\frac{\sin2\pi\alpha}{2\pi\alpha}\right)+(\alpha-\alpha_t)f_yA_s=0\tag{2-57}$$

$$\alpha_t=1.25-2\alpha\tag{2-58}$$

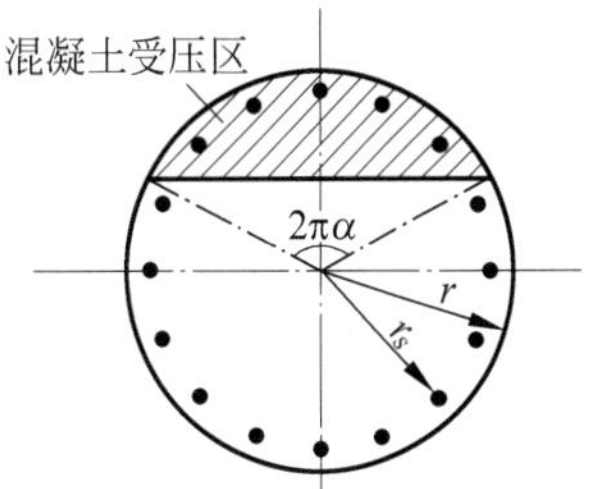

混凝土受压区

图 2-21　沿周边均匀配置纵向钢筋的圆形截面

式中：M——桩弯矩设计值，kN·m；按《建筑基坑支护技术规程》(JGJ 120—2012)第 3.1.7 条确定：$M=\gamma_0\gamma_FM_k$，γ_0 为结构重要性系数，γ_F 为作用基本组合的荷载分项系数，M_k 为按作用标准组合计算的弯矩值，kN·m；

f_c——混凝土轴心抗压强度设计值，kN/m^2；当混凝土强度超过C50时，f_c应用$\alpha_1 f_c$代替，当混凝土强度等级为C50时，取$\alpha_1=1.0$；当混凝土强度等级为C80时，取$\alpha_1=0.94$，其间按照线性内插法取值；

A——支护桩截面面积，m^2；

r——支护桩半径，m；

α——对应于受压区混凝土截面面积的圆心角(rad)与2π的比值；

f_y——纵向钢筋的抗拉强度设计值，kN/m^2；

A_s——全部纵向钢筋的截面面积，m^2；

r_s——纵向钢筋重心所在的圆周的半径，m；

α_t——纵向受拉钢筋截面面积与全部纵向钢筋截面面积的比值，当$\alpha>0.625$时，取$\alpha_t=0$；

注意：该计算方法适用于截面内纵向钢筋数量不小于6根的圆形截面。

沿受拉区和受压区周边局部均匀配置纵向钢筋的圆形截面支护桩(图2-22)，其正截面受弯承载力应符合下述要求：

$$M \leqslant \frac{2}{3} f_c A r \frac{\sin^3 \pi\alpha}{\pi} + f_y A_{sr} r_s \frac{\sin \pi\alpha_s}{\pi\alpha_s} + f_y A'_{sr} r_s \frac{\sin \pi\alpha'_s}{\pi\alpha'_s} \tag{2-59}$$

$$\alpha f_c A \left(1 - \frac{\sin 2\pi\alpha}{2\pi\alpha}\right) + f_y (A'_{sr} - A_{sr}) = 0 \tag{2-60}$$

混凝土受压区圆心半角的余弦应符合下列要求：

$$\cos \pi\alpha \geqslant 1 - \left(1 + \frac{r_s}{r} \cos \pi\alpha_s\right) \xi_b \tag{2-61}$$

式中：α_s——对应于受拉钢筋的圆心角(rad)与2π的比值；α_s值宜在1/6～1/3之间选取，通常可取0.25；

α'_s——对应于受压钢筋的圆心角(rad)与2π的比值，宜取$\alpha'_s \leqslant 0.5\alpha$；

A_{sr}，A'_{sr}——A_{sr}为沿周边均匀配置在圆心角$2\pi\alpha_s$内的纵向受拉钢筋的截面面积，m^2；A'_{sr}则为$2\pi\alpha'_s$内的纵向受压钢筋的截面面积，m^2；

ξ_b——矩形截面的相对界限受压区高度，应按现行国家标准《混凝土结构设计规范》(2015年版)(GB 50010—2010)的规程取值。

计算的受压区混凝土截面面积的圆心角(rad)与2π的比值α宜符合下列条件：

$$\alpha \geqslant 1/3.5 \tag{2-62}$$

当不符合上述条件时，其正截面受弯承载力可按下式计算：

$$M \leqslant f_y A_{sr} \left(0.78r + r_s \frac{\sin \pi\alpha_s}{\pi\alpha_s}\right) \tag{2-63}$$

注意：本条适用于截面受拉区纵向钢筋数量不小于3根的圆形截面的情况。

沿圆形截面受拉区和受压区周边实际配置的均匀纵向钢筋的圆心角分别取为$2\frac{n-1}{n}\pi\alpha_s$和$2\frac{m-1}{m}\pi\alpha'_s$，$n$、$m$分别为受拉区、受压区配置均匀纵向钢筋的根数。

配置在圆形截面受拉区的纵向钢筋，按全截面面积计算的最小配筋率不宜小于0.2%

和 $0.45f_t/f_y$ 两者中的较大值，此处，f_t 为混凝土抗拉强度设计值。在不配置纵向受力钢筋的圆周范围内应设置周边纵向构造钢筋，纵向构造钢筋直径不应小于纵向受力钢筋直径的 1/2，且不应小于 10 mm；纵向构造钢筋的环向间距不应大于圆截面的半径和 250 mm 两者中的较小值，且不得少于 1 根。

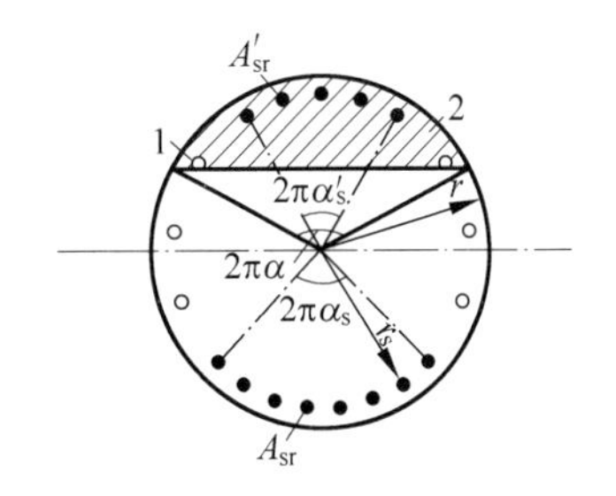

1—构造钢筋；2—混凝土受压区。

图 2-22　沿受拉区和受压区周边局部均匀配置纵向钢筋的圆形截面

2）矩形截面桩

矩形截面支护桩的正截面受弯承载力应按现行国家标准《混凝土结构设计规范》（2015 年版）（GB 50010—2010）的有关规定进行计算，其弯矩设计值按《建筑基坑支护技术规程》（JGJ 120—2012）第 3.1.7 条确定（计算公式参见上文）。

2. 斜截面受剪承载力计算

1）圆形截面桩

圆形截面支护桩的斜截面承载力，可用截面宽度（b）为 $1.76r$ 和截面有效高度（h_0）为 $1.6r$ 的矩形截面代替圆形截面后，按现行国家标准《混凝土结构设计规范》（2015 年版）（GB 50010—2010）对矩形截面斜截面承载力的规定进行计算。此处，r 为圆形截面半径。等效成矩形截面的混凝土支护桩，应将计算所得的箍筋截面面积作为圆形箍筋的截面面积，且应满足该规范对梁的箍筋配置的要求。

其剪力设计值取值应按《建筑基坑支护技术规程》（JGJ 120—2012）第 3.1.7 条确定，$V=\gamma_0\gamma_F V_k$，γ_0 为结构重要性系数，γ_F 为作用基本组合的荷载分项系数，V_k 为按作用标准组合计算的剪力值。

2）矩形截面桩

矩形截面支护桩斜截面受剪承载力，应按现行国家标准《混凝土结构设计规范》（2015 年版）（GB 50010—2010）的有关规定进行计算，其剪力设计值应按《建筑基坑支护技术规程》（JGJ 120—2012）第 3.1.7 条确定（计算公式参见上文）。

3. 排桩配筋构造要求

排桩的纵向受力钢筋宜选用 HRB400、HRB335 级钢筋，单桩的纵向受力钢筋不宜少于 8 根，净间距不应小于 60 mm；箍筋可采用螺旋式箍筋，箍筋直径不应小于纵向受力钢筋最大直径的 1/4，且不应小于 6 mm；箍筋间距宜取 100～200 mm，且不应大于 400 mm 及桩的直径；沿桩身配置的加强箍筋应满足钢筋笼起吊安装要求，宜选用 HPB235、HRB335 级钢筋，其间距宜取 1000～2000 mm；

当采用沿截面周边非均匀配置纵向钢筋时，受压区的纵向钢筋根数不应少于 5 根；当施工方法不能保证钢筋的方向时，不应采用沿截面周边非均匀配置纵向钢筋的形式；当沿桩身分段配置纵向受力主筋时，纵向受力钢筋的搭接应符合现行国家标准《混凝土结构设计规范》（2015 年版）（GB 50010—2010）的相关规定。

纵向受力钢筋的保护层厚度不应小于 35 mm；采用水下灌注混凝土工艺时，不应小于 50 mm。

当不满足构造配筋要求时，按桩受力进行配筋，参见现行国家标准《混凝土结构设计规范》(2015 年版)(GB 50010—2010)中的内容。

2.4.5.2 钢板桩截面验算

钢板桩的强度验算一般按下式进行：

$$\sigma=\frac{M_{\max}}{W}+\frac{N}{A}\leqslant[\sigma] \tag{2-64}$$

$$M=\gamma_0\gamma_F M_k \tag{2-65}$$

$$N=\gamma_0\gamma_F N_k \tag{2-66}$$

式中：σ——钢板桩的计算应力，kPa；

γ_0——结构重要性系数；

γ_F——作用基本组合的荷载分项系数；

$M_{\max}$——最大弯矩设计值，N·mm；M 的最大值；

M——作用于钢板桩的弯矩设计值，N·mm；应按《建筑基坑支护技术规程》(JGJ 120—2012)第 3.1.7 条确定，计算公式参见式(2-65)。

M_k——按作用标准组合计算的弯矩值，N·mm；

W——截面模量，mm^3；

N——轴向力设计值，N；应按《建筑基坑支护技术规程》(JGJ 120—2012)第 3.1.7 条确定，计算公式参见式(2-66)。

N_k——按作用标准组合计算的轴力值，N；

A——钢板桩截面面积，mm^2；

$[\sigma]$——钢板桩的允许应力，kPa。

需要注意的是，对于 U 形钢板桩，由于锁口在中性轴上，受弯时剪力较大，但由于钢板桩需重复使用，一般锁口不予焊接，使得钢板桩容易形成斜向转动，中性轴偏转降低了截面抗弯的有效高度，从而削弱了钢板桩挡土结构的截面模量。此外，支锚设置的不同以及施工方法、锁口中的土颗粒等均会使得钢板桩斜向转动，削弱截面模量。因此对于 U 形钢板桩，应用式(2-64)进行验算时，应对截面模量进行适当折减。

2.4.5.3 SMW 工法墙型钢截面验算

型钢的截面由型钢强度验算决定，需对型钢所受应力进行验算，包括型钢的抗弯及抗剪强度验算，认为 SMW 工法墙的弯矩及剪力全部由型钢承担。

1. 抗弯强度验算

$$\frac{M}{W}\leqslant f \tag{2-67}$$

式中：M——作用于 SMW 工法墙的弯矩设计值，N·mm；按《建筑基坑支护技术规程》(JGJ 120—2012)第 3.1.7 条确定，计算公式参见式(2-65)；

W——型钢沿弯矩作用方向的截面模量，mm^3；

f——型钢的抗弯强度设计值，N/mm^2。

2. 抗剪强度验算

$$\frac{VS}{It_w} \leqslant f_v \tag{2-68}$$

$$V = \gamma_0 \gamma_F V_k \tag{2-69}$$

式中：V——作用于 SMW 工法墙的剪力设计值，N；按《建筑基坑支护技术规程》（JGJ 120—2012）第 3.1.7 条确定；

V_k——按作用标准组合计算的剪力值，N；

S——型钢计算剪应力处以上毛截面对中和轴的面积矩，mm^3；

I——型钢沿弯矩作用方向的毛截面惯性矩，mm^4；

t_w——型钢腹板厚度，mm；

f_v——型钢的抗剪强度设计值，N/mm^2。

2.4.5.4　地下连续墙配筋计算

1. 正截面受弯承载力、斜截面受剪承载力计算

应按现行国家标准《混凝土结构设计规范》（2015 年版）（GB 50010—2010）的有关规定进行计算，但其弯矩、剪力设计值与支护桩的弯矩、剪力设计值计算公式一致。

2. 地下连续墙配筋构造要求

地下连续墙采用由纵向钢筋、水平钢筋、封口钢筋和构造加强钢筋构成的钢筋笼。地下连续墙的纵向受力钢筋应沿墙身每侧均匀配置，可按内力大小沿墙体纵向分段配置，且通长配置的纵向钢筋不应小于 50%；纵向受力钢筋宜采用 HRB335 级或 HRB400 级钢筋，直径不宜小于 16 mm，净间距不宜小于 75 mm。水平钢筋及构造钢筋宜选用 HPB235、HRB335 或 HRB400 级钢筋，直径不宜小于 12 mm，水平钢筋间距宜取 200～400 mm。地下连续墙纵向受力钢筋的保护层厚度，在基坑内侧不宜小于 50 mm，在基坑外侧不宜小于 70 mm。

钢筋笼两侧的端部与槽段接头之间、钢筋笼两侧的端部与相邻墙段混凝土接头面之间的间隙应不大于 150 mm，纵筋下端 500 mm 长度范围内宜按 1∶10 的斜度向内收口。

当不满足构造配筋要求时，按地下连续墙受力进行配筋，参见现行国家标准《混凝土结构设计规范》（2015 年版）（GB 50010—2010）中的内容。

2.4.5.5　冠梁、腰梁截面计算

钢筋混凝土冠梁及腰梁的正截面受弯和斜截面受剪承载力均按照现行国家标准《混凝土结构设计规范》（2015 年版）（GB 50010—2010）的有关规定进行计算，其弯矩及剪力设计值与支护桩计算公式相同，按照《建筑基坑支护技术规程》（JGJ 120—2012）第 3.1.7 条进行取值（参见上文公式）。

钢腰梁的受弯和受剪承载力应按现行国家标准《钢结构设计标准》（GB 50017—2017）的有关规定进行计算，但其弯矩和剪力设计值应按《建筑基坑支护技术规程》（JGJ 120—2012）第 3.1.7 条确定（参见上文公式）。

2.5 稳定性验算

2.5.1 嵌固稳定性验算

(1) 悬臂式支挡结构的嵌固深度稳定性要求：

$$\frac{E_{pk} z_{p1}}{E_{ak} z_{a1}} \geqslant K_{em} \tag{2-70}$$

式中：K_{em}——嵌固稳定安全系数；安全等级为一级、二级、三级的悬臂式结构，K_{em} 分别不应小于 1.25、1.2、1.15；

E_{ak}、E_{pk}——分别为基坑外侧主动土压力、基坑内侧被动土压力合力的标准值，kN；

z_{a1}、z_{p1}——分别为基坑外侧主动土压力、基坑内侧被动土压力合力作用点至挡土构件底端的距离，m(图 2-23)。

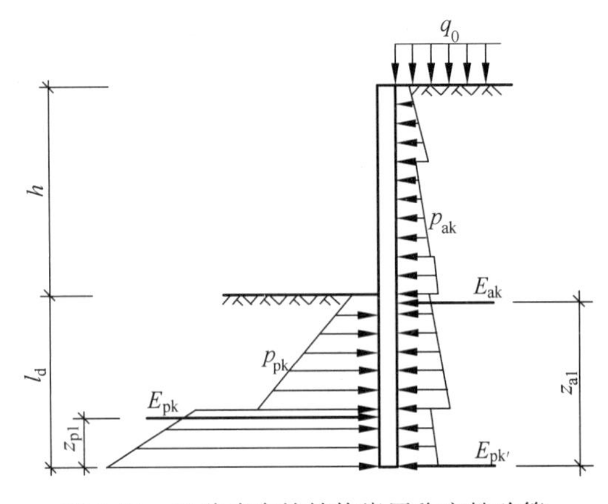

图 2-23 悬臂式支挡结构嵌固稳定性验算

(2) 单支点锚拉式支挡结构和支撑式支挡结构的嵌固深度应符合下列嵌固稳定性的要求：

$$\frac{E_{pk} z_{p2}}{E_{ak} z_{a2}} \geqslant K_{em} \tag{2-71}$$

式中：K_{em}——嵌固稳定安全系数；安全等级为一级、二级、三级的锚拉式支挡结构和支撑式支挡结构，K_{em} 分别不应小于 1.25、1.2、1.15；

z_{a2}、z_{p2}——分别为基坑外侧主动土压力、基坑内侧被动土压力合力作用点至支点的距离，m(图 2-24)。

挡土构件的嵌固深度除应满足上述要求外，对悬臂式结构，尚不宜小于 $0.8h$；对单点支挡结构，尚不宜小于 $0.3h$；对多支点支挡结构，尚不宜小于 $0.2h$；其中 h 为基坑深度。

2.5.2 整体稳定性验算

锚拉式、悬臂式和双排桩支挡结构应进行整体稳定性验算(此处特指基坑支护的稳定

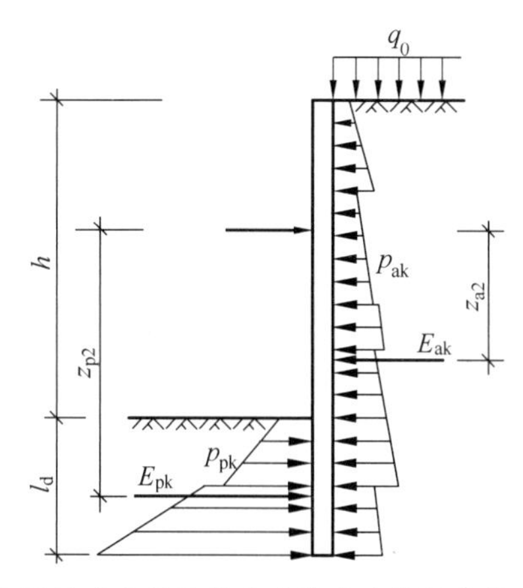

图 2-24　单支点锚拉式支挡结构和支撑式支挡结构的嵌固稳定性验算

性，而非支护结构各构件自身的整体稳定性）。其中锚拉式支挡结构的整体稳定性可采用圆弧滑动条分法进行验算，当采用圆弧滑动条分时，其整体稳定性应按下式计算：

$$\min\{K_{s,1}, K_{s,2}, \cdots, K_{s,i}, \cdots\} \geqslant K_s \tag{2-72}$$

$$K_{s,i} = \frac{\sum\{c_j l_j + [(q_j l_j + \Delta G_j)\cos\theta_j - u_j l_j]\tan\varphi_j\} + \sum R'_{k,k}[\cos(\theta_k + \alpha_k) + \psi_v]/s_{x,k}}{\sum(q_j b_j + \Delta G_j)\sin\theta_j} \tag{2-73}$$

式中：K_s——圆弧滑动整体稳定性安全系数；安全等级为一级、二级、三级的锚拉式支挡结构，K_s 分别不应小于 1.35、1.3、1.25；

$K_{s,i}$——第 i 个滑动圆弧的抗滑力矩与滑动力矩的比值；抗滑力矩与滑动力矩之比的最小值宜通过搜索不同圆心及半径的所有潜在滑动圆弧确定；

c_j、φ_j——分别为第 j 土条滑弧面处土的黏聚力(kPa)和土的内摩擦角，(°)；

b_j——第 j 土条的宽度，m；

θ_j——第 j 土条滑弧面中点处的法线与垂直面的夹角，(°)；

l_j——第 j 土条滑弧面长度，m；取 $l_j = b_j/\cos\theta_j$；

q_j——作用在第 j 土条上的附加分布荷载标准值，kPa；

ΔG_j——第 j 土条的自重，kN；按天然重度计算；

u_j——第 j 土条在滑弧面上的孔隙水压力，kPa；基坑采用落底式截水帷幕时，对地下水位以下的砂土、碎石土、粉土，在基坑外侧，可取 $u_j = \gamma_w h_{wa,j}$，在基坑内侧，可取 $u_j = \gamma_w h_{wp,j}$；在地下水位以上或对地下水位以下的黏性土，取 $u_j = 0$；

γ_w——地下水重度，kN/m^3；

$h_{wa,j}$——基坑外侧地下水位至第 j 土条滑弧面中点的垂直距离，m；

$h_{wp,j}$——基坑内侧地下水位至第 j 土条滑弧面中点的垂直距离，m；

$R'_{k,k}$——第 k 层锚杆对圆弧滑动体的极限拉力值，kN；应取锚杆在滑动面以外的锚固体极限抗拔承载力标准值与锚杆杆体受拉承载力标准值（$f_{ptk}A_p$ 或 $f_{yk}A_s$）的较小值；锚固段应取滑动面以外的长度；

θ_k——滑弧面在第 k 层锚杆处的法线与垂直面的夹角,(°);

α_k——第 k 层锚杆的倾角,(°);

$s_{x,k}$——第 k 层锚杆的水平间距,m;

ψ_v——计算系数,可按 $\psi_v=0.5\sin(\theta_k+\alpha_k)\tan\varphi$ 取值,此处,φ 为第 k 层锚杆与滑弧交点处土的内摩擦角,(°)。

上述公式中,对于悬臂式、双排桩支挡结构,不考虑 $\sum R'_{k,k}[\cos(\theta_k+\alpha_k)+\psi_v]/s_{x,k}$ 项。

当挡土构件底端以下存在软弱下卧土层时,整体稳定性验算滑动面中尚应包括由圆弧与软弱土层层面组成的复合滑动面,如图 2-25 所示。

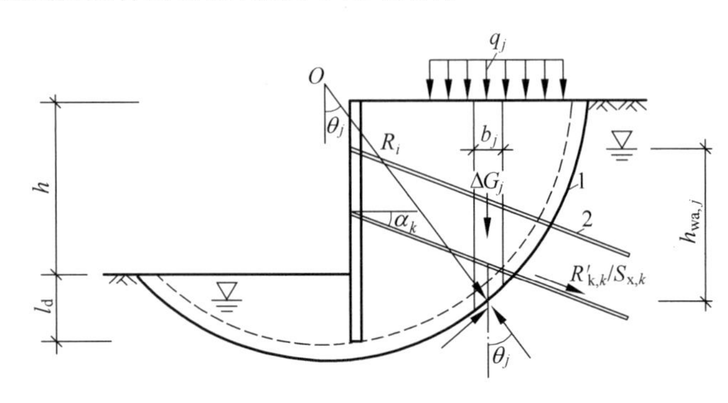

1—任意圆弧滑动面;2—锚杆。

图 2-25 圆弧滑动条分法整体稳定性验算

2.5.3 抗隆起稳定性验算

锚拉式支挡结构和支撑式支挡结构,其嵌固深度应满足坑底隆起稳定性要求(图 2-26)。抗隆起稳定性按下式计算:

$$\frac{\gamma_{m2}DN_q+cN_c}{\gamma_{m1}(h+D)+q_0}\geqslant K_{he} \tag{2-74}$$

$$N_q=\tan^2\left(45°+\frac{\varphi}{2}\right)e^{\pi\tan\varphi} \tag{2-75}$$

$$N_c=(N_q-1)/\tan\varphi \tag{2-76}$$

式中:K_{he}——抗隆起安全系数;安全等级为一级、二级、三级的挡土结构,K_{he} 分别不应小于 1.8、1.6、1.4;

γ_{m1}——基坑外挡土构件底面以上土的重度,kN/m³;对地下水位以下的砂土、碎石土、粉土取浮重度;对多层土取各层土按厚度加权的平均重度;

γ_{m2}——基坑内挡土构件底面以上土的重度,kN/m³;对地下水位以下的砂土、碎石土、粉土取浮重度;对多层土取各层土按厚度加权的平均重度;

D——基坑底面至挡土构件底面的土层厚度,m;

h——基坑深度,m;

q_0——底面均布荷载,kPa;

N_c、N_q——承载力系数;

c、φ——分别为挡土构件底面以下土的黏聚力(kPa)、内摩擦角(°)。

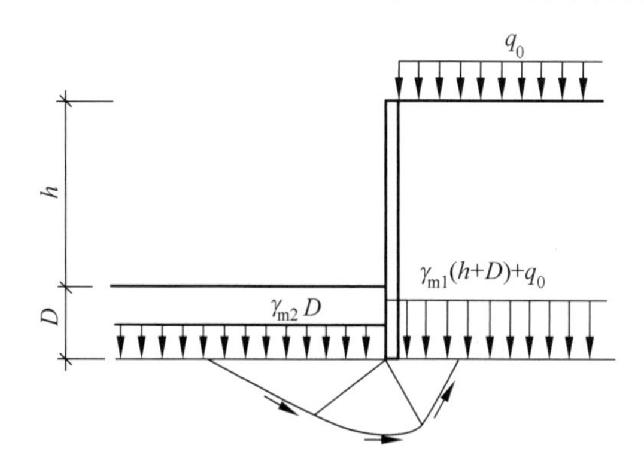

图 2-26　挡土构件底端平面下土的抗隆起稳定性验算

当挡土构件底面以下有软弱下卧层时,挡土构件底面土的抗隆起稳定性验算的部位尚应包括软弱下卧层,式(2-74)中的 γ_{m1}、γ_{m2} 应取软弱下卧层顶面以上土的重度(图 2-27),D 应取基坑底面至软弱下卧层顶面的土层厚度。对于悬臂式支挡结构可不进行抗隆起稳定性验算。虽然该方法被收录于规范中,但在部分沿海地区对该方法存有异议,此时可使用图 2-28 所示圆弧滑动模式进行抗隆起稳定性计算。

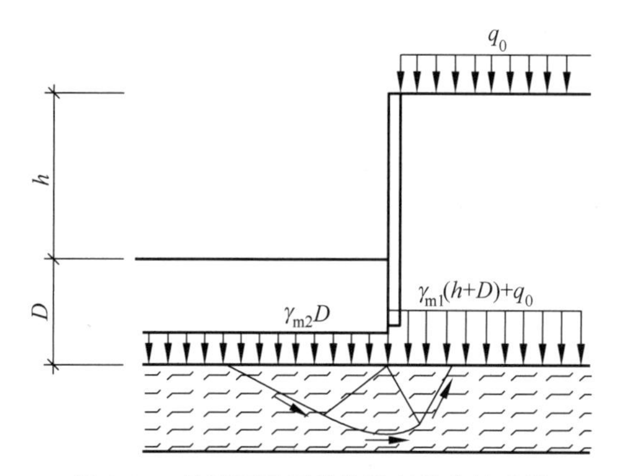

图 2-27　软弱下卧层的抗隆起稳定性验算

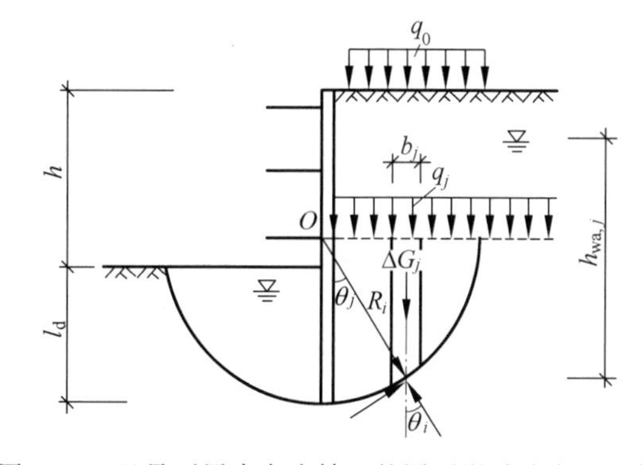

图 2-28　以最下层支点为轴心的圆弧滑动稳定性验算

对于锚拉式支挡结构和支撑式支挡结构，当坑底以下为软土时，应按图 2-28 所示的以最下层支点为转动轴心的圆弧滑动模式，并按下式验算抗隆起稳定性：

$$\frac{\sum[c_j l_j + (q_j b_j + \Delta G_j)\cos\theta_j \tan\varphi_j]}{\sum(q_j b_j + \Delta G_j)\sin\theta_j} \geqslant K_{\mathrm{RL}} \tag{2-77}$$

式中：K_{RL}——以最下层支点为轴心的圆弧滑动稳定安全系数；安全等级为一级、二级、三级的支挡式结构，K_{RL} 分别不应小于 2.2、1.9、1.7；

c_j、φ_j——分别为第 j 土条在滑弧面处土的黏聚力(kPa)、内摩擦角(°)；

l_j——第 j 土条的滑弧段长度，m；取 $l_j = b_j/\cos\theta_j$；

q_j——作用在第 j 土条上的附加分布荷载标准值，kPa；

b_j——第 j 土条的宽度，m；

θ_j——第 j 土条滑弧面中点处的法线与垂直面的夹角，(°)；

ΔG_j——第 j 土条的自重，kN；按天然重度计算。

2.5.4 地下水渗透稳定性验算

坑底以下有水头高于坑底的承压水含水层，且未用截水帷幕隔断其基坑内外的水力联系时(图 2-29)，承压水作用下的坑底突涌稳定性应符合下式规定：

$$\frac{D\gamma}{(\Delta h + D)\gamma_{\mathrm{w}}} \geqslant K_{\mathrm{ty}} \tag{2-78}$$

式中：K_{ty}——突涌稳定性安全系数，K_{ty} 不应小于 1.1；

D——承压含水层顶面至坑底的土层厚度，m；

γ——承压含水层顶面至坑底土层的天然重度，kN/m^3；对成层土，取按土层厚度加权的平均天然重度；

Δh——坑内外水头差，m；

γ_{w}——水的重度，kN/m^3。

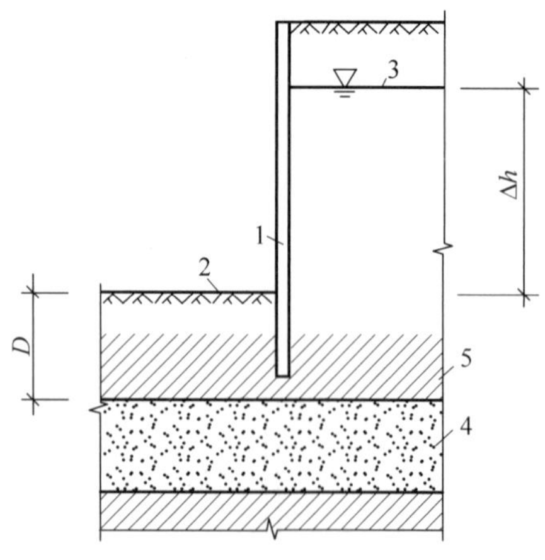

1—截水帷幕；2—基底；3—承压水测水管水位；4—承压水含水层；5—隔水层。

图 2-29 坑底土体的突涌稳定性验算

对于悬挂式截水帷幕底端位于碎石土、砂土或粉土含水层时(图 2-30)，对均质含水层，地下水渗流的流土稳定性应按下式计算：

$$\frac{(2D+0.8D_1)\gamma'}{\Delta h\gamma_w} \geqslant K_{se} \tag{2-79}$$

式中：K_{se}——流土稳定性安全系数；安全等级为一、二、三级的挡土结构，K_{se} 分别不应小于 1.6、1.5、1.4；

D——截水帷幕底面至坑底的土层厚度，m；

D_1——潜水水面或承压水含水层顶面至基坑底面的土层厚度，m；

γ'——土的浮重度，kN/m^3；

Δh——基坑内外水头差，m；

γ_w——水的重度，kN/m^3。

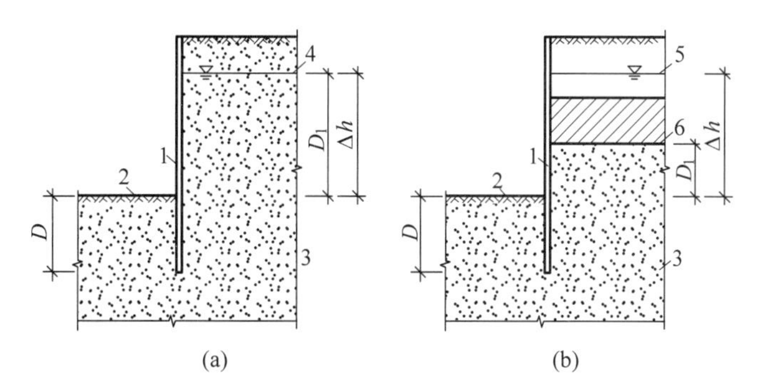

1—截水帷幕；2—基坑底面；3—含水层；4—潜水水位；5—承压水测水管水位；6—承压含水层顶面。

图 2-30　采用悬挂式帷幕截水时的流土稳定性验算

（a）潜水；（b）承压水

对渗透系数不同的非均值含水层，宜采用数值方法进行渗流稳定性分析。此外，坑底以下为级配不连续的不均匀砂土、碎石土含水层时，应进行土的管涌可能性判别。

2.6　基坑工程设计程序及风险预控要点

2.6.1　基坑工程设计程序

基坑工程设计阶段的流程参见图 2-31，共分为 2 个阶段，8 个步骤。

2.6.1.1　设计前期应进行详尽的资料收集

（1）由建设方提供拟建项目的基础资料，主要包括建筑结构方案图纸等，以确定项目的开挖深度、用地红线位置等基础条件；

（2）由勘察方进行工程水文地质条件的勘察，确定项目及周边的地层条件、地下水条件、周边环境（建筑物、管线等）以及特殊的地层或风险因素，并撰写详尽的勘察报告。

2.6.1.2　设计阶段应根据收集的资料逐步开展

（1）根据勘察资料确定基坑地下水控制方案，并进行支护结构选型；

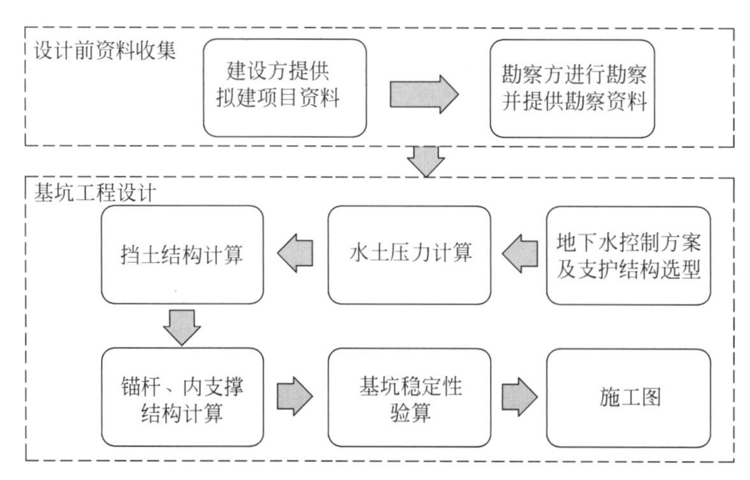

图 2-31　基坑工程设计程序

(2) 根据基坑形状划分计算截面，选取最不利钻孔处作为截面代表，进行水土压力的计算；

(3) 根据计算得出的水土压力对挡土结构的内力及变形进行计算，如有支锚结构，确定其支点力，并对挡土结构进行配筋；

(4) 根据计算得出的支点力对支锚系统结构进行内力及变形计算，根据其内力对混凝土支撑结构进行配筋、对钢支撑进行截面选型、对锚杆进行锚固设计；

(5) 进行基坑稳定性验算，主要包括嵌固稳定性、整体稳定性、坑底及墙底抗隆起稳定性、地下水渗透稳定性等的验算；

(6) 根据上述的计算内容进行施工图设计，包括支护结构布置，监测图布点以及支护结构平剖面图，监测图等相关图纸的绘制，进行周边环境保护设计，编写设计总说明。

2.6.2 风险控制要点

2.6.2.1 建设方提供拟建项目资料

(1) 避免无设计、无组织、无规划进行工程项目；

(2) 提供符合设计、施工要求的基础资料；

(3) 按程序对基坑的设计、施工方案组织审查并对相关问题进行及时的反馈沟通；

(4) 不随意变更设计。

2.6.2.2 勘察方勘察并提供勘察资料

(1) 按照标准要求布置勘察点，保证钻孔深度、勘察点数量；

(2) 保证报告中提供的地层参数准确性、正确性、全面性；

(3) 地下水区域应进行水文地质勘察，提供地层季节性水位变幅、工程的设防水位、抗浮水位；

(4) 结合拟采取的基坑支护结构提出工程建议；

(5) 提供的地质报告应经过相关审查。

2.6.2.3 地下水控制方案及支护结构选型

(1) 选用与工程地质、水文地质条件、周边环境条件相匹配的支护方案;

(2) 保证支护结构深度足够,支护结构设计图纸清晰、完整;

(3) 对基坑安全等级、变形等级进行合理归类以选取合适的支护结构形式;

(4) 保证设计模型与实际开挖方案的一致性;

(5) 对不同支护剖面间的过渡要进行合理设计;

(6) 充分考虑承压水的影响和地下水对坑底土层的弱化作用等地下水引起的问题,设计合适的地下水控制方案;

(7) 根据地下水条件选择合适的止水帷幕。

2.6.2.4 水土压力计算

(1) 保证计算公式和计算程序准确无误;

(2) 保证地面周边地面超载、堆载范围及施工荷载等取值与工程实际一致,按照规范要求采用合适的荷载组合;

(3) 保证土体的各项参数、荷载组合系数、分项系数、重要性系数等取值正确且合适;

(4) 充分认识基坑周边的不良地质条件,避免截面划分粗糙的问题;

(5) 计算时要考虑土质和地下水引起的水土合算和分算问题;

(6) 计算的基坑深度、支护参数取值应与实际工程保持一致。

2.6.2.5 挡土结构计算

(1) 保证结构计算各项计算参数取值正确且具有足够的安全储备;

(2) 保证计算公式和计算程序的准确无误;

(3) 保证计算工况与实际工况相符;

(4) 挡土结构应按规范要求进行截面验算,并保证截面尺寸、配筋等与计算书一致;

(5) 保证挡土结构节点设计内容完整;

(6) 支护结构兼做永久结构的一部分时,需考虑使用阶段的相关计算。

2.6.2.6 锚杆、内支撑结构计算

(1) 保证锚杆、内支撑结构计算各参数取值正确且具有足够的安全储备;

(2) 保证锚杆的相关计算符合规范要求;

(3) 保证内支撑计算符合规范的相关要求;

(4) 保证支锚结构计算公式和计算程序准确无误;

(5) 保证支锚结构节点设计内容完整。

2.6.2.7 基坑稳定性验算

(1) 重视基坑稳定性分析,保证基坑的稳定性验算准确且全面;

(2) 保证基坑安全等级符合规范要求,保证稳定性安全系数取值正确;

(3) 保证稳定性验算的计算公式和计算程序准确无误。

2.6.2.8 施工图设计

(1) 应对周边环境进行详尽调查,并充分认识环境风险;
(2) 保证支护结构平、剖面图、监测图等各图纸绘制准确无误;
(3) 保证支护结构的变形控制满足周边环境保护的要求;
(4) 保证绘制的图纸内容与实际设计内容相符;
(5) 保证支护结构布置符合相关规范要求;
(6) 保证提供的施工设计图各项内容均清晰且完整;
(7) 监测图布点应按照规范要求进行,保证监测项目全面,监测范围覆盖影响区;
(8) 明确设计说明中相关的技术要求和应急预案要求;
(9) 保证周边环境及支护结构的安全控制标准及管理要求无误。

以上按照基坑工程设计程序阐述了每个环节的风险预控要点,工程技术人员应当以人为本,坚持人民至上、生命至上,把保护人民生命安全摆在首位,从源头上防范、化解基坑工程风险。

第3章 地下水控制

3.1 概述

3.1.1 地下水控制含义

地下水是埋藏在地面以下土颗粒之间的孔隙和岩石的孔隙、裂隙中的水。在国家标准《水文地质术语》(GB/T 14157—1993)中,地下水是指埋藏在地表以下各种形式的重力水。

工程实践表明,各类基坑工程事故大多数与地下水有关。地下水与土体相互作用,能使土体的强度和稳定性降低。基坑工程不可避免地会遇到富水地层,施工中易出现基坑塌方、坑底突涌等工程事故,进而影响周边环境的安全,造成基坑工程无法进行,甚至出现人员伤亡事故,因此基坑工程必须对地下水进行有效的控制。

地下水控制包括水文地质勘察、地下水控制设计、工程施工、工程监测与维护、验收等工作内容。地下水控制是指为保证地下工程正常施工,控制和减少对工程环境影响而采取的排水、降水、隔水或回灌等工程措施的统称。工程技术人员在对地下水控制施工、运行、维护过程中,应根据监测资料,判断分析对工程环境影响程度及变化趋势,进行信息化施工,及时采取防治措施,适时启动应急预案。

地下水具有重要的资源属性和生态功能,是重要水资源战略储备;因此青年学子、工程技术人员在地下水控制设计和施工时,务必要积极遵循统筹规划、节水优先、高效利用、系统治理的原则,保障我国城乡供水、支持经济社会发展和维系良好生态环境,保障地下水质量和可持续利用,推进生态文明建设。

3.1.2 地下水类型和渗透性

3.1.2.1 地下水类型

根据地下水埋藏条件的不同,地下水可分为上层滞水、潜水和承压水三大类(图 3-1)。

1. 上层滞水

上层滞水是由于局部的隔水层作用,使下渗的大气降水或地下管线渗漏水停留在浅层的岩土中所形成的蓄水体,其分布没有规律,随机性强。上层滞水分布范围有限,但接近地表,水位受气候、季节影响大。实际工程中,当上层滞水的水量及分布范围较大,在工程相关

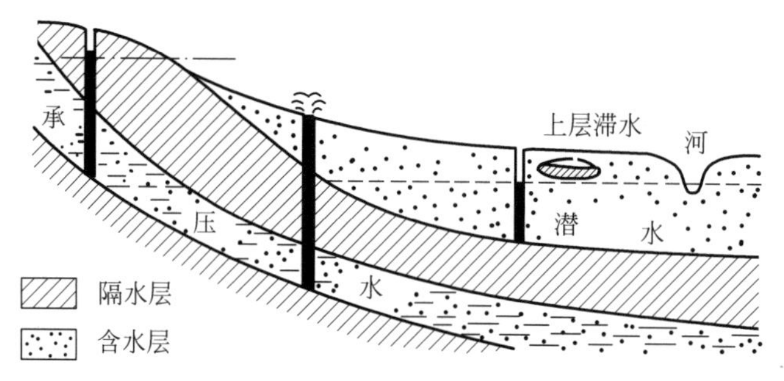

图 3-1 地下水埋藏示意图

注：含水层指藏蓄地下水的层状透水岩土层；隔水层指不透水或透水能力很弱的岩土层，又称不透水层。

范围内有连续稳定的自由水面时，该上层滞水在工程分析中可作为潜水对待，称为局部潜水。

2. 潜水

潜水是指存在于地表以下、饱和带中的第一个稳定隔水层(或弱透水层)之上、具有自由水面的重力水，主要由雨水和地表水入渗补给。潜水分布广，与基坑工程关系密切。

3. 承压水

承压水是埋藏较深的、赋存于两个隔水层之间的含水层中承受水压力的地下水。承压水受静水压力作用，补给区与分布区不一致，动态变化不显著，不具有自由水面。此外，对于具有多个含水层的场地区域，当地下水位下降后(短期或永久下降)，会形成多个非饱和的含水层，各含水层均具有稳定自由水面，原来的承压水可能会转化为无压水，称为层间潜水。

3.1.2.2 地下水渗透性

地下水渗透性指在一定条件下，岩土允许水通过的性能。岩土透水性能一般用渗透系数 k(单位 cm/s 或 m/d)来表示，其值大小首先与岩土空隙的大小和连通性有关，其次才和空隙的多少有关。渗透系数的物理意义是：当水力坡度($i=\Delta h/L$)为 1 时，地下水穿透土体的速度，即为达西定律：$v=ki$。图 3-2 中 L 为渗透路径长度，Δh 为水位差。

地下水引起的渗透破坏问题主要有两大类：

(1) 流土(砂)：指在向上渗流作用下局部土体表面的隆起、顶穿或粗颗粒群同时浮动而流失的现象。前者多发生于表层由黏性土与其他细颗粒土组成的土体或较均匀的粉细砂层中；后者多发生在不均匀的砂土层中。

(2) 管涌：指在渗流作用下，土体中的细颗粒在粗颗粒形成的孔隙中发生移动并被带出，逐渐形成管形通道，从而掏空地基，使得基坑侧壁发生变形、失稳的现象。

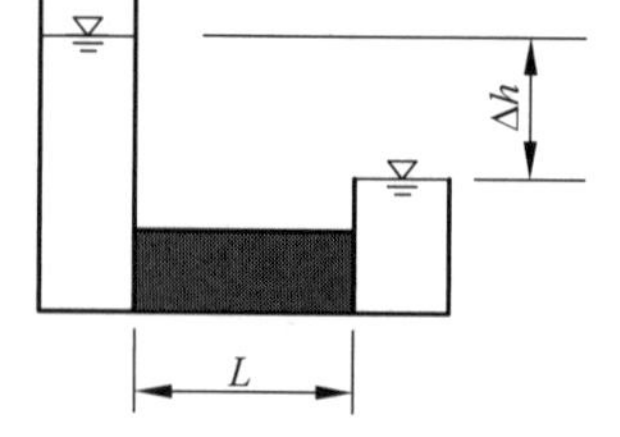

图 3-2 渗透系数物理意义示意图

地下水渗透性是土力学的重要研究内容，基坑工程许多课题都与土的渗透性密切相关；基坑工程中关于土的强度、变形和渗透性三大力学性质之间有密切的相互关系，使渗透性的研究已不限于渗流问题本身；土的渗透性具有变化范围大、高度不均匀和各向异性等特点。

3.1.3　地下水控制方法

地下水控制方法包括降水方法、隔水帷幕方法和回灌方法，可采取一种或多种方法相结合。地下水控制应符合国家、地方节水政策。目前，我国乃至世界水资源紧缺，地下水的抽排受到一定限制，以北京地区为例，自 2008 年 3 月 1 日起，所有新开工的工程限制进行施工降水，建设工程将从降水向止水转型，优先考虑隔水帷幕是一种趋势。

选择地下水控制方法优先顺序依次为：隔水帷幕方法、隔水帷幕与降水组合方法、降水方法，各方法及其适用条件见表 3-1。当选择帷幕隔水与降水组合方法或降水方法时，尚应论证帷幕隔水方法不可行。选择地下水控制方法应考虑下列因素：

（1）工程地质与水文地质条件；

（2）基坑或地下工程支护方案；

（3）基坑或地下工程周边环境条件；

（4）施工条件；

（5）市政排水条件；

（6）有关水资源和环境保护法规的规定。

表 3-1　地下水控制方法适用条件

方　　法	适 用 条 件
隔水帷幕	1. 按照现行法规、标准规定，不符合降水条件的； 2. 降水所产生的附加沉降或造成的细颗粒流失可能导致周边环境损害的； 3. 潜水或承压水含水层底板位于基坑底标高之上的； 4. 潜水或承压水水位高于基底标高，含水层底板位于基坑底标高之下深度不大于现行法规规定、标准深度的； 5. 潜水或承压水水位高于基底标高，且含水层底板位于基坑底标高之下深度大于现行法规、标准规定深度，但可以通过工程手段在合理的造价和工期内实现帷幕隔水的； 6. 地下工程位于含水层中，可以通过工程手段在合理的造价和工期内实现帷幕隔水的； 7. 地下水中含有对人体健康和环境造成危害或具有潜在风险的有害物质，且无配套水处理措施
隔水帷幕降水组合	1. 实施悬挂式帷幕与基坑内降水的； 2. 实施落地式帷幕，而基坑底可能发生突涌的
降水	1. 按照现行法规、标准规定，符合降水条件的； 2. 对于线状工程，隔水帷幕可能导致水环境长期改变的； 3. 对于地下工程，实施帷幕隔水难度大，或造价过高，或工期过长的

3.2　水文地质勘察

水文地质勘察工作开始前，应明确勘察任务和要求，搜集分析现有资料，进行现场勘察，编写勘察纲要。水文地质勘察结束后，对于地下水控制工程等级为一级和二级的水文地质勘察应编写水文地质勘察报告，对于地下水控制工程等级为三级的水文地质勘察可包含在岩土工程勘察报告中的水文地质部分中。

城市建设工程场地水文地质勘察的内容和工作量应根据场地的岩土工程条件、降水设计和施工的技术要求确定。

3.2.1 勘察方案设计

水文地质勘察方案设计应在收集已有的水文气象、地质图、水文地质、工程地质、环境地质、工程环境等资料基础上进行。现场工作量与已有资料的丰富程度、场地水文地质条件的复杂程度、场地大小等有关。水文地质勘察方案设计应包括水文地质勘察孔、地下水观测孔和现场试验工作的布置原则、布置数量、深度，以及观测孔和抽水井的过滤器结构、填砾规格和填砾厚度等。

3.2.1.1 水文地质勘察孔

水文地质勘察孔的布置应在充分分析利用岩土工程勘察资料的基础上进行，应能控制降水范围内地层的平面分布和基础以下主要含水层的埋藏深度，勘察孔的数量宜根据水文地质条件的复杂程度和已有资料的丰富程度按表3-2进行布置，一个工程场地具体的水文地质勘察孔数量可在此基础上根据场地面积适当增减。线状工程的水文地质勘察孔的数量宜在已进行的岩土工程勘察工作的基础上满足每500 m布置一个孔。水文地质勘察孔的深度宜大于2倍基坑深度，且满足穿过所揭露的含水层底板，场地邻近地表水体时，应布置适量勘察孔确定地表水体与地下水的关系。

表3-2 水文地质勘察孔的数量表

水文地质条件	已有资料丰富程度		
	好	中等	差
简单	0	2	4
中等	2	4	6
复杂	4	6	8

3.2.1.2 地下水观测孔

地下水观测孔的布置应主要设置于降水含水层中和可能对基坑开挖有影响的基底以下的其他含水层中。线状工程的地下水位观测孔的数量宜为每1000 m一组，可与水文地质勘察孔结合，地下水位监测井应分层设置，其深度宜深入整个含水层。在已确定地表水体与地下水存在关系时，应布置适量地下水观测孔监测地下水位随地表水体的变化关系。地下水观测孔可利用抽水井、抽水试验观测孔或专门设置，观测孔的结构应满足观测目的和要求。地下水位观测孔的数量可按表3-3布置。

表3-3 地下水观测孔的数量表

水文地质条件	已有资料丰富程度		
	好	中等	差
简单	1	3	5
中等	2	4	6
复杂	3	5	7

3.2.1.3 抽水试验

抽水试验应针对地下水控制工程的需要布置。对于工程场地存在多个影响基坑工程的含水层,应分别进行抽水试验。线状工程每 1000 m 应进行一组抽水试验,跨越不同水文地质单元的线状工程,应在不同水文地质单元上进行抽水试验。进行潜水泵抽水试验时,抽水井的直径应不小于 200 mm,抽水井管材应为铸铁管、钢板卷管等,以满足对抽水井洗井的要求,并且应进行不少于 1 个水位降深的抽水试验,当含水层厚度较大或承压水头较高时,可进行 3 个不同水位降深的抽水试验。此外,抽水井宜为完整井,当含水层厚度大于 15 m 时,可以采用非完整井。抽水试验的数量宜通过综合分析判断后按表 3-4 的规定确定。

抽水试验方法可按表 3-5 确定。当含水层岩性为细砂、粉砂、粉土、黏性土,且含水层厚度不大,单孔或多孔抽水试验不可行时,可采用降水头注水试验。当含水层岩性为细砂及其以上,且含水层有一定厚度时可进行潜水泵抽水试验。

表 3-4 抽水试验数量表

水文地质条件	周边 100 m 范围内抽水试验资料	
	有	无
简单	0	1
中等	1	1～2
复杂	1～2	2

表 3-5 抽水试验方法和应用范围

试 验 方 法	应 用 范 围
钻孔或探井简易抽水试验	粗略估算透水层的渗透系数
单孔抽水试验	初步测定含水层的渗透性参数
多空抽水试验	较准确测定含水层的各种参数
群孔抽水试验	较准确测定含水层的各种参数,取得在相互影响条件下群孔的总用水量和井群降落漏斗中水位降深值的资料以及对周边环境影响监测和评价等

抽水试验观测孔的布置,应根据试验目的和计算公式的要求确定,并符合下列规定:

(1) 以抽水孔为原点,布置 1～2 条观测线,每条观测线上的观测孔一般为 3 个。

(2) 当布置 1 条观测线时,宜垂直地下水流向;布置 2 条观测线时,一条垂直地下水流向,另一条宜平行地下水流向,且宜布置在抽水孔的上游一侧。

(3) 距抽水孔最近的第一个观测孔,一般应避开三维流的影响,其距离不宜小于含水层的厚度;最远的观测孔距第一个观测孔的距离不宜太远,并应保证在试验过程中各观测孔有一定的水位降深值。

(4) 各观测孔的过滤器长度和深度都应与抽水孔过滤器的长度和深度相同。

3.2.2 勘探

水文地质勘察孔的钻进宜采用跟管钻进或清水钻进,钻进过程中应对地层岩性和地层含水情况进行详细记录,对每一含水层进行地下水位量测。因采用泥浆护壁影响地下水位观测时，可在场地范围内另外布置专用的地下水位观测孔。

水文地质勘探孔钻进时地下水位的量测应符合下列规定：

(1) 遇地下水时应量测初见水位；

(2) 稳定水位应在初见水位量测后经一定的时间后量测；

(3) 对工程有影响的多层含水层的水位量测，应采取止水措施，将被测含水层与其他含水层隔开。

水文地质勘察孔钻进过程中采取的土样、岩样能正确反映原有地层的颗粒组成；用于鉴别地层的土样，非含水层宜每 3～5 m 采取 1 个；含水层宜每 2～3 m 采取 1 个，变层时，应加取 1 个；颗粒分析用的土样，当含水层厚度小于 4 m 时，应采取 1 个；当含水层厚度大于 4 m 时，宜每 4～6 m 采取 1 个；每件土样的取样质量不宜少于表 3-6 的规定。

表 3-6　土样类型及取样质量

土样名称	质量/kg
砂	1
圆砾(角砾)	3
卵石(碎石)	5

注：颗粒分析试验需要提供的是含水层颗粒分布累积曲线上，过筛质量累积百分比为 10%、20%、50%、60%时的颗粒直径分别为 d_{10}、d_{20}、d_{50}、d_{60}。

水文地质勘探孔钻进中对松散土层的分类和鉴定，应符合现行国家标准《岩土工程勘察规范》(2009 年版)(GB 50021—2001)的有关规定；钻探过程中，需要查明含水层的水质变化规律时，应分层采取水样；钻进结束时，应对所揭露的地层进行准确分层，水文地质勘探的地层划分宜与岩土工程勘察的地层划分一致，统一对应，便于进行地层对比使用；钻探完成后，应进行回填。当钻孔穿越多个含水层，回填要保证上下层水不会连通。回填材料应保证没有污染。

地下水观测孔的钻探要求除满足水文地质勘察孔的钻探要求，外观测孔结构宜根据地层分布和观测层位综合确定，每个观测孔观测一层地下水的水位。过滤器放置在观测层位含水层中，其长度不小于观测层位含水层厚度的 2/3；洗井可根据含水层类型、观测孔结构、成井工艺等，选用水泵、压缩空气等洗井方法；成井后应及时洗井，确保观测孔过滤器与含水层的连通。

3.2.3　水文地质勘察评价与建议

水文地质勘察评价应在工程地质勘探、水文地质勘探、抽(注)水试验和搜集已有资料的基础上，结合工程特点和要求进行。水文地质勘察评价与建议应包括下列内容：

(1) 根据勘探孔和水位观测孔，明确场区内含水层的岩性、厚度、埋藏深度、类型、数量及分布范围，确定地下水的水位、流向、水力坡度；

(2) 结合抽水试验和区域水文地质条件，分析含水层间的水力联系，分析含水层和地表水体的水力联系，分析地下水的补给、径流、排泄条件和地下水水位动态特征；

(3) 当坑底以下存在有水头高于坑底的承压水时，应进行承压水头作用下的坑底抗突涌稳定性评价；

（4）提供基坑工程设计需要的水文地质参数；

（5）建议适宜的地下水控制方案，提出降水、截水及其他地下水控制方案的初步建议，初步计算基坑涌水量；

（6）评价采用施工降水时抽水对周边环境的影响程度，并提出改进措施和意见；

（7）评价施工降水对地下水资源和水环境影响程度；

（8）污染场地地下水的评价。

当坑底以下存在有水头高于坑底的承压水时，应评价承压水作用下的坑底抗突涌稳定性和渗流稳定性。当不满足坑底抗突涌或渗流稳定要求时，应建议采取降低承压水头等措施。

3.3 地下水控制设计

3.3.1 地下水控制等级划分

3.3.1.1 地下水控制复杂程度划分

地下水控制可根据控制方法、工程环境限制要求、工程规模、地下水控制幅度、含水层特征、场地复杂程度，并结合基坑围护结构特点、开挖方法和工况等将地下水控制工程划分为简单、中等复杂、复杂三级。

1. 降水复杂程度划分

降水工程复杂程度（表3-7）划分以工程环境、工程规模和降水深度为主要条件，符合主要条件之一即可，其他条件宜综合考虑；长宽比小于或等于20时为面状，大于20且小于或等于50时为条状，大于50时为线状；场地复杂程度分类根据现行国家标准《岩土工程勘察规范》（2009年版）（GB 50021—2001）确定。

表3-7 降水工程复杂程度划分

<table>
<tr><th colspan="2" rowspan="2">条　件</th><th colspan="3">复杂程度分级</th></tr>
<tr><th>简　单</th><th>中等复杂</th><th>复　杂</th></tr>
<tr><td colspan="2">工程环境限制要求</td><td>无明确要求</td><td>有一定要求</td><td>有严格要求</td></tr>
<tr><td rowspan="3">降水工程规模</td><td>面状围合面积 A/m^2</td><td>$A<5000$</td><td>$5000\leqslant A\leqslant 20\,000$</td><td>$A>20\,000$</td></tr>
<tr><td>条状宽度 B/m</td><td>$B<3.0$</td><td>$3.0\leqslant B\leqslant 8.0$</td><td>$B>8.0$</td></tr>
<tr><td>线状长度 L/km</td><td>$L<0.5$</td><td>$0.5\leqslant L\leqslant 2.0$</td><td>$L>2.0$</td></tr>
<tr><td colspan="2">水位降深值 S/m</td><td>$S<6.0$</td><td>$6.0\leqslant S\leqslant 16.0$</td><td>$S>16.0$</td></tr>
<tr><td rowspan="5">含水层特征</td><td>含水层数</td><td>单层</td><td>双层</td><td>多层</td></tr>
<tr><td>承压水</td><td>无承压水</td><td>承压含水层顶板低于开挖深度</td><td>承压含水层顶板高于开挖深度</td></tr>
<tr><td>渗透系数 $k/(m/d)$</td><td>$0.1\leqslant k\leqslant 20.0$</td><td>$20.0<k\leqslant 50.0$</td><td>$k<0.1$ 或 $k>50.0$</td></tr>
<tr><td>构造裂隙发育程度</td><td>构造简单，裂隙不发育</td><td>构造较简单、裂隙较发育</td><td>构造复杂、裂隙很发育</td></tr>
<tr><td>岩溶发育程度</td><td>不发育</td><td>发育</td><td>很发育</td></tr>
<tr><td colspan="2">场地复杂程度</td><td>简单场地</td><td>中等复杂场地</td><td>复杂场地</td></tr>
</table>

2. 隔水帷幕复杂程度划分

隔水帷幕复杂程度(表 3-8)以工程环境和隔水深度为主要条件,符合主要条件之一即可,其他条件宜综合考虑。

表 3-8 隔水帷幕复杂程度划分

条件		复杂程度分类		
		简单	中等复杂	复杂
工程环境限制要求		无明确要求	有一定要求	有严格要求
隔水深度 h/m		$h \leqslant 7.0$	$7.0 < h \leqslant 13.0$	$h > 13.0$
含水层特征	含水层数	单层	双层	多层
	渗透系数 k/(m/d)	$k \leqslant 20.0$	$20.0 < k \leqslant 50.0$	$k > 50.0$
场地复杂程度		简单场地	中等复杂场地	复杂场地

3.3.1.2 地下水控制安全等级

建工行业建设标准《建筑与市政工程地下水控制技术规范》(JGJ 111—2016)将地下水控制设计施工的安全等级按照复杂程度划分为一级、二级、三级(表 3-9)。

表 3-9 地下水控制安全等级划分

地下水控制工程复杂程度	安全等级
复杂	一级
中等复杂	二级
简单	三级

北京市地方标准《北京市城市建设工程地下水控制技术规范》(DB 11/1115—2014)根据地下水控制难度、对水资源影响程度和需保护建(构)筑物的位置,将地下水控制工程分为3个等级(表 3-10)。

表 3-10 地下水控制工程等级划分

条件等级	地下水控制难度		对水资源影响程度		需保护的建(构)筑物的位置
	水文地质条件	水头控制高度/m	水量/(m^3/d)	水环境	
一级	三级及以上含水层或含水层单层厚度>10 m 或含水岩性为碎石土且>5 m 或基岩裂隙水、岩溶裂隙水	≥12	≥10 000	污染场地中含水层对人体健康和环境存在有危害或潜在风险的有害物质	0~0.5 倍基坑深度范围
二级	双层含水层,且含水层岩性为砂土、单层厚度≤10 m 或含水层岩性为碎石土、厚度≤5 m	6~12[①]	3000~10 000	各含水层水质差异大,且存在地下水质量差与Ⅲ类的含水层	0.5~1 倍基坑深度范围

① 工程上表示的数值变化范围,通常包含起始值。

续表

条件等级	地下水控制难度		对水资源影响程度		需保护的建(构)筑物的位置
	水文地质条件	水头控制高度/m	水量/(m^3/d)	水环境	
三级	单一含水层,且含水层岩性为粉土、粉砂	≤6	≤3000	—	大于1倍基坑深度

表3-10中:

(1) 条件行中,从一级开始,有一项(含一项)条件最先符合该级标准者,即可划分为该等级;

(2) 含水层层数指影响建设工程施工的所有含水层;

(3) 水量指初期基坑涌水量,为稳定流计算出的最大基坑涌水量;

(4) 对建设工程施工只涉及一层地下水,等级划分可不考虑水环境的影响;

(5) 地下水质量分类依据《地下水质量标准》(GB/T 14848—2017)确定;

(6) 需保护的建(构)筑物的位置是指需保护的建(构)筑物的平面投影离基坑开挖上口线的距离。

3.3.2 地下水控制设计内容

地下水控制应满足基坑支护、土方开挖、地下结构正常施工,基坑或地下工程周边环境不受损害,并符合地下水资源保护法规规定。地下水控制设计应具备如下资料:

(1) 地下水控制范围、深度、起止时间等;

(2) 地下工程开挖与支护设计施工方案,拟建建(构)筑物基础埋深、地面高程等;

(3) 场地与相邻地区的工程勘察等资料,当地地下水控制工程经验;

(4) 周围建(构)筑物、地下管线分布状况和平面位置、基础结构和埋设方式等工程环境情况,以及其变形要求等资料;

(5) 地下水控制工程施工的供水、供电、道路、排水及有无障碍物等现场施工条件;

(6) 有关水资源和环境保护法规的规定。

地下水控制设计内容如表3-11所示。

表3-11 地下水控制设计内容

方法	设计内容
帷幕隔水	1. 设计依据; 2. 帷幕隔水形式的比较与选择; 3. 帷幕进入下卧层隔水层深度和基坑抗突涌稳定性计算; 4. 帷幕施工质量检验要求; 5. 地下水位监测要求; 6. 帷幕结构可能缺陷的修复措施; 7. 施工图

续表

方　法	设计内容
降水	1. 设计依据； 2. 降水形式的比较与选择； 3. 水位降深计算及井数、井深结构设计； 4. 降水井施工质量检验及封井要求； 5. 降水影响范围建(构)筑物及地面沉降监测要求； 6. 环境影响评估； 7. 论证帷幕隔水方法不可行； 8. 水资源计量及综合利用措施； 9. 施工图
帷幕隔水降水组合	1. 设计依据； 2. 帷幕隔水、降水形式的比较与选择； 3. 帷幕渗透稳定性、水位降深计算及井数、井深结构设计； 4. 帷幕、降水井施工质量检验及封井要求； 5. 降水影响范围建(构)筑物及地面沉降监测要求； 6. 环境影响评估； 7. 论证帷幕隔水方法不可行； 8. 水资源计量及综合利用措施； 9. 施工图

当降水影响基坑及周边环境正常使用的安全或对地下水资源产生较大影响时，宜采用截水或回灌方法，回灌可采用同层回灌或异层回灌，且回灌不得劣化地下水水质。

3.4　隔水帷幕

3.4.1　隔水帷幕分类

隔水帷幕是指隔离、阻断或减少地下水从地下结构侧壁或底部进入开挖施工作业面的连续隔水体，也称为截水帷幕、止水帷幕或阻水帷幕。

隔水帷幕分类方法较多，表 3-12 为常用分类方式。

表 3-12　隔水帷幕分类

分类方式	帷幕方法
按布置方式	悬挂式竖向隔水帷幕、落底式竖向隔水帷幕、水平向隔水帷幕
按结构形式	独立式隔水帷幕、嵌入式隔水帷幕、自抗渗式隔水帷幕
按施工方法	高压喷射注浆(旋喷、摆喷、定喷)隔水帷幕、压力注浆隔水帷幕、水泥土搅拌桩隔水帷幕、冻结法隔水帷幕、地下连续墙隔水帷幕、咬合式排桩隔水帷幕、钢板桩隔水帷幕、沉箱等

(1) 按布置方式分为悬挂式竖向隔水帷幕、落底式竖向隔水帷幕、水平向隔水帷幕。其中落底式隔水帷幕一直深入到含水层底并进入到不透水层中，把地下水全部隔住；悬挂式竖向隔水帷幕只达到基坑开挖面的以下某深度处，主要用于隔断水量不大的上层滞水，不适用于

承压水地层；水平向隔水帷幕主要指隧道内注浆、冻结法、高压喷射注浆法所形成的帷幕。

若基底下存在连续分布的隔水层且埋深较浅时，宜采用落底式隔水帷幕；当基底以下的含水层厚度大时，可采用悬挂式隔水帷幕与降水相结合的形式；当水头较高，水量充分时，可采用竖向隔水帷幕与水平向隔水帷幕相结合的方法。

(2) 按结构形式分为独立式隔水帷幕、嵌入式隔水帷幕和自抗渗式隔水帷幕。独立式隔水帷幕是指在非连续性挡土结构外独立设置的帷幕体，主要采用水泥土搅拌桩、高压旋喷桩等方法形成，桩与桩之间采用咬合形式；嵌入式隔水帷幕是指利用高压旋喷桩、素混凝土桩等嵌入不连续挡土结构中间共同形成帷幕体，也呈咬合形式；自抗渗式隔水帷幕是指挡土结构本身就具备抗渗性能，不仅能够挡土还能够截水，主要采用地下连续墙、SMW 工法墙等方法形成。

(3) 按施工方法分类有高压喷射注浆隔水帷幕、压力注浆隔水帷幕、冻结法隔水帷幕、地下连续墙隔水帷幕、SMW 工法墙隔水帷幕、咬合式排桩隔水帷幕、水泥土搅拌桩隔水帷幕、长螺旋旋喷搅拌桩隔水帷幕、钢板桩隔水帷幕等。

不同类型隔水帷幕(按施工方法分类)的适用条件见表 3-13。

表 3-13　隔水帷幕适用条件

隔水帷幕类型	适用条件		
	施工及场地条件	土层条件	开挖深度/m
高压喷射注浆	1. 基坑侧壁安全等级一、二、三级 2. 基坑较深，邻近有建筑物不允许放坡，不允许附近地基有较大下沉和位移等条件	黏性土、粉土、砂土、砾石等各种地层条件	不限
压力注浆	在支护结构外形成隔水帷幕，与桩锚、土钉墙等支护结构组合使用	各种地层条件	不限
冻结法	大体积深基础开挖施工、含水量高地层，25～50 m 的大型和特大型基坑更有造价与工期优势	黏性土、粉土、砂土、卵石等各种地层，砾石层中效果不好	不限
地下连续墙	1. 基坑侧壁安全等级一、二、三级 2. 基坑周围施工宽度狭小，邻近基坑边有建筑物或地下管线需要保护	除岩溶外的各种地层条件	不限
SMW 工法墙(型钢水泥土搅拌墙)	1. 基坑侧壁安全等级宜为二、三级 2. 采用较大尺寸型钢和多排支点时深度可加大	以黏性土和粉土为主的软土地区	6～10
咬合式排桩	1. 基坑侧壁安全等级宜为二、三级 2. 基坑较深，邻近有建筑物不允许放坡，不允许附近地基有较大下沉和位移等条件	各种土层，尤其适用于淤泥、流沙、地下水富集等不良条件的沿海地区软土地层	不限
水泥土搅拌桩	1. 基坑侧壁安全等级一、二、三级 2. 基坑较深，邻近有建筑物不允许放坡，不允许附近地基有较大下沉和位移等条件	黏性土、粉土等地层条件，搅拌桩不适用砂、卵石等地层	不限
长螺旋旋喷搅拌桩	适用于在已施工护坡桩间做隔水帷幕，能够克服砂卵石等硬地层条件	适用于各种土层条件	不限
钢板桩	基坑侧壁安全等级宜为二、三级；与内支撑组合使用	黏性土、粉土、砂土	不宜大于 12

3.4.2 隔水帷幕设计

3.4.2.1 隔水帷幕设计原则

隔水帷幕设计前应根据场区及邻近场地的地层结构、水文地质特征分析地下水渗流规律，结合周边环境条件和基坑开挖深度、施工工艺等选择适当的隔水帷幕形式，并遵循以下原则：

（1）隔水帷幕应沿基坑周边形成连续的闭合体，同一基坑内有几个不同开挖深度或有几种支护结构时，应保持基坑底部的隔水帷幕轮廓线的连续性。

（2）隔水帷幕结构的最小入土深度应大于由基坑渗流计算得到的入土深度，并应满足基坑稳定性、支护结构的经济性和周边环境安全性要求。

（3）当基坑底部存在承压水时，应进行承压水作用下的坑底抗突涌稳定性验算。当不满足抗突涌稳定性要求时，可在承压含水层内设置减压井等措施，并按需减压。

同一工程可采用多种形式帷幕，并应与基坑支护结构形式相协调。

3.4.2.2 隔水帷幕设计内容

隔水帷幕设计内容包括设计依据、隔水帷幕形式的技术比较与选择、隔水帷幕进入下卧低渗透地层深度和坑底突涌稳定性计算、隔水帷幕质量要求、地下水位监测要求、隔水帷幕渗漏修复方法等。

1. 隔水帷幕深度和坑底突涌稳定性计算

一般而言，隔水帷幕要求采用落底式的，能够插入到坑底以下渗透性相对较低的土层中。但对于含水层厚度较大时可采用悬挂式隔水帷幕。

1）落底式隔水帷幕

落底式隔水帷幕（图 3-3）进入下卧隔水层的深度应满足式（3-1）要求。当帷幕进入下卧低渗透层较深，隔水层之下承压水头较高时，应根据验算帷幕底以下薄层隔水层 t_r 的渗透稳定性。

$$l > 0.2\Delta h - 0.5b \tag{3-1}$$

式中：l——帷幕进入低渗透层的深度，m；

Δh——基坑内外的水头差值，m；

b——帷幕的厚度，m。

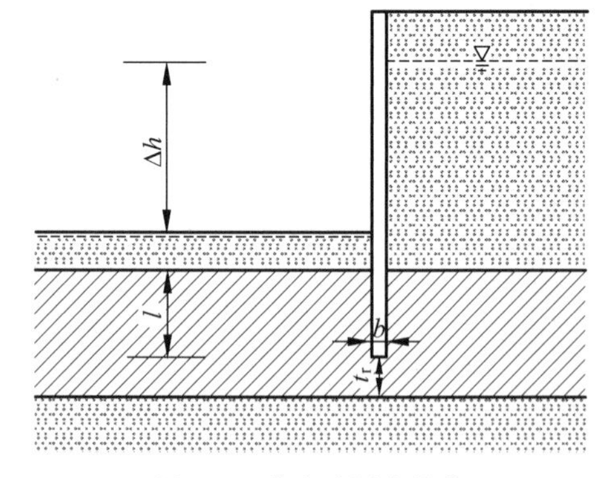

图 3-3 落底式隔水帷幕

当坑底之下存在承压水含水层，且承压水头高于坑底时（图 3-4），应评价承压水作用下坑底突涌的可能性。基坑开挖后承压水上覆地层厚度应满足式（3-2）要求。当不能满足式（3-2）要求时，应采取封底隔渗或降压井抽水措施保证坑底土层稳定。

$$h_p \geq K_s \frac{\gamma_w}{\gamma} H \tag{3-2}$$

式中：h_p——坑底至承压含水层顶板的距离，m；

H——承压水头，m；

γ_w——水的重度，kN/m^3；

γ——坑底至承压含水层顶板之间各层土的加权平均天然重度，kN/m^3；

K_s——安全系数，相应于一、二、三级地下水控制等级的安全系数分别为1.2、1.1、1.0。

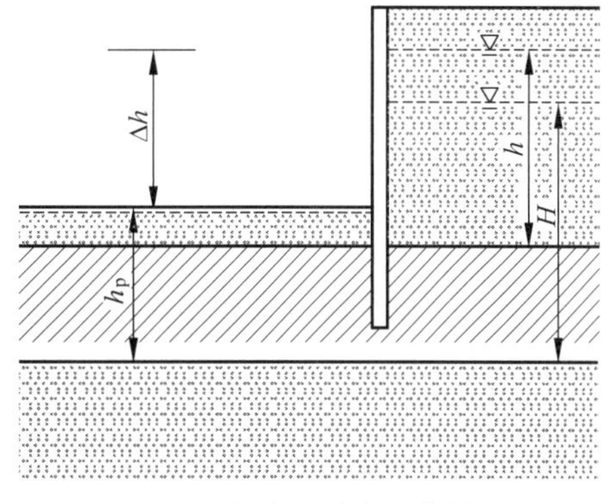

图 3-4　抗突涌稳定验算简图

当坑底之下存在承压水含水层，且承压水头高于坑底时，应根据式(3-3)验算坑底以下隔水层的渗透稳定性(图 3-5)：

$$\frac{\Delta h_a}{t_a} \leqslant i' \tag{3-3}$$

式中：t_a—隔水层厚度，m；

Δh_a——隔水层上下的水头差值，m；$\Delta h_a = H - h_a$；

h_a——坑底以下含水层厚度，m；

i'——允许渗流坡降。黏性土的允许渗流坡降可取为3～6；当黏性土层上部有含水层时可取5～8或更大些。

2）悬挂式隔水帷幕

当基底以下的含水层厚度大，需要采用悬挂式隔水帷幕(图 3-6)时，应根据式(3-4)核算帷幕体的入土深度 h_d(m)：

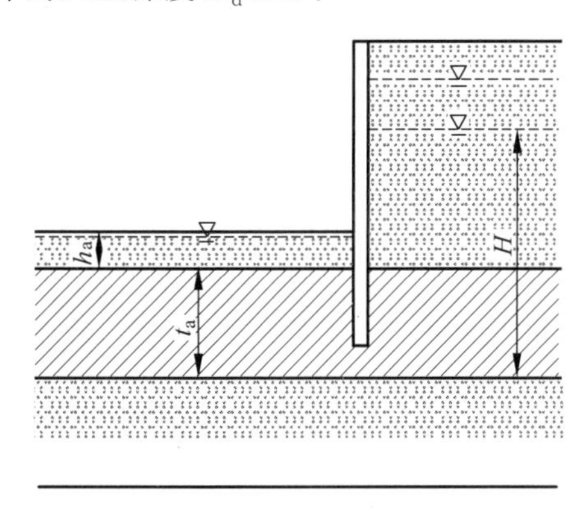

图 3-5　基坑以下内部土层

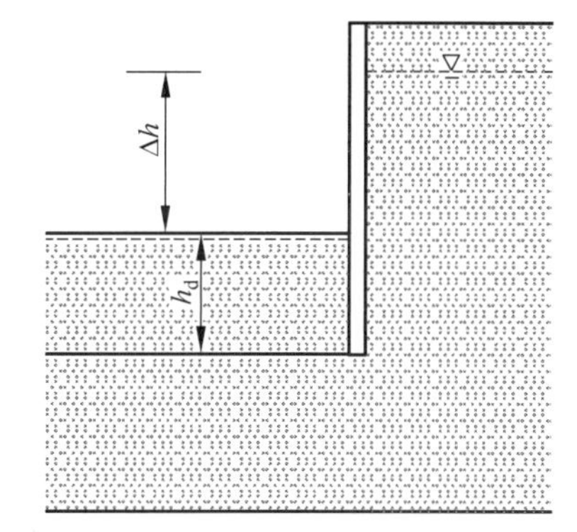

图 3-6　悬挂式帷幕

$$h_d \geqslant \eta \Delta h \tag{3-4}$$

式中：η——悬挂式帷幕入土深度系数，应根据含水层岩性取值。对于中砂、粗砂、砾砂和级配良好的砂砾石，可取0.75～1.2；对于级配不良的砾石含水层和粉细砂含水层，可取2～4.5。

周边有重要建(构)筑物或地质条件复杂的隔水帷幕设计，宜采用空间有限单元法或有限差分法进行渗流和沉降等计算。

2. 隔水帷幕质量要求

基坑开挖前应进行坑内抽水试验，并通过坑内外地下水位和出水量变化，确认帷幕的隔水效果。对搭接帷幕的搭接宽度，应按照所选择的帷幕类型以及入土深度确定。

3. 地下水位监测

隔水帷幕工程应在设计阶段提出总体的监测方案，并宜在施工现场进行工艺性试验。在施工过程中应及时进行检测和分析，采取有效的应对措施。

4. 隔水帷幕渗漏修复

隔水帷幕设计应根据选定的帷幕形式考虑正常情况下施工定位偏差和垂直度偏差，并应制定最不利偏差情况下对帷幕结构的修复措施。隔水帷幕施工应根据帷幕设计、设备条件等分析可能发生的帷幕结构缺陷，编制针对性和可操作性强的修复预案，并在土方开挖过程中严格执行。

3.4.3 隔水帷幕施工

地下连续墙、型钢水泥土搅拌墙(SMW 工法)、咬合式排桩隔水帷幕的施作方法参考第5章相关内容。

3.4.3.1 高压喷射注浆法

高压喷射注浆法是以高压旋转的喷嘴将水泥浆喷入土层与土体混合，形成连续搭接的水泥加固体，常用于地基土的加固、地下水的隔水，也可用于浅基坑的挡土结构。高压喷射水泥浆使用的压力大，连续和集中地作用在土体上，对土颗粒产生巨大的冲击和搅动作用，使注入的水泥浆和土拌和凝固为新的固结体。

高压喷射分旋喷注浆、摆喷注浆和定喷注浆三种类别，工艺过程为钻机就位、钻孔、置入注浆管、高压喷射注浆和拔出注浆管等基本工序。根据工程需要和机具设备条件，可分别采用单管法、双管法和三管法(图 3-7)，加固体形状可分为圆柱状、扇状、壁状和板状。

(1) 单管法：喷射高压水泥浆液一种介质。

(2) 双管法：喷射高压水泥浆液和压缩空气两种介质。

(3) 三管法：喷射高压水流、压缩空气及水泥浆液等三种介质。

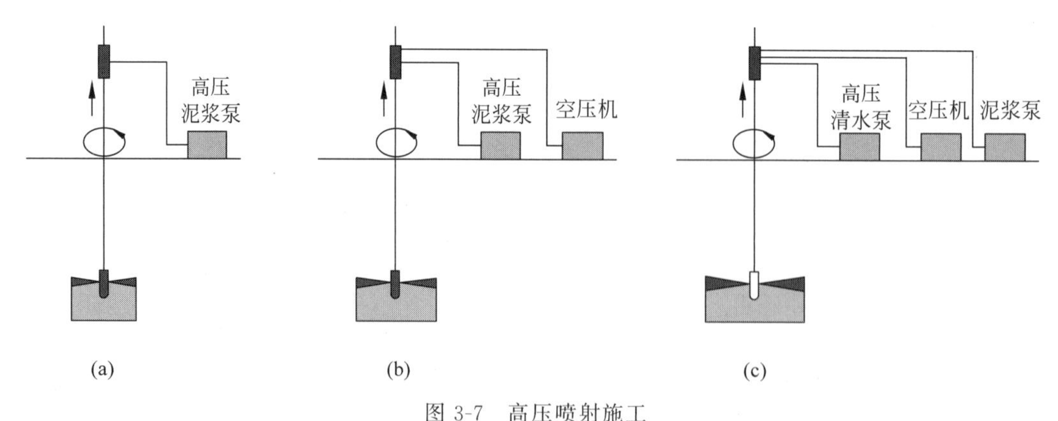

图 3-7 高压喷射施工

(a) 单管法；(b) 双管法；(c) 三管法

高压喷射注浆的施工参数应根据土质条件、加固要求通过试验或根据工程经验确定，并在施工中严格加以控制。

3.4.3.2　压力注浆隔水帷幕

注浆是指采用机械设备，应用合理的工艺将浆液注入岩土体中，置换土颗粒间或岩石裂隙中的水分和空气，将原来松散的土粒或裂隙胶结成一个整体，形成结合体。该结合体为一种新型结构，改善了岩土体的工程性质，具有强度高、化学性质稳定、抗渗性能优良等特点；在基坑工程中一般用于支护结构外形成的隔水帷幕，也可用作风险源的保护措施。

浆液注入岩土体的原理有渗透、劈裂、压密及电动化学等，不同注浆原理有其适用范围（表3-14）。

表3-14　不同注浆法的适用范围

注浆方法	适用范围
渗透注浆	只适用于中砂以上的砂卵土层和有裂隙的岩石
劈裂注浆	适用于低渗透性的砂土层
压密注浆	常用于中砂地基、黏土地基中，若有适宜的排水条件也可采用。如遇排水困难而可能在土体中引起高孔隙水压力时，就必须采用很低的注浆速率。挤密注浆可用于非饱和的土体，以调整不均匀沉降以及在大开挖或隧道开挖时对邻近土进行加固
电动化学注浆	地基土的渗透系数 $k<10^{-4}$ cm/s，只靠一般静压力难以使浆液注入土的孔隙的地层

1. 注浆材料和注浆参数

1）注浆材料

注浆材料有很多，应根据工程所处地质条件和注浆目的合理选择，宜选取普通硅酸盐水泥、超细水泥、水玻璃等常用注浆材料。通常所提的注浆材料是指浆液中所用的主剂，浆液是由主剂（原材料）、溶剂（水或其他溶剂）及各种外加剂混合而成；外加剂可根据在浆液中所起的作用，分为固化剂、催化剂、速凝剂、缓凝剂和悬浮剂等。地下工程注浆使用浆液材料数以吨计，用量巨大，如材料使用不当，极易对地下水造成严重污染，因此严禁使用有毒的高分子有机化学材料。

2）注浆参数

（1）浆液扩散半径。浆液扩散半径依据地层性质、地下水压、浆液材料、注浆压力等因素可按表3-15取值。

表3-15　浆液扩散半径取值范围　　单位：mm

地　层	黏性土、粉土	细、中砂	粗、砾砂	卵　石	岩层破碎带
扩散半径	200～400	250～500	300～600	600～1000	800～1500

注：浆液扩散半径取值应遵循的原则为：①地层空隙大，浆液扩散半径宜取高值；②地层水压低，浆液扩散半径宜取高值；③注浆压力高，浆液扩散半径宜取高值；④浆液颗粒细，浆液扩散半径宜取高值；⑤在不同地层界面处，浆液扩散半径宜取低值

（2）注浆孔位布置。注浆孔数量根据工程重要性、周边环境和浆液扩散半径来确定；注浆孔位布置以注浆隔水及加固范围为标准，满足相邻终孔有重叠区，单排孔和双排孔布置时，任意断面各注浆孔间距不应大于2倍的扩散半径；多排布置时，应采用梅花形

布置。

(3) 注浆压力。注浆压力应根据理论计算、经验类比以及现场、室内试验综合确定,但不能对周边环境、支护结构产生不良影响。一般情况下可取 0.5～1.5 MPa;在有地下水的岩土体中,注浆压力可为注浆位置孔隙水压力的 2～3 倍,但要验算对周边环境、支护结构的影响。

(4) 注浆量。浆液设计用量可按式(3-5)计算:

$$Q = V \cdot n \cdot \alpha \cdot \beta \tag{3-5}$$

式中:Q——注浆量,m^3;

V——被加固的土体体积,m^3;

n——地层孔隙率,可按地质勘察报告中给出的地层孔隙率取值,或参考表 3-16 取值;

α——地层填充系数,深孔注浆及填充注浆宜取 0.6～1.0,小导管注浆及径向注浆宜取 0.2～0.5;

β——浆液损失系数,宜取 1.2～1.4。

表 3-16 地层孔隙率表

名 称	孔隙率/%
冲积中、粗、砾砂	33～46
粉砂	33～49
粉质黏土	35～50
黏土	41～52.4
风化岩	5～45

2. 注浆方法

目前注浆法隔水帷幕施工一般采用深孔注浆方法,主要有双重管注浆法、前进式分段注浆法、袖阀管后退式分段注浆法等。深孔注浆施工前应通过试验验证注浆工艺及参数,现场试验应选择在具有代表性的地段进行。

1) 双重管注浆法

双重管注浆技术也称为 WSS 工法,是采用双重管钻机钻孔至预定深度后注浆,注浆浆液有两种,即 *A* 液和 *B* 液,两种浆液通过双重管端头的浆液混合器充分混合,使土层透水性降低形成相对隔水层。双重管注浆流程见图 3-8。

双重管注浆技术的特点:

(1) 注浆过程中不发生浆液溢流现象,有利于保护环境不受污染。

(2) 双重管端头的浆液混合器可使两种浆液完全混合,使浆液均匀。

(3) 可从地面垂直注浆,亦可倾斜注浆,适当增加注浆压力,可进行水平放射注浆。

(4) 从钻孔至注浆完毕,可连续作业。

(5) 注浆材料可以是水玻璃、二氧化硅系胶负体等,材料来源广泛。

(6) 适用范围广,可用于各种土层。

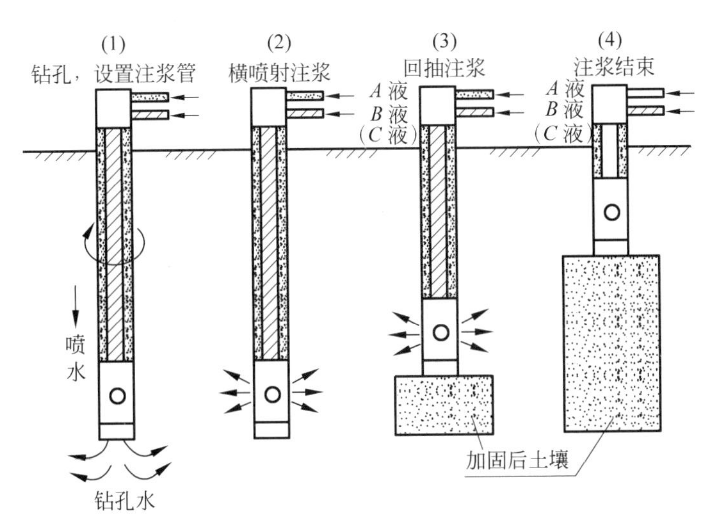

图 3-8　双重管注浆法

2）前进式分段注浆法

采用钻一段、注一段，再钻一段、再注一段的钻、注交替的方式进行注浆施工。每次钻孔注浆分段长度 1～3 m，孔口管法兰盘进行止浆。

前进式分段注浆法是首先采用水平地质钻机成孔，开孔后安装孔口管，在孔口管内分段向前钻注施工。每一循环进尺控制在 1～3 m，成孔后退出钻杆，安装法兰盘及注浆管进行注浆，待浆液凝固后拆除法兰盘，再进行钻孔，如此循环，直到钻进深度达到设计要求。其注浆流程见图 3-9。

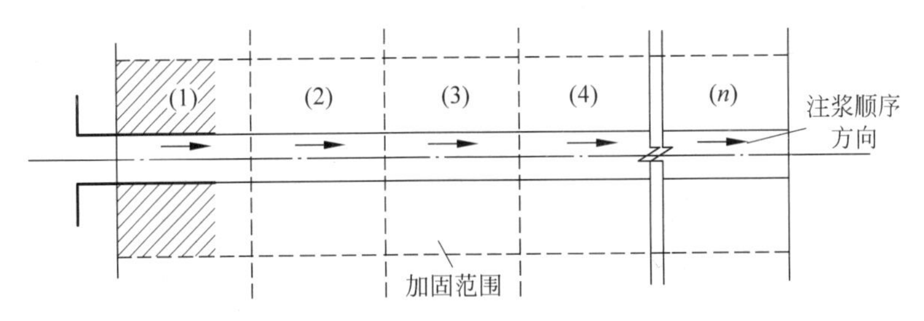

图 3-9　前进式分段注浆法

前进式分段注浆技术的特点：

（1）不需要护壁，现场清洁。

（2）为孔口静压力注浆，可确保注浆饱满。

（3）为永久性加固，后期浆块强度不降低。

（4）浆液可满足 0.5～3 h 的凝结时间要求，可注性好、强度高、抗地下水分散。

3）袖阀管后退式分段注浆法

袖阀管后退式分段注浆法简称袖阀管注浆法，是由法国 Soletanche 基础工程公司于 20 世纪 50 年代首创的一种注浆工法。袖阀管注浆由于能较好地控制注浆范围和注浆压力，可进行重复注浆，且发生冒浆与串浆的可能性很小等特点，被国内外公认为最可靠的注浆工法之一。

袖阀管是一种只能向管外出浆，不能向管内返浆的单向闭合装置。袖阀管注浆时，压力将小孔外的橡皮套冲开，浆液进入地层，如管外压力大于管内时，小孔外的橡皮套自动闭合，当注浆指标达到技术要求时停止注浆，进行下一阶段注浆。

袖阀管结构主要由外径 68 mm PVC 外管、DN20(6 分)镀锌注浆内管、橡胶皮套、密封圈等组成(图 3-10)。

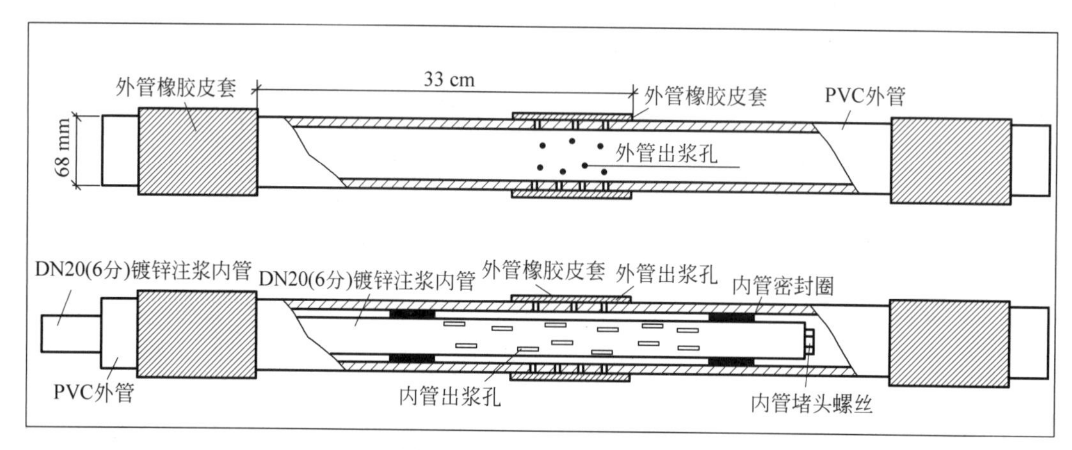

图 3-10　袖阀管结构示意图

袖阀管注浆可实现不同的地层采用不同的注浆材料，有效地填补地层的空隙，使地层得到有效处理，达到隔水要求。袖阀管注浆过程见图 3-11。

袖阀管注浆技术的特点：

(1) 能有效地按注浆工程的设计应求，确定注浆的位置和范围。

(2) 不易产生注浆盲区和薄弱区，适合高风险注浆施工，如隔水帷幕墙。

(3) 注浆的位置可根据实际情况上下调整，随意变动。

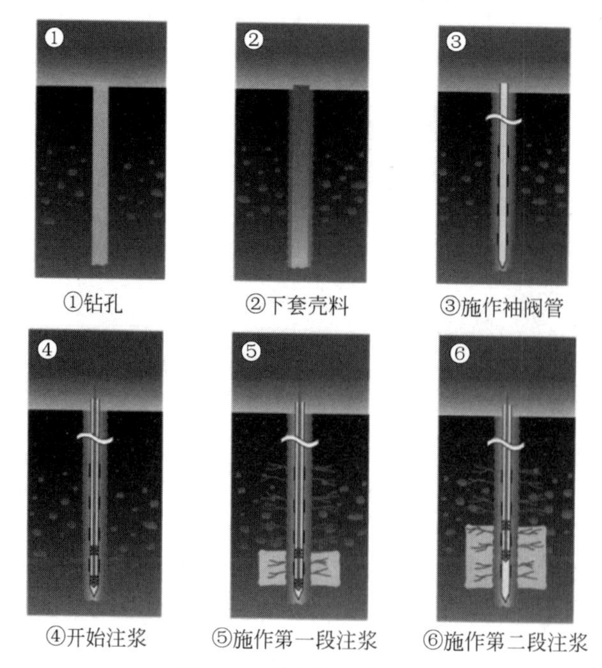

图 3-11　袖阀管注浆过程

(4) 同一注入点可以采用不同的注浆材料进行注浆。

(5) 注入后,可根据地层的实际情况非常方便地再次注入,保证注浆质量。

3.4.3.3　冻结法

冻结法施工是指采用人工制冷技术,使含水地层冻结,形成坚硬的冻土壳,不仅能起隔水作用,还能保证地层稳定。冻结法基本原理是:低温盐水在冻结管中流动时,吸收其周围地层的热量,使其冻结;随着盐水循环的进行,冻结壁厚度逐渐增大,直至达到设计厚度和强度为止。通常,当地层的含水量大于2.5%、地下水含盐量不大于3%、地下水流速不大于40 m/d时,均可适用常规冻结法;当地层含水量大于10%和地下水流速为7~9 m/d时,冻土扩展速度和冻结体形成的效果最佳。

冻结法施工具有以下优缺点:

(1) 不稳定含水地层冻结成冻土后强度有显著的提高,施工安全。

(2) 冻结壁具有良好的隔水性能,可实现工作面无水开挖。

(3) 施工中对周围环境不产生污染,环保效果好。

(4) 地层整体固结性好。

(5) 工期长,成本较高,有一定的技术难度。

(6) 地层冻结时的冻胀现象、融化时的融沉现象会对周边环境产生一定影响。

1. 冻结法施工

在地下工程开挖断面周围需加固的含水软弱地层中钻孔敷管,安装冻结器,通过人工制冷作用将天然岩土变成冻土,形成完整性好、强度高、不透水的临时加固体。在冻结体的保护下进行地下工程的开挖施工,待衬砌支护完成后,冻结地层逐步解冻,最终恢复到原始状态。

1) 冻结孔施工及冻结管的安装

冻结孔钻进采用钻机,钻孔时采用泥浆循环排渣、护壁。钻进中,偏斜过大则进行纠偏。冻结管选用无缝钢管,并兼作钻杆。冻结管使用前应做耐压试验,试验压力为7 MPa,无渗透现象为合格。钻头部分密封后应做检漏试验,试验压力为工作压力的1.5倍。

2) 冻结站安装调试

在实施冻结前应进行试运转。为确保冻结施工顺利进行,冷冻站安装足够的备用制冷机组。冷冻站运转期间,保证备用设备完好,确保冷冻机运转正常,提高制冷效率。冷冻站试运转成功后即可进行地层的冻结施工,进入积极冻结期。

3) 积极冻结期

从冷冻系统正式启用,冷却盐水循环流动时进入积极冻结期。积极冻结就是充分利用设备能力,尽快加速冻土发展,在设计时间内把盐水温度降到设计温度,冻结盐水温度一般控制在−25~−28 ℃。

积极冻结的时间主要由设备能力、土质、环境等决定,如上海地区某横通道隧道施工积极冻结时间基本在35天左右。

4) 维护冻结期

地下工程开挖期间的冻结称为维护冻结期,此期间只需要使冻结壁厚度和强度在隧道开挖期间始终能够满足设计要求。

2. 冻结法施工基本要求

(1) 冻结孔的开孔位置、偏斜率、成孔间距和深度应符合设计要求。

(2) 正式运转前应进行试运转,检验系统应达到设计要求;运转过程中应有日志记录,并应采取措施保证冻结站的冷却效率。

(3) 配备备用电源和备用机组,防止冻结期停机。

(4) 在开挖过程中,应检测冻结壁的结霜情况和变形量,发现退霜、冻结壁变形或有剥落、掉块等异常情况,应查明原因,经处理后方可继续施工。

3.4.3.4 水泥土搅拌桩

水泥土搅拌桩施工现场事先应予平整,必须清除地上和地下的障碍物。遇有池塘及洼地时应抽水清淤,回填黏性土并压实。搅拌头翼片的枚数、宽度、与搅拌轴的垂直夹角、搅拌头的回转数、提升速度应相互匹配,以确保加固深度范围内土体的任何一点均能经过 20 次以上的搅拌。搅拌法的施工步序由于湿法和干法的设备不同而略有差异。其主要步序为:搅拌机械就位、调平→预搅拌下沉至设计加固深度→边喷浆、边搅拌提升直至预定的停浆面→重复搅拌下沉至设计加固深度→根据设计要求,喷浆或仅搅拌提升至预定的停浆面→进行下一根桩施工,详见图 3-12(以湿法为例)。

根据固化剂掺入状态的不同,可分为浆液搅拌(图 3-12)和粉体喷射搅拌两种。前者是用浆液和地基土搅拌(湿法),后者是用粉体和地基土搅拌(干法)。目前,湿法深层搅拌机械在国内常用的有单轴、双轴、三轴及多轴搅拌机,干法搅拌机目前仅有单轴搅拌机一种机型。

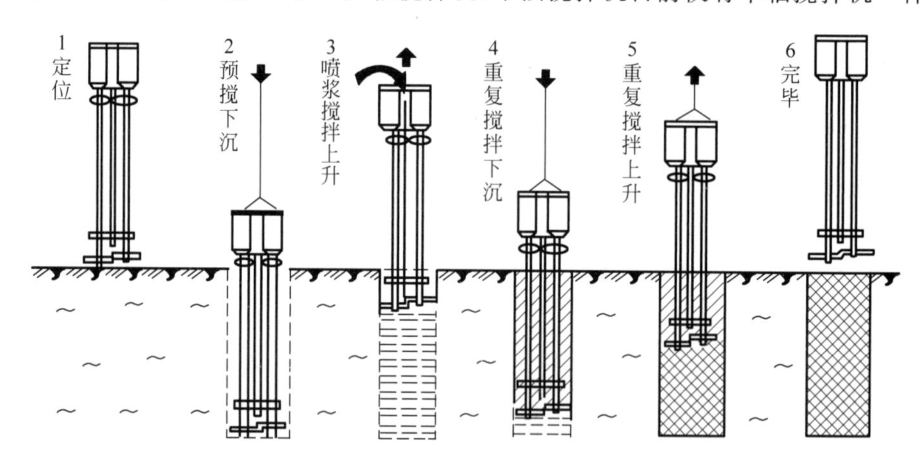

图 3-12 湿法深层水泥土搅拌桩施工顺序

1. 湿法

施工前应确定灰浆泵输浆量、灰浆经输浆管达到搅拌机喷浆口的时间和起吊设备提升速度等施工参数,并根据设计要求通过工艺性成桩实验确定施工工艺。

施工时,所使用的水泥都应过筛,制备好浆液不得离席,泵送必须连续;拌制水泥浆液的灌数、水泥和外加剂用量以及泵送浆液的时间等应有专人记录;喷浆量及搅拌深度必须采用国家计量部门认证的监测仪器进行自动记录。

当水泥浆达到出浆口后,应喷浆搅拌 30 s,在水泥浆与桩端土充分搅拌后,再开始提升搅拌头。

搅拌机预搅下沉时不宜冲水，当遇到硬土层下沉太慢时，方可适量冲水，但应考虑冲水对桩身强度的影响。

施工时，如因故停浆，应将搅拌头下沉至指定停浆点以下 0.5 m 处，待恢复供浆时，再喷浆搅拌提升。若停机超过 3 h，宜先拆除输浆管路，并妥善加以清洗。

壁状加固时，相邻桩的施工时间间隔不宜超过 2 h。如间隔时间太长，与相邻桩无法搭接时，应采取局部补桩或注浆等补强措施。

2. 干法

粉喷施工前应仔细检查搅拌机械、供粉管路、接头和阀门的密封性和可靠性。送气管路的长度不宜大于 60 m。

水泥土搅拌法喷粉施工机械必须配置经国家计量部门确认的具有能瞬时监测并记录出粉量计量装置及搅拌深度自动记录仪。

搅拌头每旋转一次，其提升高度不得超过 16 mm。搅拌头的直径应定期复核检查，其磨损量不得大于 10 mm。当搅拌头达到设计桩底以上 1.5 m 时，应立即开启喷粉机提前进行喷粉作业。当搅拌头提升地面以下 500 mm 时，喷粉机应当停止喷粉。

成桩过程中若因故停止喷粉，则应将搅拌头下沉至停灰面以下 1 m 处，待恢复喷粉时再喷粉搅拌提升。在地基土天然含水量小于 30%的土层中喷粉成桩时，应采用地面注水搅拌工艺。

3.4.3.5 长螺旋旋喷搅拌桩

其主要施工工序如下：

长螺旋钻机就位→长螺旋钻机引孔→反转上提或选土回填至设计标高→水泥浆搅拌过滤→长螺旋旋喷搅拌钻机就位→泵送水泥浆→水泥浆喷搅下钻→旋喷或定喷上行→进行重复旋喷或定喷搅拌→清理钻具。

长螺旋搅拌旋喷钻具下沉同时开动注浆泵，泵送高压水泥浆，边旋喷边搅拌，钻进至设计标高，按设计提升速度(用变频器控制)提升钻具，同时旋喷搅拌，至设计标高时停止泵送水泥浆和搅拌。必要时重复旋喷搅拌或定喷，提升钻具至下一个桩位。注浆泵泵送压力不小于 20 MPa，不大于 40 MPa。在钻进过程中，如遇到卡钻，钻机摇晃、偏斜，或发现有节奏的声响时，应立即停钻，查找原因，采取相应措施后，方可继续作业。施工过程中，如遇孔口返浆，应采取措施，保证作业面干净，便于准确定位。长螺旋旋喷搅拌桩的工艺要求如下：

(1) 一定要对准桩位标志下钻，对中误差应小于 5 cm，调整好桩机，桩机的主动钻杆要保证垂直，垂直度允许偏差小于或等于 0.5%，防止桩斜。

(2) 对施钻和喷浆严格要求。在施钻前，项目技术负责对钻进速度、重复搅拌次数、钻进速度、喷浆速度、喷浆次数及停浆面向作业人员详细交代；特别对水泥用量、水泥浆液水灰比进行检查。

(3) 停浆面控制：停浆面控制在与自然地面齐平，误差小于 10 cm。

(4) 制浆：根据每米有效桩长耗用水泥多少，一次性配制一根桩所用的水泥浆。水泥浆液的水灰比为 1.0。水泥浆进入储浆池前一定要过筛。凡已配好的水泥浆大于 2 h 仍未使用的，应全部废弃，不准用来制桩。

（5）制桩：成桩速度不能太快，提升速度小于或等于 0.5 m/min，每次上升或下沉，要求成桩速度必须均匀。

（6）浆液冲洗：当喷浆结束后，立即清洗高压泵、输泵管路、注浆管及碰头。

3.4.3.6 钢板桩

钢板桩一般采用 U 形的，又称为拉森钢板桩（图 3-13），其施工速度快、费用低，且有良好的防水功能。

钢板桩由打桩机夹口夹住桩口，沿放线位置进行插打。钢板桩采用逐片插打，逐渐纠偏，直至合拢的方法，其插打顺序如图 3-14 所示。

图 3-13 拉森钢板桩

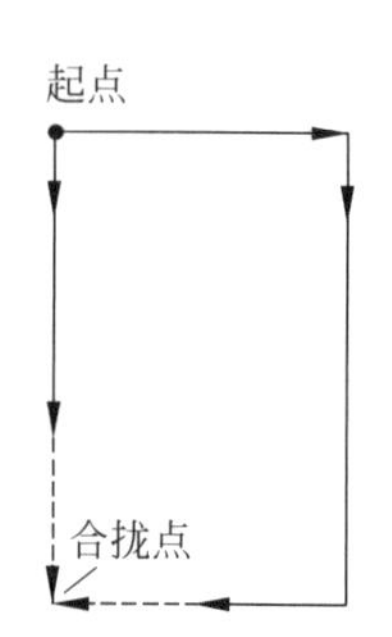

图 3-14 拉森钢板桩插打顺序

钢板桩施工应注意以下问题：

（1）为保证第一片桩的施工质量，在打入过程中用全站仪实时观测确保其垂直，无倾斜；其余各钢板桩即可以第一根钢板桩为基准，向两边对称插打钢板桩，合拢口位置选择在起点一侧的另一角位置；

（2）钢板桩插打过程中要随时检查所打的钢板桩位置是否准确，垂直度是否合格，及时实施纠偏；

（3）插打钢板桩应做到"插桩正直，分散偏差，有偏即纠，调整合拢"；

（4）第一片钢板桩插打之后，后续板桩施工时，在起吊后由人工扶持其对好前一片板桩的锁扣并插入前一块的锁扣内，利用其自重下插。当自重不能使其下插时，利用振动锤进行加压，插至设计标高。

3.4.4 隔水帷幕检测验收

1. 基坑开挖前

基坑开挖前应进行帷幕效果检验，在帷幕墙内外或连续墙接头内外紧邻位置设置疏干井和水位观测井，数量不宜少于总接头数量的 10%，通过坑内疏干井抽水和观测坑内外地下水位和出水量变化，验证帷幕的隔水效果。当判断接头漏水时，应采取修复措施。

2. 基坑开挖过程中

实测帷幕尺寸、搭接长度、帷幕强度、帷幕渗透系数等；当出现搭接不足，或帷幕强度不足等缺陷造成漏水时，应立即停止开挖，待按施工方案中的修复预案施工完毕后方可继续开挖。

3.5 降水

降水是指排除地表水体和降低地下水水位或水头压力，满足工程建设需求的工程措施。降水方法应根据场地地质条件、降水目的、降水技术要求、降水工程可能涉及的工程环境保护等因素选用，降水方法及适用范围见表3-17。

表3-17　各种降水方法的适用条件

降水方法	含水层	渗透系数/(m/d)	降水深度/m
集水明排	填土、黏性土、粉土	<0.3	<2
轻型井点	粉质黏土、粉土、细砂、中细砂	0.1～20.0	单级<6，多级<12
喷射井点	粉土、砂土	0.1～20.0	<20
管井	粉质黏土、粉土、砂土、碎石土、岩石	>1	不限
真空管井	粉质黏土、粉土、细砂、中细砂	0.1～20.0	不限
辐射井	粉砂、细砂、中砂、粗砂、卵石和黏性土	>0.1	<30

降水应满足下列要求：

(1) 地下水控制水位应满足基础施工要求，基坑范围内地下水位应降至基础垫层以下不小于0.5 m，对基底以下承压水应降至不产生坑底突涌的水位以下，对局部加深部位(电梯井、集水坑、泵房等)宜采取局部控制措施；

(2) 降水过程中应采取防止土颗粒流失的措施；

(3) 应减少对地下水资源的影响；

(4) 对工程环境的影响应在可控范围之内；

(5) 应能充分利用抽排的地下水资源。

降水作用主要为保证基坑开挖过程中的无水作业条件，利于基坑工程的顺利实施，避免工程事故的发生，具体表现在：

(1) 能够防止基坑底面与坡面渗水，保证坑底干燥。

(2) 能够增加边坡和坑底，防止流砂产生。

(3) 能够有效提高土体的抗剪强度，并且可减少承压水头对基坑的顶托力，防止底板突涌。

(4) 能够减小对基坑支护结构的水压力。

3.5.1 降水设计计算

3.5.1.1 降水设计有关参数的确定

降水设计有关参数应根据水文地质勘察成果取值，降水设计参数可按照如下规定取值：

1. 含水层厚度

当含水层的顶底板标高相差不大，含水层厚度宜取场地范围内钻孔揭露的含水层厚度的平均值。

当含水层顶底板标高差异较大时，含水层厚度宜取有代表性的钻孔揭露的含水层厚度的平均值。

2. 基坑等效半径

(1) 对于不规则面状基坑

$$r_0=\sqrt{\frac{A}{\pi}} \tag{3-6}$$

式中：r_0——基坑等效半径，m；

A——基坑面积，m^2。

(2) 对于矩形基坑

$$r_0=\eta\frac{L+B}{4} \tag{3-7}$$

式中：L——基坑长度，m；

B——基坑宽度，m；

η——概化系数，可按表 3-18 取值。

表 3-18 矩形基坑的等效半径概化系数表

B/L	0.1～0.2	0.2～0.3	0.3～0.4	0.4～0.6	0.6～1.0
η	1.00	1.12	1.14	1.16	1.18

3. 影响半径

应由试验确定，缺少试验时，可按下列公式计算

(1) 潜水含水层

$$R=2S\sqrt{kH} \tag{3-8}$$

(2) 承压含水层

$$R=10S\sqrt{k} \tag{3-9}$$

式中：R——影响半径，m；

S——设计水位降深，m；

k——渗透系数，m/d；

H——潜水含水层厚度，m。

4. 渗透系数

(1) 渗透系数应采用抽水试验的实测值，北京地区可参考表 3-19 取值；

(2) 对于非均质层状构造含水层的渗透系数应取加权平均值。

表 3-19 渗透系数经验值

岩　　性	渗透系数/(m/d)	岩　　性	渗透系数/(m/d)
砂卵石	80～300	细砂	6～8
砾石	45～50	粉砂	2～3
粗砂	20～30	砂质粉土	0.2～1
中砂	20	黏质粉土	0.1
细中砂	12～17	粉质黏土	0.01

注：1. 对于新近沉积的地层，其渗透系数宜取大值；

2. 对于含有姜石、虫孔的粉质黏土，其渗透系数可参照粉砂含水层的渗透系数；

3. 对于杂填土，其渗透系数取值可参照细砂含水层的渗透系数。

3.5.1.2　基坑涌水量

应根据工程场地地下含水层的埋藏形式、边界条件和井类型采用适当的方法进行基坑降水渗流计算。基坑降水涉及多个含水层时，应根据每个含水层的性质分别采用相应的公式分层进行计算，位于槽底之上的含水层出水量按疏干考虑，即含水层水位降低至含水层底板。地下水控制等级为二、三级的地下水控制工程，基坑涌水量可按大井简化的稳定流进行计算；地下水控制等级为一级的地下水控制工程，还应采用非稳定流和数值法进行计算、分析和模拟。

基坑长宽比小于或等于20时，可采用圆形基坑大井公式计算基坑涌水量；基坑长宽比大于20小于或等于50时，可采用条形基坑涌水量公式计算基坑涌水量；基坑长宽比大于50时，可采用线状基坑涌水量公式计算基坑涌水量。

1. 均质含水层潜水完整井(图3-15)

(1) 基坑远离边界时，涌水量可按下式计算

$$Q=\frac{1.366k(2H-S)S}{\lg[(R+r_0)/r_0]} \tag{3-10}$$

(2) 岸边基坑降水时，涌水量可按下式计算

$$Q=\frac{1.366k(2H-S)S}{\lg(2R/r_0)} \tag{3-11}$$

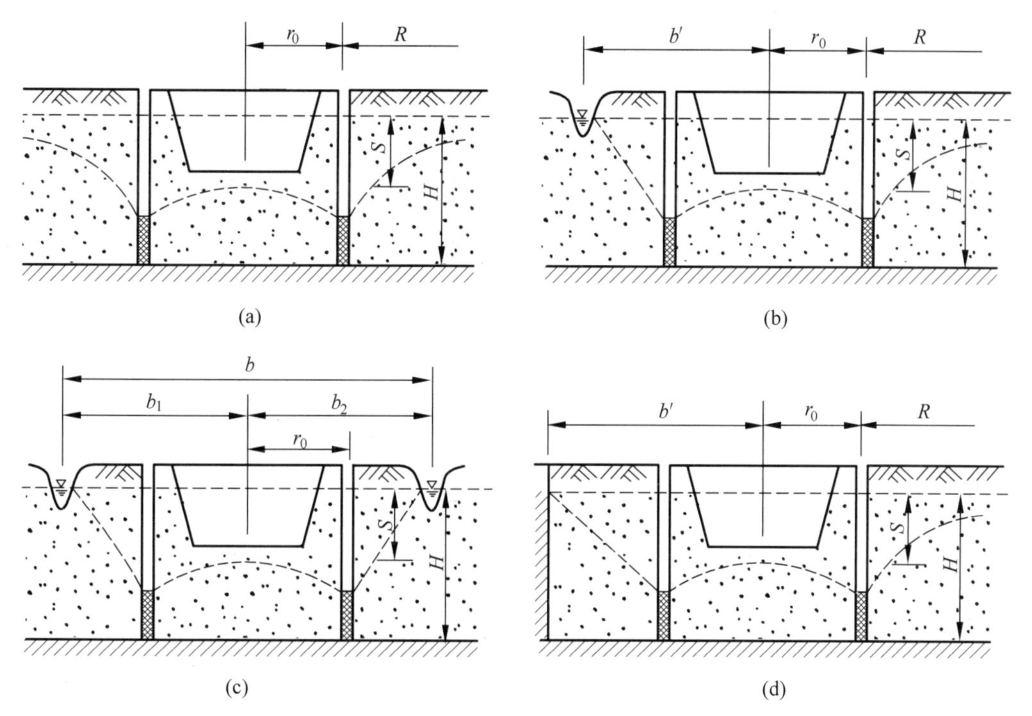

图3-15　均质含水层潜水完整井基坑涌水量计算简图

(a) 基坑远离边界；(b) 岸边降水；(c) 基坑位于两地表水体之间；(d) 基坑靠近隔水边界

注：$b'<0.5R$；$b<0.5R$。

(3) 基坑位于两个地表水体之间降水时,涌水量可按下式计算

$$Q=\frac{1.366k(2H-S)S}{\lg\left[\frac{2(b_1+b_2)}{\pi r_0}\cos\frac{\pi(b_1-b_2)}{2(b_1+b_2)}\right]} \tag{3-12}$$

(4) 基坑靠近隔水边界时,涌水量可按下式计算

$$Q=\frac{1.366k(2H-S)S}{2\lg(R+r_0)-\lg r_0(2b+r_0)} \tag{3-13}$$

式中:Q——基坑涌水量,m^3;

k——渗透系数,m/d;

H——潜水含水层初始厚度,m;

S——基坑水位降深,m;

R——降水影响半径,m;

r_0——基坑等效半径,m。

2. 均质含水层潜水非完整井(图 3-16)

(1) 当基坑远离边界时,涌水量可按下式计算:

$$Q=\frac{1.366k(H^2-h^2)}{\lg[(R+r_0)/r_0]+[(h-l)/l]\times\lg(1+0.2h_m/r_0)} \tag{3-14}$$

(2) 近河基坑降水,含水层厚度不是很大时,涌水量可按下式计算:

$$Q=1.366KS\left(\frac{l+S}{\lg\frac{2b}{r_0}}+\frac{l}{\lg\frac{0.66l}{r_0}+0.25\frac{l}{M}\lg\frac{b^2}{M^2-0.14l^2}}\right),\quad b>\frac{M}{2} \tag{3-15}$$

(3) 近河基坑降水,含水层厚度很大时,涌水量可按下式计算:

$$Q=1.366KS\left(\frac{l+S}{\lg\frac{2b}{r_0}}+\frac{l}{\lg\frac{0.66l}{r_0}-0.22\operatorname{arsh}\frac{0.44l}{b}}\right),\quad b\geqslant l \tag{3-16}$$

$$Q=1.366KS\left(\frac{l+S}{\lg\frac{2b}{r_0}}+\frac{l}{\lg\frac{0.66l}{r_0}-0.11\frac{l}{b}}\right),\quad b\geqslant l \tag{3-17}$$

式中:$h_m=(H+h)/2$,m;

h——降水后剩余含水层厚度,m;

l——过滤管有效工作部分长度,m;

M——由含水层底板到滤水管有效工作部分中点的长度,m。

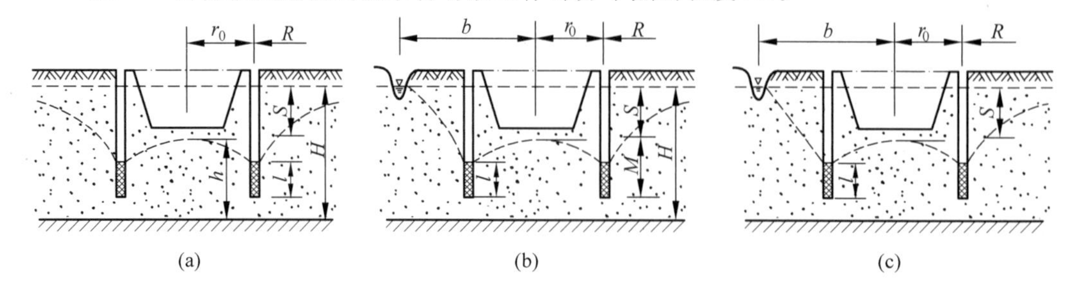

图 3-16 均质含水层潜水非完整井基坑涌水量计算简图

(a) 基坑远离边界;(b) 近河基坑含水层厚度不大;(c) 近河基坑含水层厚度很大

3. 均质含水层承压水完整井(图 3-17)

(1) 当基坑远离边界时,涌水量可按下式计算:

$$Q=\frac{2.73kMS}{\lg[(R+r_0)/r_0]} \tag{3-18}$$

(2) 当基坑位于河岸边时,涌水量可按下式计算:

$$Q=\frac{2.73kMS}{\lg[2b/r_0]},\quad b<0.5R \tag{3-19}$$

(3) 当基坑位于两个地表水体之间时,涌水量可按下式计算:

$$Q=\frac{2.73kMS}{\lg\left[\dfrac{2(b_1+b_2)}{\pi r_0}\cos\dfrac{\pi(b_1-b_2)}{2(b_1+b_2)}\right]} \tag{3-20}$$

(4) 当基坑靠近隔水边界时,涌水量可按下式计算:

$$Q=\frac{2.73kMS}{\lg(R+r_0)^2-\lg r_0(2b')} \tag{3-21}$$

式中:M——承压水层厚度,m。

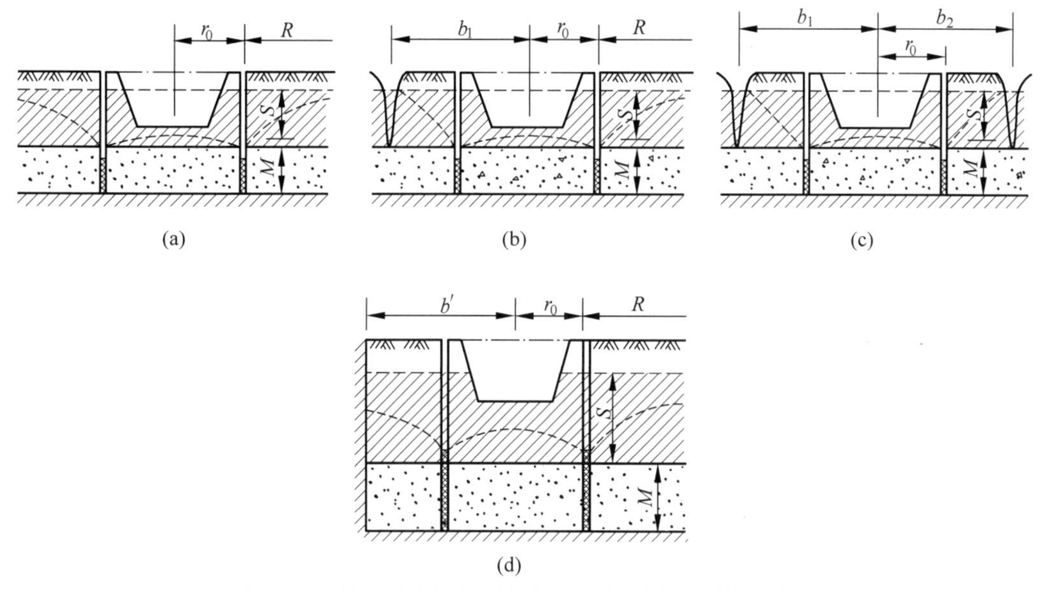

图 3-17　均质含水层承压水完整井基坑涌水量计算简图

(a) 基坑远离边界;(b) 基坑位于岸边;(c) 基坑位于两地表水体间;(d) 基坑靠近隔水边界

4. 均质含水层承压水非完整井(图 3-18)

均质含水层承压水非完整井的基坑涌水量可按下式计算。

$$Q=\frac{2.73kMS}{\lg(1+R/r_0)+\dfrac{M-l}{l}\lg(1+0.2M/r_0)} \tag{3-22}$$

5. 均质含水层承压-潜水完整井(图 3-19)

均质含水层承压-潜水完整井基坑涌水量可按下式计算。

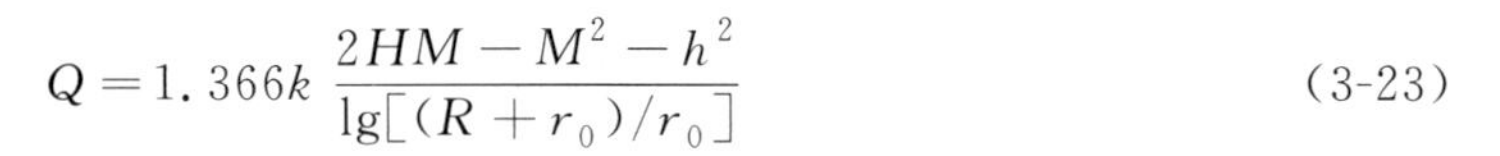

$$Q=1.366k\frac{2HM-M^2-h^2}{\lg[(R+r_0)/r_0]} \tag{3-23}$$

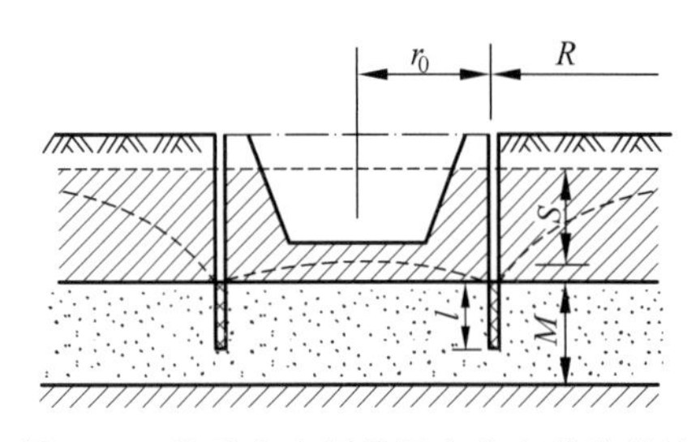

图 3-18　均质含水层承压水非完整井基坑涌水量计算简图

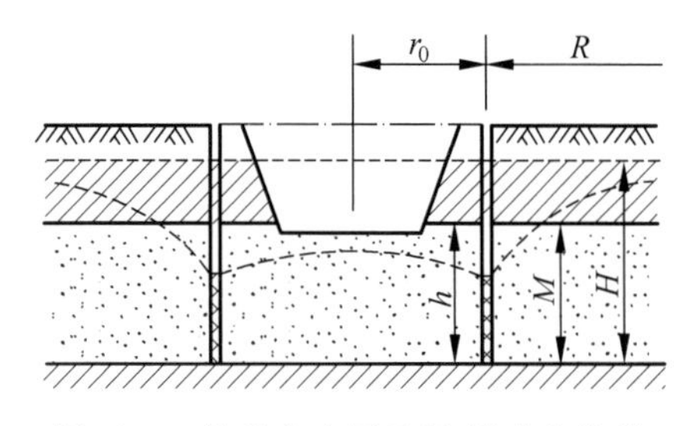

图 3-19　均质含水层承压-潜水完整井基坑涌水量计算简图

6. 条形基坑

对于条形基坑涌水量可按下式计算。

(1) 潜水完整井

$$Q=\frac{kL(H^2-h^2)}{R}+\frac{1.366k(2H-S)S}{\lg R-\lg\frac{B}{2}} \tag{3-24}$$

(2) 承压水完整井

$$Q=\frac{2kLMS}{R}+\frac{2.73kMS}{\lg R-\lg\frac{B}{2}} \tag{3-25}$$

式中：B——降水宽度，m；

L——降水长度，m。

7. 线形基坑

线形基坑涌水量可按下式计算：

(1) 潜水完整井

$$Q=\frac{kL(H^2-h^2)}{R} \tag{3-26}$$

(2) 承压水完整井

$$Q=\frac{2kLMS}{R} \tag{3-27}$$

8. 承压含水层完整井非稳定流

$$Q=\frac{4\pi TS}{W(u)} \tag{3-28}$$

其中

$$W(u)=-E_t(-u)=\int_u^{\infty}\frac{e^{-y}}{y}dy \tag{3-29}$$

$$u=\frac{r^2}{4aT}=\frac{r^2\mu^*}{4Tt} \tag{3-30}$$

式中：S——设计水位降深，m；

Q——抽水井的流量，m^3/d；

T——导水系数，m^2/d；

t——自抽水开始到计算时刻的时间，d；

r——计算点到抽水井的距离，m；

a——承压含水层的压力传导系数，m^2/d；

μ^*——含水层的贮水系数。

9. 潜水含水层完整井非稳定流

潜水含水层完整井非稳定流可按下式计算：

$$Q=\frac{2\pi k(2H-S)S}{W(u)} \tag{3-31}$$

$$u=\frac{r^2\mu}{4T't} \tag{3-32}$$

式中：h——降水后剩余含水层厚度，m；

H——潜水含水层初始厚度，m；

$T'=kH_m$；$H_m=0.5(H+h)$。

3.5.1.3　降水井单井出水量

1. 真空井点

真空井点的出水量可按 $1.5\sim2.5\ m^3/d$ 选用。

2. 喷射井点

喷射井点的出水量可按表 3-20 取值。

表 3-20　喷射井点设计出水量

型号	外管直径/mm	喷射管		工作水压力/MPa	工作水流量/(m^3/d)	设计单井出水流量/(m^3/d)	适用含水层渗透系数/(m/d)
		喷嘴直径/mm	混合室直径/mm				
1.5 型并列式	38	7	14	0.6～0.8	112.8～163.2	100.8～138.2	0.1～5.0
2.5 型圆心式	68	7	14	0.6～0.8	110.4～148.8	103.2～138.2	0.1～5.0
5.0 型圆心式	100	10	20	0.6～0.8	230.4	259.2～388.8	5.0～10.0
6.0 型圆心式	162	19	40	0.6～0.8	720	600～720	10.0～20.0

3. 管井

1）不按圆周等距布置的一般工程的降水井，各单井的出水量应按下列公式计算。

（1）承压井

$$q=\frac{2\pi kMS_w}{\ln\dfrac{R^n}{r_1\cdot r_2\cdot\cdots\cdot r_n}} \tag{3-33}$$

(2) 潜水井

$$q=\frac{\pi k(H^2-h^2)}{\ln\dfrac{R^n}{r_1\cdot r_2\cdot\cdots\cdot r_n}} \tag{3-34}$$

2) 按圆周等距布置的降水井系统的单井出水量应按下列公式计算:

(1) 承压井

$$q=\frac{2\pi kMS_w}{\ln\dfrac{R^n}{n\cdot r_w\cdot r^{n-1}}} \tag{3-35}$$

(2) 潜水井

$$q=\frac{\pi k(H^2-h^2)}{\ln\dfrac{R^n}{n\cdot r_w\cdot r^{n-1}}} \tag{3-36}$$

式中: q——单井出水量, m^3/d;

k——含水层渗透系数, m/d;

R——影响半径, m;

r_n——各井点至基坑中心的距离, m;

r_w——抽水井的半径, m;

M——承压水含水层的厚度, m;

H——潜水含水层的厚度, m;

h——基坑动水位至含水层底板的距离, m;

S_w——抽水井的计算降深, m;

n——降水井数量。

4. 辐射井

(1) 承压井

$$q=\frac{2.73kMS_w}{\ln\dfrac{R}{r_0}} \tag{3-37}$$

(2) 潜水井

$$q=1.36k\,\frac{H^2-h_w^2}{\ln\dfrac{R}{r_0}} \tag{3-38}$$

式中: r_0——引用半径, m; $r_0=0.25^{1/n}L_r$ 或 $r_0=\sqrt{A_r/\pi}$;

L_r——辐射管长度, m;

h_w——井中动水位, m;

n——辐射管根数, 根;

A_r——辐射管控制面积, m^2。

5. 单个水平井

单个水平井出水量可按下式估算,计算简图如图 3-20 所示:

$$q=\xi 1.336k\frac{(2H-S_{w})S_{w}}{\lg\frac{R}{0.75L_{r}}} \tag{3-39}$$

式中：q——单个水平井出水量，m^3/d；

R——影响半径，m；一般取 $R=L_r+10$；

ξ——折减系数，根据含水层底板起伏情况确定，当水平井位于含水层底部时，含水层底板起伏变化很小，取0.8～0.9；含水层底板起伏变化较小，取0.6～0.8；含水层底板起伏变化较大，取0.4～0.7；含水层底板起伏变化很大，取0.2～0.4；当水平井位于含水层中部时，取1.0。

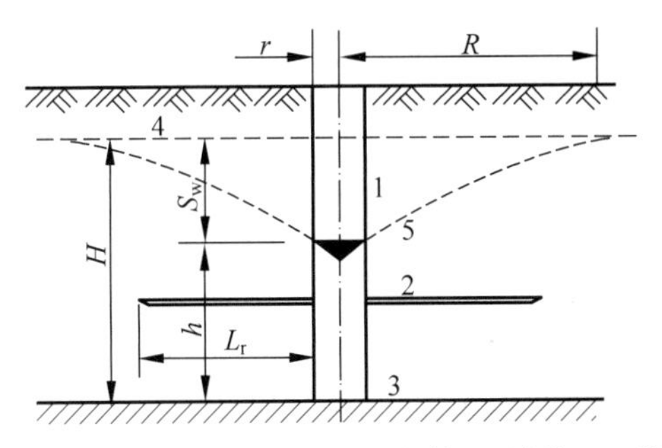

1—集水井；2—水平井；3—隔水底板；4—初始地下水位；5—降水后水位。

图3-20　辐射井单个水平井出水量计算简图

3.5.1.4　降水井数量与间距

1. 降水井数量

$$n=m\frac{Q}{q} \tag{3-40}$$

2. 降水井间距

面状基坑

$$a=\frac{L}{n} \tag{3-41}$$

线基坑

$$a=\frac{L}{n-1} \tag{3-42}$$

式中：n——井点个数，个；

a——井点间距，m；

L——沿基坑周边布置降水井的总长度，m；

m——调增系数，可根据场地水文地质条件、水头降深和周边环境条件按1.0～1.2取值。

3.5.1.5　降水深度预测

当布井形式初步确定后应进行水位降深预测计算，一般采用解析法检验基坑降水不利部位的水位降深值是否满足设计要求，当不能满足设计要求时，应重新调整井数、井间距及布井形式。当降水涉及多个含水层时应分别验算各含水层的水位降深值。当需疏干含水层时，可结合工程经验确定降水井间距和布置形式。

1. 稳定流地下水位预测

1）潜水含水层无限边界群井抽水情况

$$H^2-h_j^2=\frac{1}{\pi k}\sum_{i=1}^{n}Q_i\ln\frac{R_i}{r_i} \tag{3-43}$$

式中：H——潜水含水层厚度，m；

h_j——预测点 j 处水位降低后的含水层厚度，m；

k——含水层渗透系数，m/d；

i——降水井编号，$i=1,2,\cdots,n$；

Q_i——第 i 眼井的抽水量，m^3/d；

r_i——预测点到抽水井 i 的距离，m；

R_i——第 i 眼抽水井的影响半径，m。

2）承压含水层无限边界群井抽水情况

$$S_j=\sum_{i=1}^{n}\frac{Q_i}{2\pi T}\cdot\ln\frac{R_i}{r_i} \tag{3-44}$$

式中：S_j——预测点 j 处水位降深，m；

T——承压含水层导水系数，m^2/d。

2. 非稳定流地下水位预测

1）潜水含水层无限边界群井抽水情况

$$H^2-h_j^2=\frac{1}{2\pi k}\sum_{i=1}^{n}Q_iW(u_i) \tag{3-45}$$

$$u_i=\frac{r_i^2\mu}{4kMt} \tag{3-46}$$

式中：$W(u_i)$——井函数，可通过查表方式获得值；

μ——给水度；

t——自抽水开始计算的时间，d。

2）承压含水层无限边界群井抽水情况

$$S_j=\frac{1}{4\pi T}\sum_{i=1}^{n}Q_iW(u_i) \tag{3-47}$$

$$u_i=\frac{\mu^* r_i^2}{4Tt} \tag{3-48}$$

式中：μ^*——含水层贮水系数。

3. 直线边界附近群井抽水地下水位预测（图 3-21）

1）直线补给边界

（1）潜水含水层中群井抽水情况

$$h_j=\sqrt{H^2-\frac{1}{\pi k}\sum_{i=1}^{n}\ln\frac{r_{2,i}}{r_{1,i}}} \tag{3-49}$$

式中：$r_{1,i}$——预测点 j 到第 i 个实井的距离，m；

$r_{2,i}$——预测点 j 到第 i 个虚井的距离，m；

（2）承压含水层中群井抽水情况

$$S_j=\frac{1}{2\pi T}\sum_{i=1}^{n}Q_i\ln\frac{r_{2,i}}{r_{1,i}} \tag{3-50}$$

2）直线隔水边界

（1）潜水含水层中群井抽水情况

$$h_j=\sqrt{H^2-0.732\frac{1}{k}\sum_{i=1}^{n}Q_i\lg\frac{2.25Tt}{r_{1,i}\cdot r_{2,i}\cdot\mu}} \tag{3-51}$$

式中：$T=KH_m$。K 为安全系数；H_m 为潜水含水层平均厚度，m。

（2）承压含水层中群井抽水情况

$$S_j=0.366\frac{1}{T}\sum_{i=1}^{n}Q_i\lg\frac{2.25Tt}{r_{1,i}\cdot r_{2,i}\cdot\mu^*} \tag{3-52}$$

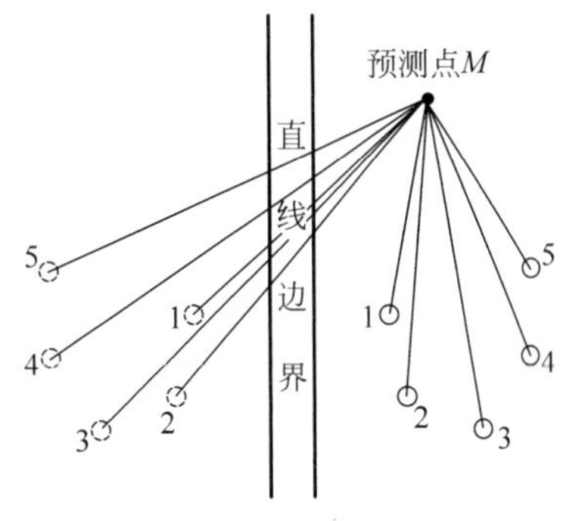

图 3-21　直线边界施工降水地下水位预测模型(图中数字为井位)

3.5.2　降水施工

3.5.2.1　集水明排

当降水涉及多个含水层或降水要求疏干含水层时，会出现含水层底部界面水疏不干的问题，可辅以集水明排等措施进行处理(图 3-22)。在基坑开挖过程中，沿基坑底周围开挖排水沟，并在基坑边角处设置集水井。排水沟和集水井随基坑分级开挖而设置，直到基坑开挖至预设标高为止。此时，应对排水沟和集水井进行修整完善，当沟壁不稳定时，应当用砖石或透水沙袋进行支护。

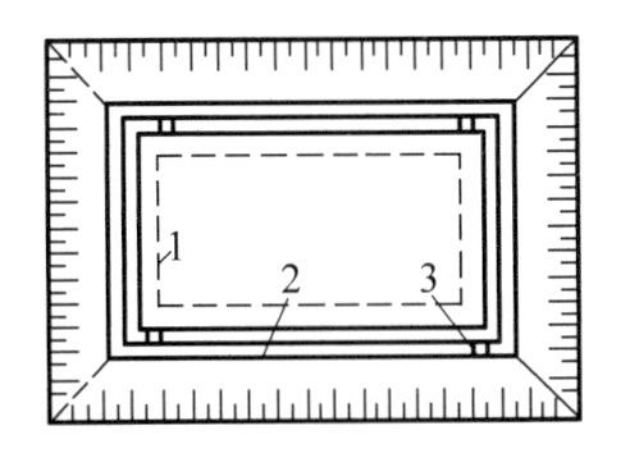

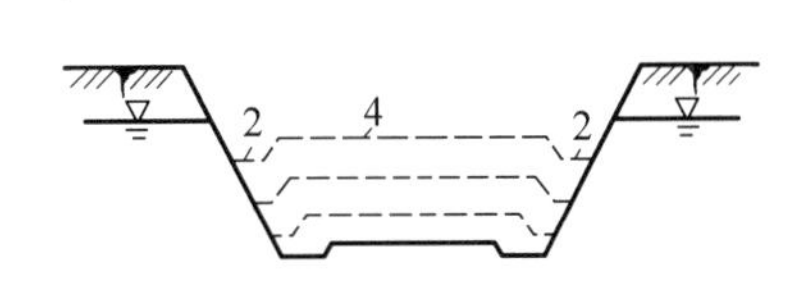

1— 坑内基线；2—排水沟；3—集水井；4—挖土面。

图 3-22　明沟排水示意简图

排水沟和集水井可按下列规定布置：

（1）排水沟和集水井宜布置在拟建建筑基础边净距 0.4 m 以外，排水沟边缘离开边坡坡脚不宜小于 0.3 m；在基坑四角或每隔 30～40 m 应设一个集水井。

（2）排水沟底宽不小于 0.3 m，沟底应有一定坡度，底面应比挖土面低 0.3～0.4 m，集水井底面应比沟底面低 0.5 m 以上。

（3）排水沟、集水井截面应根据设计排水量确定，设计排水量 Q'应满足下列要求：

$$Q'\geqslant 1.5Q \tag{3-53}$$

式中：Q——设计流量，m^3/d。

抽水设备应根据设计流量大小及基坑深度确定。

当基坑侧壁出现分层渗水时,可按不同高程设置导水管、导水沟等构成明排系统。当基坑侧壁渗水量较大或不能分层明排时,宜采用导水降水方法。基坑明排尚应考虑地表排水,宜在基坑外采取截水、封堵、导流等措施。

基坑明排期间应采取措施,防止分层渗水(或导水管)过程中带走含水层中的细颗粒土。

3.5.2.2 轻型井点降水

轻型井点(图 3-23)是沿基坑的周围将直径较小的井点埋入含水层内,井点管的上端通过弯联管与总管相连,利用抽水设备将地下水从井点管内抽出,以达到降水的目的。轻型井点设备是由管路系统和抽水设备构成。管路系统包括:井点管(由井管和滤管连接而成)、弯联管及总管等。

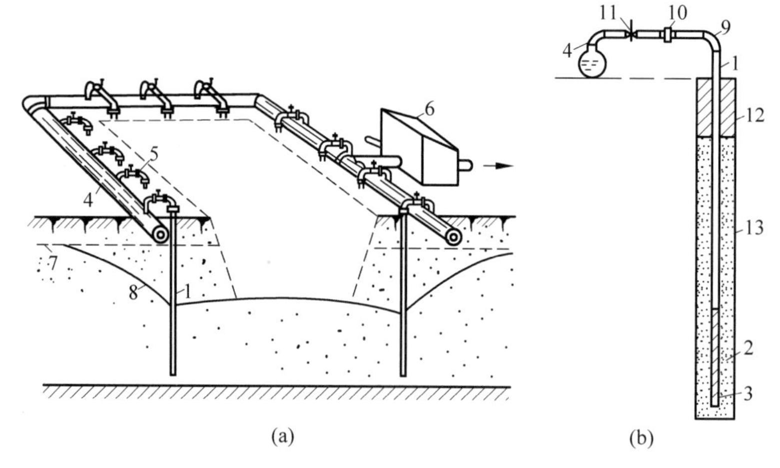

1—井点管;2—过滤器;3—沉淀管;4—集水总管;5—连接管;6—水泵房;7—静水位;8— 动水位;9—弯头;10—活接头;11—阀门;12—黏土;13—滤料。

图 3-23 轻型井点示意图

在地下水丰富地段,一般采用单排环形布置,利用单排井点降水,降水深度不宜超过 5 m。井点管宜采用金属管或 U-PVC 管,长度一般为 6～10 m,直径宜为 42～55 mm,底部应设置沉淀管,沉淀管长度不宜小于 0.5 m,沉淀管之上设置长度大于 1.0 m 的滤水管,滤水管进水孔宜按梅花状布置,中心距 30～40 mm,孔径宜为 10～15 mm,滤水管孔隙率应大于 15%,管壁外包裹滤网。

首先进行基坑处原地面标高的测量,根据地面标高及基底设计标高确定基坑开挖深度,计算开挖坡率及开挖尺寸,依据开挖尺寸,在距离基坑边缘约 1.0 m 处,布置井点吸水管位置。

1. 高程布置

井点吸水管的滤水管必须埋设在透水层内,埋设深度可按下式计算:

$$H_A \geqslant H_1 + h + iL \tag{3-54}$$

式中:H_A——井点管埋置面至基坑底面的距离,m;

H_1——总管平台面至基坑底面的距离,m;

h——基坑中心线地面至降水后的地下水位线之间的距离，一般取 0.5～1.0 m；

i——水利坡度，根据实测：环形井点为 1/10，单排线状井点为 1/4；

L——井点管至基坑中心线的水平距离，m。

当计算出的 H_A 值大于降水深度 6 m 时，应降低总管安装平台面标高，以满足降水深度要求。此外，在确定井管埋深时，还要考虑井管的长度，且井管通常需露出地表面 0.2～0.3 m。

2. 水平布置

当基坑或沟槽宽度小于 6 m，且降水深度不超过 5 m 时，可采用单排井点，布置在地下水流的上游一侧，其两端的延伸长度不应小于基坑的宽度，当基坑宽度大于 6 m 或土质不良，则应采用双排井点。当基坑面积较大时，应采用环形井点。当预留有运土坡道时，环形井点可不封闭，但开口应留在地下水下游的方向处。井点水平间距宜为 1～2 m，成孔孔径不宜大于 300 mm。

轻型井点的施工，主要包括施工准备和井点系统的埋设与安装、使用和拆除。其施工顺序为：测量放线→挖井点沟槽→冲孔→下设吸水井点管→灌填粗砂滤料→铺设集水管→连接集水管与井点管→安装抽水设备→试抽→正式抽水→基础施工→撤离井管。

利用 7.5 kW 高压水泵，通过软管与一根特制的 Φ40 钢管相连，钢管端部设有喷水孔，由两名操作工人手持钢管在集水管位置上下抽动，直至成孔，成孔深度一般比滤管深 0.5 m，冲孔时注意冲水管垂直插入水中，并做左右上下摆动，成孔后立即拔出 Φ40 冲水管，插入井点管，以免坍塌，集水管放入完成后，向孔内灌入少量粗砂，保证流水畅通。

每根井点管埋设完成后应检查其渗水性能，检查方法为：在正常情况下，井点口应有地下水向外冒出；否则从井点管口向管内灌清水，看管内水下渗情况，如果下渗快，说明该管质量优良。

然后铺设 Φ100 集水钢管，集水管与井点管之间的连接采用 $L=1.2$ m、Φ40 的橡胶软管连接，两头用铁丝拧紧，外涂抹黄泥，以防漏气，最后连接真空水泵进行试抽。

井点降水在使用时，要求不间断地连续抽水，真空泵旁侧必须配有备用发电机，一旦停电，立即要进行恢复，否则可能造成基坑大面积坍塌，井点降水的正常规律是“先大后小，先混后清”原则，在降水过程中，要派专人观测水的流量，对井点系统进行维护观察。

3.5.2.3　喷射井点

喷射井点系统由高压水泵、供水总管、井点管、喷射管、测真空管、排水总管及循环水箱组成，如图 3-24 所示。

喷射井点的平面布置与轻型井点基本相同，纵向上因其抽水深度大，只需单级井点降水即可，井点间距一般为 3～5 m，井点深度视降水深度而定，一般应低于基坑 3～5 m。目前国内喷射井的类型及技术性能如表 3-20 所示。在实际工作中，最关键的是要根据场地的水文地质条件和降水要求，选择合适的喷射井点类型。当含水层的渗透系数为 0.1～5.0 m/d 时，应选用 1.5 型(并列式)或 2.5 型(同心式)喷射井点；当含水层渗透系数为 8～10 m/d 时，选用 4.0 型喷射井点；当含水层渗透系数为 20～50 m/d 时，选用 6.0 型喷射井点。

喷射井点施工顺序为：安装水泵设备及泵的进出水口；铺设进水总管和回水总管；沉设井点管(包括成孔及灌填砂滤料等)，接通进水总管后及时进行单根试抽、检验；全部井点

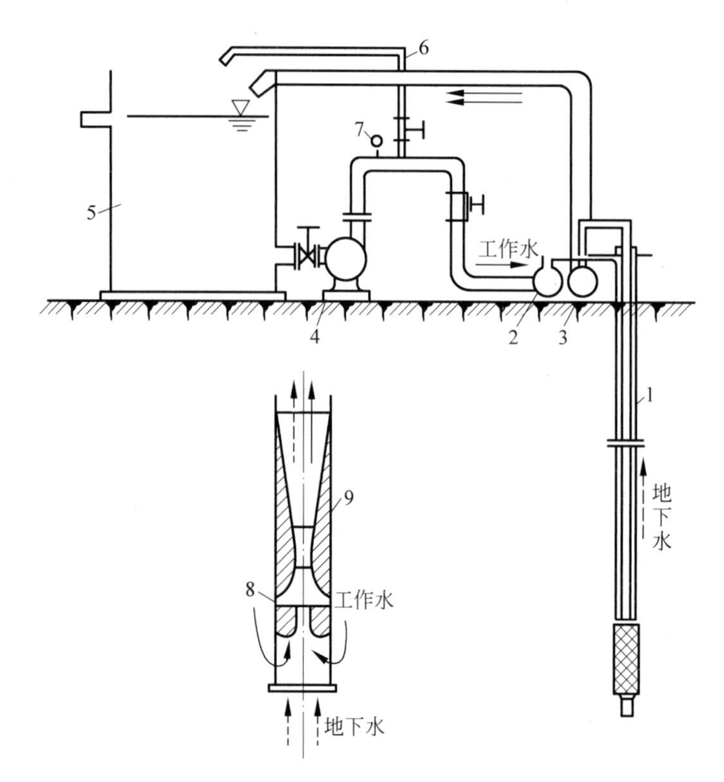

1—井点管；2—供水总管；3—排水总管；4—高压水泵；5—循环水箱；6—调压水箱；7—压力表；8—喷嘴；9—混合室。

图 3-24 喷射井点示意图

管沉设完毕后，接通回水总管，全面试抽，检查整个降水系统的运转情况和降水效果。

喷射井点的结构及施工应符合下列要求：

(1) 井点的外管直径宜为 73～108 mm，内管直径为 50～73 mm，过滤器直径为 89～127 mm，井孔直径不宜大于 500 mm，孔深应比滤管底深 1 m 以上。过滤器的结构与轻型井点相同。喷射器混合室直径可取 14 mm，喷嘴直径可取 6.5 mm；

(2) 工作水泵可采用多级泵，水压宜大于 0.75 MPa，工作水箱不应小于 10 m^3；

(3) 滤料宜采用洁净的中粗砂，回填应密实均匀，井点上部滤料顶面至地面之间须采用黏土封填密实，黏土封填厚度应大于 1 m；

(4) 井点成孔可选用钻孔法和水冲法成孔，对不易塌孔、缩径的地层也可选用长螺旋钻机成孔，成孔深度宜大于井点设计深度 0.5～1.0 m；

(5) 每组喷射井点的井点数不宜超过 30 根，总管直径不宜小于 150 mm，总长不宜超过 60 m；

(6) 每根喷射井点沉设完毕后，应及时进行单井试抽，排出的浑浊水不得回流循环管路系统，试抽时间持续到水清砂净为止；

(7) 每组喷射井点系统安装完毕，需进行试抽，不应有漏气或翻砂冒水现象；工作水应保持清洁，降水过程中应视其浑浊程度及时更换，降水时真空度应保持在 93 kPa 以上。

3.5.2.4　管井井点

管井井点就是沿着基坑每隔一定的距离设置一个管井，每个管井单独使用一台水泵不断抽水来降低地下水位。

管井的孔径一般为400～800 mm，对于钢制滤水管，孔径可小于400 mm，管径为200～500 mm；当井深较浅，地层水量较大时，孔径为800～1200 mm，管径为500～800 mm；井管一般采用钢管、铸铁管、水泥管、塑料管或竹木管等，滤水管可采用无砂混凝土滤管、U-PVC管、钢筋骨架管、钢管或铸铁管。

管井井点一般沿基坑周围外缘1～2 m布置，管井的间距应根据实际场地的水文地质条件、降水范围和降水深度确定，一般为6～10 m。

管井降水的整个施工流程包括成孔工艺和成井工艺，具体可以划分为以下过程：准备施工→钻机进场→定位安装→开孔→下护口管→钻进→成孔后冲孔换浆→下井管→稀释泥浆→填砂→止水封孔→洗井→下泵试抽→合理安排排水管路及电缆电路→试抽水→正式抽水→水位与流量记录。

管井结构及施工应符合下列要求：

(1) 管井的滤水管宜下入与含水层对应的位置，井管的底部应设置沉淀管，沉淀管长度不宜小于1 m；

(2) 滤水管直径应满足单井设计出水量要求，内径应大于水泵外径50 mm，管井成孔直径应满足填充滤料的要求，一般不小于500 mm；

(3) 滤料宜选用磨圆度好的硬质岩石的圆砾，不宜采用棱角状、片状、风化料或其他黏土岩成分的砾石，滤料厚度宜为75～150 mm，砂土类含水层滤料厚度应取大值，砾石、卵石含水层滤料厚度可适当减小；

(4) 根据地层条件可选用冲击钻、回转钻或潜孔锤钻进成孔，对不易塌孔、缩径的地层宜采用泵吸反循环钻进，否则应采用泥浆护壁钻进，钻孔深度宜大于降水井设计深度0.5～1.0 m；

(5) 当含水层为卵石、漂石地层或裂隙基岩层，采用潜孔锤钻井工艺成孔时，管井成孔直径可以小于300 mm，可以不填充滤料或少填充滤料，并可简化洗井程序；

(6) 采用泥浆护壁时，应在钻进到孔底后清除孔底沉渣，并注入清水替换孔内泥浆，直至泥浆比重不大于1.05(黏度为18～20 s)为止；

(7) 吊放井管时应平稳、垂直，并保持井管在井孔中心，严禁猛墩；井管宜高出地面不小于200 mm；

(8) 井管下入后应立即回填滤料，应使用铁锹沿井壁四周均匀连续填入，不得用装载机或手推车直接倒入，应随填随测滤料填入高度，滤料填入量不应小于计算量的95%；

(9) 洗井应在下管填砾后8 h内进行，一般可采用空压机洗井，当空压机洗井效果不好时，若井管强度允许，可采用拉活塞与空压机联合洗井；若井管强度不允许，宜结合采用化学洗井；洗井应由上而下分段进行，如沉没比不够，应注入清水；洗井过程中应观察出水情况，直至水清砂净；

(10) 水泵选用应根据单井出水能力和所需扬程确定；

(11) 应及时进行试抽水，检验井深、单井出水量、出水含砂量等情况是否符合设计要求。

3.5.2.5 真空管井

真空管井的构造及施工应符合下列要求：

(1) 井点的外管直径宜为 73～108 mm，内管直径为 50～73 mm，过滤器直径为 89～127 mm，井孔直径不宜大于 500 mm，孔深应比滤管底深 1 m 以上。过滤器的结构与轻型井点相同。喷射器混合室直径可取 14 mm，喷嘴直径可取 6.5 mm，并应在含水层部位下入滤水管。

(2) 井管上口宜采用法兰密封，法兰密封套件由钢套桶、上法兰盲板、下法兰、密封橡胶圈和固定螺丝等组成，钢套桶与井管的间隙宜用水泥砂浆充填。

(3) 上法兰盲板应设置电缆线孔、水位观测孔、抽水泵管孔、抽真空泵孔和真空表孔，按这些孔洞组装管路时，应用密封胶严格密封。

(4) 地下水位以上的井段应下入井壁管，并用黏土封填。

(5) 一般可选用水环式真空泵抽真空，潜水泵抽水，根据抽气速率的大小，一台水环式真空泵可通过节门控制，同时带一口或多口真空管井，真空度宜控制在 30～40 kPa 之间。

(6) 真空管井成井施工与管井施工要求相同。

(7) 真空系统运行中，应定期检查真空泵的运行情况，关停真空泵之前应先关闭真空系统的进气阀。

3.5.2.6 辐射井

辐射井是在基坑所在地设置集水竖井，于竖井中的不同深度和方向上打水平井点，使地下水通过水平井点流入集水竖井中，在用水泵将水抽出，以达到降水的目的。该降水方法在渗透性较好的含水层中，可以满足不同深度、大面积的降水。

辐射井降水的竖井和水平井的设置，应根据场地水文地质条件、降水深度和降水面积综合考虑。

集水竖井一般设置在基坑的交点外 2～3 m，竖井直径 3～5 m，深度超过基坑底 3～5 m。对于长方形基坑，可在对角设置两个集水井；当基坑长度较大时，可在一长边的两个角和另一边中部各设置一个集水井；当基坑长度大于 100 m 时，可按 50～80 m 间距设置一个集水井。对于正方形基坑，其边长大于 40 m 时，可在基坑的四角设置集水井。当降水面积特别大时，除在周边按 50～80 m 间距布设集水井外，还可以在基坑中部设置临时降水井点。

集水井深度根据含水层位置及基坑深度综合确定，当含水层底板位移槽底以下时，集水井应深于最底层水平井不小于 2.0 m；当含水层底板位于槽底附近时，集水井应深于槽底不小于 2.0 m；当含水层底板高于槽底时，集水井应深于含水层底板不小于 2.0 m。集水井井筒应采用钢筋混凝土结构，壁厚和配筋应通过受力计算确定，采用沉井法和倒挂井壁逆作法施工时，壁厚宜为 250～350 mm；在用钻机成井、漂浮下管法施工时，壁厚可为 150～200 mm，每节井管的接头部位应做防水处理。

水平井点在集水井内施工，其平面位置一般沿基坑四周布设，形成封闭状。当面积较大或降水时间要求紧时，可在基坑中部打入水平井点，形成扇形。在纵向上，必须根据降水深度、含水层厚度和层数、含水层的渗透能力和底板埋置深度等确定。

对于多含水层结构的场地，应在每一含水层中至少设置一层水平井点，当含水层底板起伏变化较大（>1.0 m），且基坑深度位于含水层底板以下时，应设置两层，即分别埋设在其高低底板以上 0.1～0.3 m。

对于含水层厚度较大，基坑底板位于含水层之中时，水平井点可设置一定坡度，但最里端应低于基坑 1～2 m。

水平井点孔直径一般为 70～150 mm，孔内放入直径 38～100 mm 的钢滤水管或波纹塑料滤水管或硬塑料滤水管。孔径、管径和管材应根据地层土质、井点深度、涌水量等确定。

辐射井结构及施工应符合下列要求：

1）集水井井径应根据水平井施工工艺和施工设备尺寸确定，一般不小于 2.6 m，集水井底部应做封底处理。

2）集水井深度根据含水层位置及基坑深度综合确定，应符合下列要求。

（1）含水层底板位于槽底以下时，集水井应深于最底层水平井不小于 2.0 m；

（2）含水层底板位于槽底附近时，集水井应深于槽底不小于 2.0 m；

（3）含水层底板高于槽底时，集水井应深于含水层底板不小于 2.0 m。

3）集水井井筒，宜采用钢筋混凝土结构，壁厚和配筋应通过受力计算确定，采用沉井法和倒挂井壁逆作法施工时，壁厚宜为 250～350 mm；采用钻机成井、漂浮下管法施工时，壁厚可为 150～200 mm；每节井管的接头部位应做防水处理。

4）水平井结构应符合下列要求。

（1）粗砂、卵砾石含水层，水平井宜采用预打孔眼的钢质滤水管，外径 90～150 mm，长度 10～15 m，开孔率 3%～8%，孔眼直径 6～8 mm；

（2）粉、细、中砂含水层，水平井宜采用 PVC 波纹滤水管，外径 60～70 mm，长度 30～50 m，开孔率 1.4%～3.0%，波谷开孔处缠绕丙纶丝或外包 40～80 目的尼龙网套。

5）集水井间距根据水平井辐射范围确定，一般为 50～100 m。

6）水平井应呈扇形布置，水平井之间的夹角一般为 10°～15°。

7）水平井应分层布设，多层含水层降水时，含水层底板界面必须布设一层水平井。

8）水平井成孔工艺应根据地层特性确定，黏质粉土-砂土含水层宜采用回转钻进成孔，卵砾石含水层宜采用潜孔锤钻进成孔，水平井孔口段与孔壁之间的空隙必须封堵严实。

9）应根据辐射井出水量配置 2 台或 2 台以上潜水泵调节抽水，避免集水井里的水倒灌入下层水平井；集水井井口应采取可靠的安全防护措施。

3.5.3 降水井设置

降水井的布置应符合下列要求：

(1) 线性基坑可通过计算和水文地质条件分析确定采用单排或双排降水井,降水井布置在基坑外缘的一侧或两侧,在基坑端部降水井外延长度应不小于基坑宽度的2倍;

(2) 面状基坑降水井宜在基坑外缘呈封闭状布置,距边坡线宜为1～2 m,大型基坑也可在基坑内设置降水井;

(3) 在基坑运土通道出口两侧应适当增设降水井,其外延长度应不小于通道口宽度的2倍;

(4) 采用辐射井降水时,水平井的长度和分布应能有效地控制基坑范围;当工程场地远离补给边界时,降水井宜等间距布置;

(5) 当临近补给边界时,在临近地下水补给边界一侧宜适当加密降水井布置;降水井布置应避开地下管线、地下构筑物和架空电缆;

(6) 降水井距桥梁、建筑物基础的距离应符合相关产权单位的要求;

(7) 基坑内疏干降水井布置应避开桩基、反梁、立柱等建筑结构和基坑支护结构。

降水井的深度应根据设计降水深度、含水层的埋藏分布和降水井的出水能力确定。设计降水深度在基坑范围内基坑底面以下0.5～1.0 m。位于基底之上的含水层的设计降水深度按疏干考虑。

3.6 地下水回灌

当施工降水影响区域已有建筑物、构筑物和地下管线对地面沉降有严格要求以及施工降水对地下水资源有较大影响时,可采用回灌措施。地下水回灌分为防沉降地下水回灌和资源性地下水回灌。两种地下水回灌水源均采用施工降水的抽排水。地下水回灌应注意如下问题:

(1) 多层含水层回灌地下水应当防止串层污染;

(2) 多层地下水的含水层水质差异大的,应当分层回灌;对已受污染的潜水和承压水,不得混合回灌;

(3) 已经造成地下水串层污染的,应当按照封填井技术要求限期回填串层回灌井,并对造成的地下水污染进行治理和修复。

3.6.1 防沉降地下水回灌

当通过工程环境预测,施工降水将对周边建(构)筑物或地下管线等产生沉降危害影响时,可采取地下水回灌的措施防止地表沉降。而回灌地下水的场地应选择在基坑降水设置和需控制沉降的周边建(构)筑物或地下管线之间,且回灌井的控制范围应大于周边建(构)筑物或地下管线等与基坑相邻侧的边上,如图3-25所示。防沉降回灌井应以控制沉降地区地下水位保持不变为目的,采用同层回灌并控制回灌井水头高度,以保持控制沉降地区中孔隙水压力不发生变化。

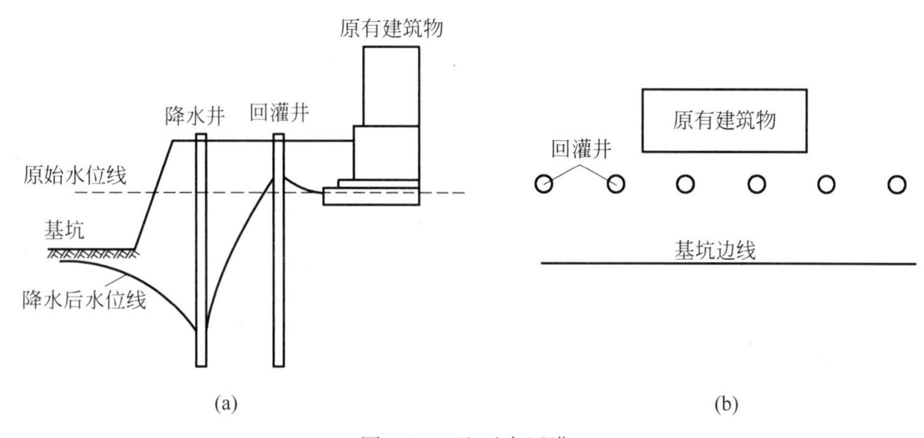

图 3-25　地下水回灌
(a) 地下水回灌示意图；(b) 回灌井布置示意图

3.6.2　资源性地下水回灌

地下水回灌分地表回灌和井灌。根据工程建设场区的水文地质条件，施工场区可回灌性分级见表 3-21。对人工回灌地下水要严格控制回灌水量和回灌水质量标准，避免引起次生地质、环境问题；回灌水的水质标准应满足《地下水环境质量标准》(GB/T 14848—2017)中的Ⅲ类水水质标准，或不低于消纳含水层的水质标准；回灌水的物理堵塞指标主要考虑悬浮物浓度和含砂量，悬浮物浓度应控制在 20 mg/L 以下，含砂量应小于 1/200 000(体积比)。

表 3-21　施工场区可回灌性分级

水文地质条件	可回灌性				
	强	较强	中	较弱	弱
地下水类型	潜水(强)承压水(弱)				
含水层厚度/m	>40	30～40	20～30	10～20	<10
含水层渗透系数/(m/d)	>80	40～80	20～40	10～20	<10
含水层埋深/m	<10	10～30	30～80	80～150	>150

对于地表回灌应符合下列要求：

(1) 地表具有透水性较好的土层，比如卵砾石、砂土、裂隙发育层等；

(2) 接受补给的地下含水层应具有较大的孔隙和孔隙度，分布面积较大，并有一定的厚度；

(3) 入渗补给区域与抽水区应有一定的距离。

对于井灌宜根据场地水文地质条件采用管井、大口径或辐射井。根据场地条件和降水目的层与人工回灌地下水消纳目的层之间关系可选择同层回灌或异层回灌，并符合下列要求：

(1) 为防止降水引起地面沉降危害发生，或降水造成生态环境恶化时，应选择同层回灌；

(2) 为保护地下水资源时，可采用前抽后灌或浅抽深灌；

(3) 根据场地水文地质条件，当浅部含水层采用帷幕止水时可以采用深抽浅灌。

3.6.2.1 回灌渗入量计算

根据含水层和地下水位埋深情况，地下水回灌入渗方式可选择真空回灌、压力回灌或重力回灌，其中真空回灌适用于地下水位埋藏较深，含水层渗透性能良好的地区；压力回灌适用于地下水位高、透水性差的含水层；重力回灌适用于地下水位较低，透水性较好，渗透系数较大的含水层(图 3-26)。地表回灌入渗量计算可参考以下公式：

$$q = k(B + C_2 H_0) \tag{3-55}$$

式中：q——渠道单位长度渗漏量，m^3/d；

k——地层渗透系数；

B——渠道中水面宽度，m/d；

H_0——水面至渠底深度，m；

C_2——与$\frac{B}{H_0}$、$\frac{T}{H_0}$相关的系数，可从图 3-27 中查得；T 为渠底至两个地层分界面的距离，m。

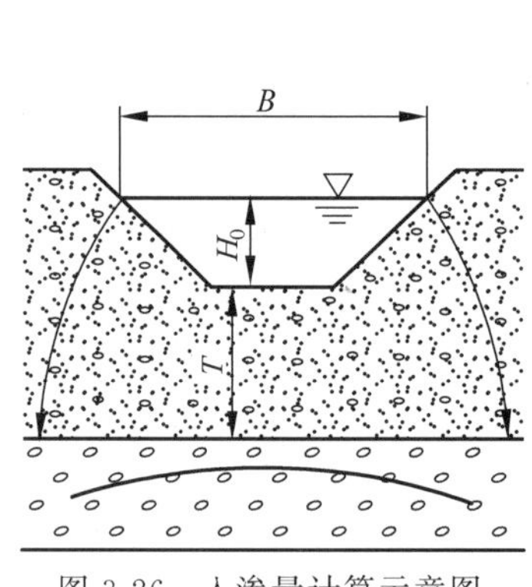

图 3-26 入渗量计算示意图

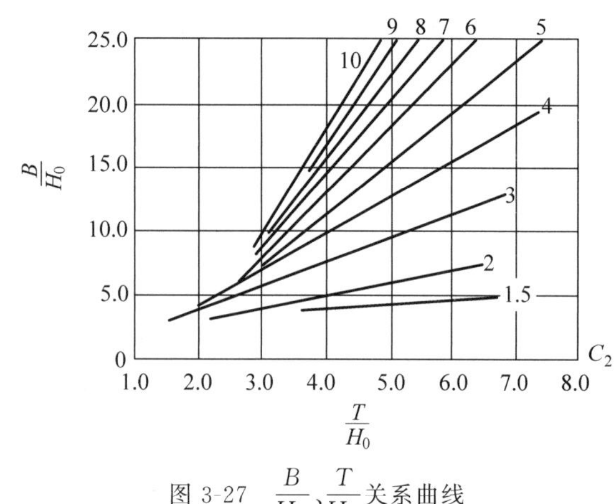

图 3-27 $\frac{B}{H_0}$、$\frac{T}{H_0}$关系曲线

采用重力回灌时，可参考下列公式计算单井回灌量：

潜水含水层(图 3-28)：

$$Q = 1.366K\frac{h_0 - H_0^2}{\lg R/r_w} \tag{3-56}$$

承压水含水层(图 3-29)：

$$Q = 2.732KM\frac{h_0 - H_0}{\lg R/r_w} \tag{3-57}$$

式中：Q—单井回灌量，m^3/d；

K—渗透系数，m/d；

R—影响半径，m；

r_w—回灌井半径，m；

h_0—井内回灌动水位，m；

H_0—自然状态下含水层底板至井内水位高度，m；

M—承压含水层厚度，m。

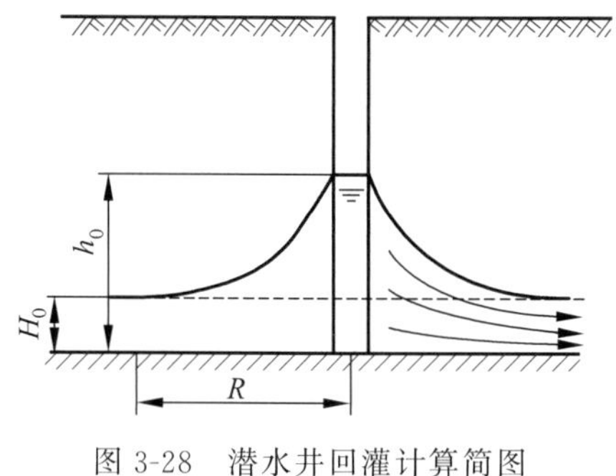

图 3-28 潜水井回灌计算简图

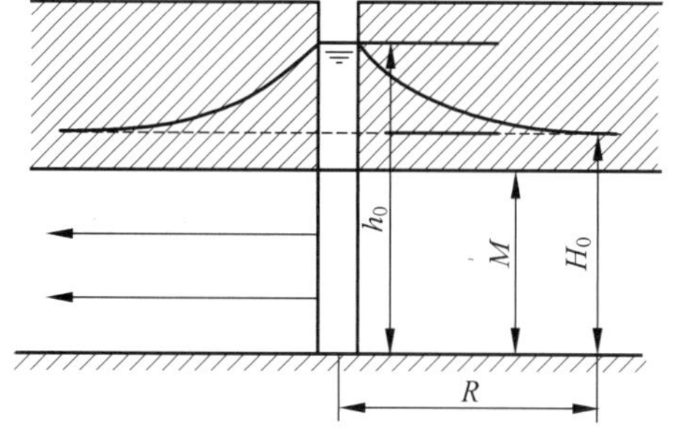

图 3-29 承压水井回灌计算简图

3.6.2.2 回灌井结构

回灌井的结构设计应根据场区水文地质情况、成井工艺和回灌方式等条件来进行。回灌井井深一般应大于降水井的深度。当回灌场区有非饱和的砂卵砾石地层时，应充分利用，在增加回灌量的情况下可减少回灌井深度，对于同层回灌应根据回灌目的含水层厚度来确定，一般为该含水层的完整井深度为宜，对于异层回灌，应根据场区水文地质条件、回灌量、回灌井施工难度以及工程造价等综合因素来确定。回灌井的井径大于等于抽水管井的井径，且不宜小于 600 mm。在条件允许的情况下，可施工大口井或辐射井，在场地占用、回灌量、回灌过程管理等方面均优于管井。回灌井的过滤器总长度应大于抽水井的过滤器总长度 2 倍以上，过滤器孔隙率也应大于抽水井的孔隙率，并且过滤器长度根据回灌层的水文地质条件不同而有所不同，在潜水含水层中过滤器长度应大于潜水含水层厚度，可取透水层顶板至含水层底板；在承压含水层中，回灌井过滤器长度应与承压含水层厚度一致。回灌井的沉淀管长度应大于抽水井管的沉淀总长度，对于大口井、辐射井的沉淀(管)池段长(深)度应满足抽水疏干回灌井的下泵深度，以便对回灌井随时清理。滤料应和场区水文地质条件相配，与抽水井滤料规格基本相同。

3.6.2.3 回灌井数量与布置

回灌井数量宜根据场区水文地质条件、场区施工条件、回灌水量要求、场区排水条件等确定。

回灌井布置应符合下列要求：

(1) 当采用同层回灌时，回灌井应布置在基坑降水影响范围之外，连接排水回灌的管(渠)应做好防渗漏保护；

(2) 当采用异层回灌时，回灌井应布置在基坑降水场区地下水下游方向，回灌井应做好对应抽水含水层的止水防护；

(3) 回灌井点间距应根据场区水文地质条件和回灌量来确定。

①管井回灌宜采用等间距。对可灌性较强的场区，回灌井间距宜取 15～20 m；②对可灌性较弱的场区，应适当控制回灌井间距，一般小于 10 m；③大口径回灌井可根据场地条件来布置，间距不宜小于 15 m。

回灌管路由沉淀池、输水管道、净水池、水表、阀门、注水管、回扬泵及泵管等组成。若采用压力回灌时还应配置加压水泵。地下水回灌的类型包括回灌井点、回灌砂沟砂井和回灌管井。

第4章

土钉墙支护基坑工程风险控制

4.1 概述

4.1.1 土钉墙支护结构基本概念

土钉墙支护结构是由随基坑开挖分层设置的、纵横向密布的土钉群、喷射混凝土面层及原位土体所组成的一种挡土结构；土钉为设置在基坑侧壁土体内的承受拉力与剪力的杆件，杆件的材质主要为钢筋和钢管，也可为树脂类复合材料、木质类及其他可降解材料。

土钉墙包括单一土钉墙和复合土钉墙，单一土钉墙如图 4-1 所示；复合土钉墙(图 4-2)分为预应力锚杆复合土钉墙、水泥土桩垂直复合土钉墙、微型桩垂直复合土钉墙等，是由单一土钉墙与锚杆、水泥土桩或微型桩组合而成，其具有支护强、应用范围广的特点。

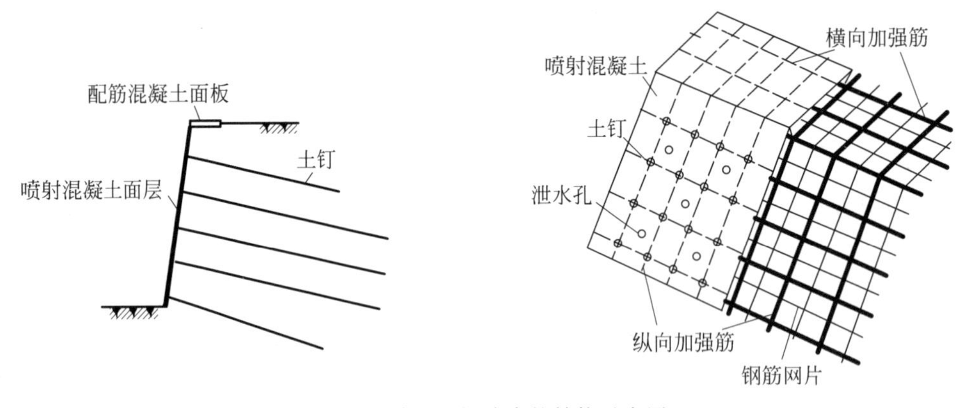

图 4-1　单一土钉墙支护结构示意图

20 世纪 60 年代初期出现的新奥法，是采用喷射混凝土和黏结型锚杆相结合的方法，能迅速控制隧道变形并使之稳定；土钉墙在喷射混凝土、植入土钉等许多方面与隧道新奥法施工类似。在 70 年代，德国、法国和美国几乎在同一时期各自独立地开始了土钉墙的研究与应用，在如德国法兰克福及纽伦堡地铁的土体开挖工程中应用获得成功，对土钉墙的出现给予了积极影响。此外，德国于 1979 年首先在斯图加特建造了第一个永久性土钉工程，并进行了长达 10 年的工程测量，获得了许多有价值的数据。

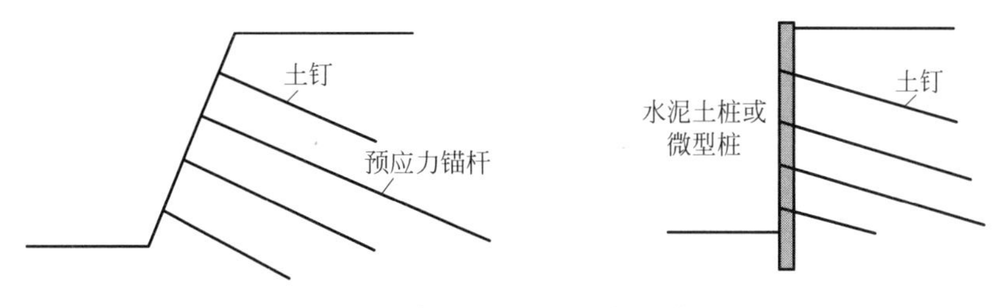

图 4-2　复合土钉墙支护结构示意图

我国应用土钉的首例工程是 1980 年将土钉用于山西柳眉湾煤矿的边坡稳定。近年来，冶金部建筑研究总院、北京工业大学、清华大学、北京建筑大学等单位，在土钉墙的研究开发应用方面做了不少工作，取得了一些独特的成就：如土钉墙与土层预应力锚杆结合，成功用于深达 17 m 的垂直开挖基坑工程（一般而言复合土钉墙的最大适用深度为 15 m）；发展了洛阳铲成孔等简单、经济的施工方法；开发了装配式绿色土钉墙支护结构、采用树脂类复合材料代替钢筋或钢管等。

从整体上看，土钉墙有些类似加筋土挡土墙，但又与加筋土挡土墙有所不同。首先，土钉是一种原位加筋加固技术，土钉体的设置过程较大限度地减小了对土体的扰动；其次，从施工角度上讲，土钉墙是随着从上到下的土方开挖过程而将土钉体设置到土体中，也即先开挖后支护，因此易出现局部的塌方，土钉墙的安全性与设计与施工关系极为密切。

4.1.2　土钉墙支护分类

4.1.2.1　按土钉施作方法分类

按土钉施作方法可分为钻孔注浆土钉和打入式土钉墙两类。

（1）钻孔注浆土钉是最常用的土钉类型。即先在土钉中钻孔，置入钢筋，然后沿全长注浆。

（2）打入土钉是在土体中直接打入角钢、圆钢或钢筋等。优点是不需预先钻孔，施工速度快，但不适用于砾石土和密实胶结土，也不适用于服务年限大于两年的永久支护工程。打入注浆式土钉，直接将带孔的钢管打入土中，高压注浆形成土钉，适合于成孔困难的砂层和软弱土层。

4.1.2.2　按面层构造分类

按面层构造可分为喷射混凝土和装配式土钉墙两类。

（1）喷射混凝土面层：一般与钢筋（或钢管）土钉组合，为传统的土钉墙（参见图 4-1），喷射混凝土面层里布置有加强钢筋、钢筋网片。喷射混凝土面层无法重复利用，且喷射混凝土施工过程中会造成一定的空气污染。

（2）装配式土钉墙面层：近年来，我国研发了可拆卸、装配式面板土钉墙支护，与传统的土钉墙支护施工相比，避免了喷射混凝土产生的空气污染，且面板能够拆卸、重复利用。

4.1.2.3　按土钉材料分类

按土钉材料可分为钢材类、复合材料类和可降解材料土钉墙三类。

(1) 钢材类：采用钢筋、钢管、角钢等钢材作为土钉；
(2) 复合材料类：采用玻璃纤维(GFRP 筋)、玄武岩纤维筋等材料作为土钉；
(3) 可降解材料：如木材、竹材等。

4.1.3 土钉墙支护作用机制与工作性能

4.1.3.1 土钉墙支护作用机制

土体的抗剪强度较低，抗拉强度几乎可以忽略，但土体有一定的结构整体性，当开挖基坑时，土体存在使边坡保持直立的临界高度，当超过这一深度或者在地面超载及其他因素作用下，将发生突发性整体破坏。

试验表明：直立的土钉墙在坡顶的承载能力比素土墙高一倍以上(图 4-3)，更为重要的是，土钉墙在受荷载过程中不会发生素土边坡那样的滑塌(图 4-4)。它不仅推迟了塑性变形发展阶段，而且明显地呈现出渐进变形与开裂破坏并存且逐步扩展的现象，直至丧失承受更大荷载能力，仍不会发生整体滑塌。

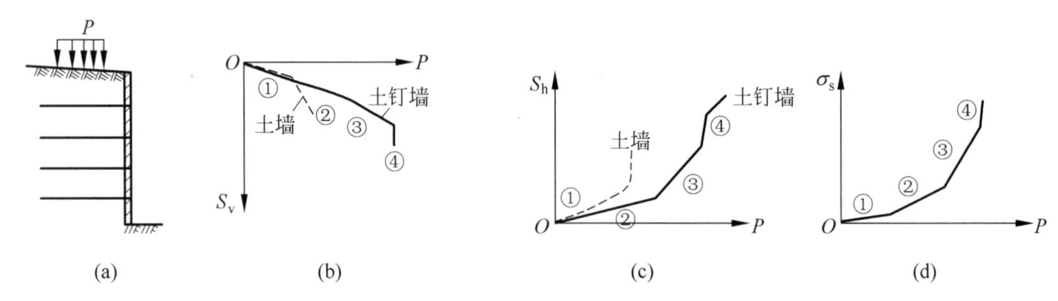

①—弹性阶段；②—塑性阶段；③—开裂变形阶段；④—破坏阶段。

图 4-3 土钉墙试验模型及试验结果

(a) 土钉墙试验模型；(b) 荷载 P 与垂直位移 S_v 的关系；(c) 荷载 P 与水平位移 S_h 的关系；(d) 荷载 P 与土钉钢筋应力 σ_s 的关系

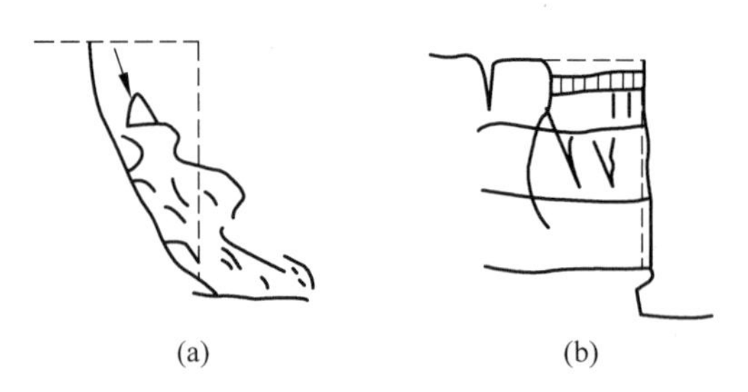

图 4-4 土钉墙与素土边坡破坏形成

(a) 素土墙；(b) 土钉墙

土钉墙支护是由土钉与土共同工作，基于被动制约机制，即以自身的强度和刚度，承受其后的侧向土压力，显著提高了土坡的整体稳定性。土钉在复合土体中的作用可概括为以下几点：

1. 箍束骨架作用

该作用是由土钉本身的刚度和强度以及它在土体内的分布空间所决定的，它具有制约土体变形的作用，并使复合土体构成一个整体。

2. 分担作用

在复合体内，土钉与土体共同承担外部荷载和土体自重应力，由于土钉具有较高的抗拉、抗剪强度以及土体无法比拟的抗弯刚度，所以当土体进入塑性状态后，应力逐渐向土钉转移。当土体开裂时，土钉分担作用更为突出，这时土钉内出现弯剪、拉剪等复合应力，从而导致土钉体中浆体碎裂，钢筋屈服，破裂面贯通，土体进入破坏阶段，产生较大的塑性变形，从宏观上体现出土钉墙塑性变形延迟及渐进式开裂变形。

3. 应力传递与扩散作用

在同等荷载作用下，由土钉加固的土体内的应力水平比素土边坡内的应力水平大大降低，从而推迟了开裂的形成和发展。

4. 坡面变形的约束作用

在坡面上设置的与土钉连成一体的钢筋混凝土面板是发挥土钉有效作用的重要组成部分，坡面膨胀能起到削弱内部塑性变形，加强边界约束作用，这时土体开裂变形阶段尤为重要。

4.1.3.2　土钉墙支护工作性能

(1) 最大水平位移发生于墙体顶部，越往下水平位移越小，土钉墙体内的水平位移随离开墙面距离增大而减小。北京地区的土钉墙最大水平位移一般为开挖高度的0.3%～0.6%，这种位移值不会影响工程的适用性和稳定性，因此不构成控制设计的主要因素。

(2) 土钉内的拉力分布是不均匀的，一般呈现中间大、两端小的规律，即最大拉力出现在临近破裂面处。土体产生微小变位才能使土钉受力，在面层附近土钉受力不大，这表明土钉已将其所受的大部分力传递到土体中去了。土钉墙位置越往下，土钉最大受力点越往面层处移。

(3) 采用密集土钉加固的土钉墙能类似重力式挡墙。破坏时明显地带有平移和转动的性质，故设计时除验算土钉墙的内部稳定性，以保证它们有足够的钉长、钉径及合理间距外，还必须验算其整体稳定性，即验算土钉墙的抗滑和抗倾覆稳定性。

(4) 根据大型足尺试验结果看，在土钉墙整体破坏以前，并未发现喷射混凝土面板和钉头产生破坏现象。在实际工程中，也未见钉头有任何破坏现象，故设计中不作特殊设计，仅满足结构的构造要求即可。

(5) 墙面后土压力分布接近三角形，在坡脚处土压力减少，这种土压力减少可能是土钉连结成一个整体而造成的。

4.1.4　土钉墙支护特点与应用

4.1.4.1　土钉墙支护特点

与其他支护相比，土钉墙支护具有以下特点或优点：

(1) 能合理利用土体的自承能力，将土体作为支护结构不可分割的一部分；

(2) 结构轻型，柔性大，有较大延性；

(3) 施工设备简单，土钉的制作与成孔不需要复杂的技术和大型机具，土钉施工对周围环境干扰较小；

(4) 施工不需要单独占用场地，对于施工场地狭小，放坡困难，有相邻低层建筑或堆放材料，大型护坡施工设备不能进场，该技术显示了独特的优越性；

(5) 边开挖边支护便于信息化施工，有利于根据现场监测的变形数据，及时调整土钉长度和间距，避免出现大的事故；

(6) 工程造价低，据国内外资料分析，土钉墙的工程造价是其他类型工程造价的1/3～1/2。

4.1.4.2 土钉墙支护应用领域

目前土钉墙的应用领域主要有：

(1) 基坑或竖井的支挡；

(2) 斜坡面的挡土墙；

(3) 斜坡面的稳定；

(4) 与锚杆结合作斜面的防护。

4.2 土钉墙支护结构设计与风险预控

4.2.1 土钉墙支护结构设计

4.2.1.1 设计基本内容

土钉墙支护结构设计一般包括以下内容：

(1) 确定土钉墙的结构尺寸及分段施工的长度和分层开挖的深度；

(2) 设计土钉的长度、直径、打设角度、间距及布置方式；

(3) 设计土钉类型、直径和构造；

(4) 设计土钉与面层的连接构造；

(5) 进行稳定性分析验算；

(6) 风险辨识与风险控制；

(7) 进行构造设计和制定质量控制要求、监控量测要求。

4.2.1.2 土钉墙支护结构尺寸

土钉墙适用于地下水位以上或经过人工降水后的填土、黏性土、粉土、砂土、卵砾石等土层的基坑支护，基坑深度不宜超过12 m，所以在初步设计时，先根据基坑的环境条件和工程地质资料，决定土钉墙的适用性，然后确定土钉墙的结构尺寸，土钉墙高度由工程开挖深度决定，开挖坡面可取1∶0.2～1∶0.5，在条件许可时，仅可能降低坡面坡度。当场地土质不均匀、开挖深度深、周边建(构)筑物变形控制要求严时，则宜采用复合土钉墙。

4.2.1.3　土钉参数设计

根据土钉墙结构尺寸和工程地质条件，进行土钉的主要参数设计，包括土钉长度、间距及布置、孔径和钢筋直径等，一般按照有关标准和施工经验进行确定。土压力计算见第2章相关内容。

1. 土钉长度

在实际工程中，土钉长度一般不超过土坡的垂直高度，试验表明，对高度小于12 m的土坡采用相同的施工工艺，在同类土质条件下，当土钉长度达到垂直高度时，再增加其高度对承载力的提高不明显；另外，土钉越长，施工难度越大，单位长度费用越高，所以选择土钉长度是综合考虑技术、经济和施工难易程度的结果。

2. 土钉直径及间距布置

土钉直径 D 可根据成孔方法确定。人工成孔时，孔径一般为70～120 mm；机械成孔时，孔径一般为100～150 mm。

土钉水平间距和竖向间距宜为1～2 m；当基坑较深、土的抗剪强度较低时，土钉间距应取小值。

3. 土钉钢筋直径

土钉钢筋的直径应通过计算受拉承载力确定：

$$N_j \leqslant f_y A_s \tag{4-1}$$

式中：N_j——第 j 层土钉的轴向拉力标准值，kN；

f_y——土钉钢筋的抗拉强度设计值，kPa；

A_s——土钉钢筋的截面面积，m^2。

4.2.1.4　土钉及土钉墙稳定性验算

1. 单根土钉计算

《建筑基坑支护技术规程》(JGJ 120—2012)要求，单根土钉极限抗拔承载力 $R_{k,j}$ 应按下列公式计算：

$$K_t \leqslant \frac{R_{k,j}}{N_{k,j}} \tag{4-2}$$

式中：K_t——土钉抗拔安全系数；基坑侧壁安全等级为二、三级的土钉墙，K_t 分别不应小于1.6、1.4；

$N_{k,j}$——第 j 根土钉受拉荷载标准值，kN；按式(4-3)计算；

$R_{k,j}$——第 j 根土钉极限抗拔承载力标准值，kN；按式(4-6)计算。

$$N_{k,j} = \zeta \eta_j P_{ak,j} s_{x,j} s_{z,j} / \cos\alpha_j \tag{4-3}$$

式中：ζ——荷载折减系数，按照式(4-4)计算；

η_j——土钉轴向拉力调整系数，按照式(4-5)计算；

$P_{ak,j}$——第 j 根土钉位置处的基坑水平荷载标准值，kPa；

$s_{x,j}$、$s_{z,j}$——分别为第 j 根土钉与相邻土钉的平均水平间距、垂直间距，m；

α_j——第 j 根土钉与水平面的夹角,(°)。

$$\zeta = \tan\frac{\beta-\varphi_k}{2}\left[\frac{1}{\tan\frac{\beta+\varphi_k}{2}}-\frac{1}{\tan\beta}\right]/\tan^2\left(45°-\frac{\varphi_k}{2}\right) \tag{4-4}$$

式中:β——土钉墙坡面与水平面的夹角,(°)。

$$\eta_j = \eta_a - (\eta_a - \eta_b)\frac{z_j}{h} \tag{4-5}$$

$$\eta_a = \frac{\sum_{i=1}^{n}(h-\eta_b z_j)\Delta E_{aj}}{\sum_{i=1}^{n}(h-z_j)\Delta E_{aj}}$$

式中:z_j——第 j 层土钉至基坑顶面的垂直距离,m;

h——基坑深度,m;

ΔE_{aj}——作用在以 $s_{x,j}$、$s_{z,j}$ 为边长的面积内的主动土压力标准值,kN;

η_a——计算系数;

η_b——经验系数,可取 0.6~1.0;

n——土钉层数。

$$R_{k,j} = \pi d_j \sum q_{sk,i} l_i \tag{4-6}$$

式中:d_j——第 j 层土钉的锚固体直径,m;对成孔注浆土钉,按成孔直径计算,对打入钢管土钉,按钢管直径计算;

$q_{sk,i}$——第 j 层土钉在第 i 层土的极限黏结强度标准值,kPa;应由土钉抗拔试验确定,无试验数据时,可根据工程经验并结合有关规程取值;

l_i——第 j 层土钉在滑动面外第 i 土层中的长度,m;计算单根土钉极限抗拔承载力时,取图 4-5 所示的直线滑动面,直线滑动面与水平面的夹角取 $\frac{\beta+\varphi_k}{2}$。

对于基坑侧壁安全等级为三级的土钉墙,可按式(4-6)确定单根土钉的极限抗拔承载力(图 4-5);若土钉极限抗拔承载力标准值大于 $f_{yk}A_s$ 时,应取 $R_{k,j}=f_{yk}A_s$。

2. 土钉墙稳定性验算

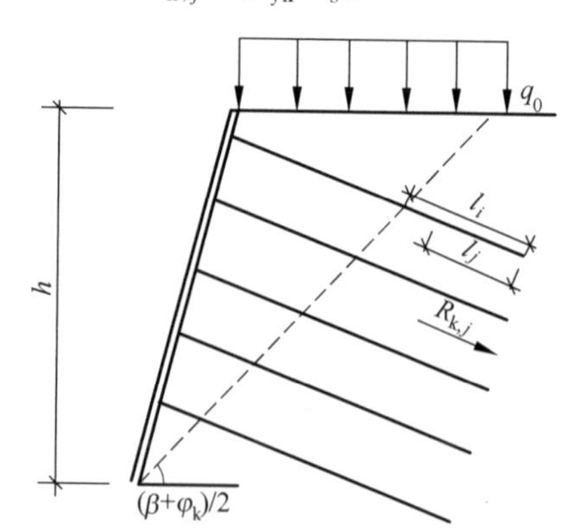

图 4-5 土钉抗拔承载力计算简图

土钉墙稳定性分析是保证土钉墙本身的稳定,这时的破裂面全部或部分穿过加固土体的内部(图 4-6)部分穿过加固土体时又称为混合破坏。内部稳定性分析多采用边坡稳定的概念[图 4-6(a)、(b)],只不过在破坏面上需要计入土钉的作用,其中取可能发生的破坏面如图 4-6(c)和(d),破坏面由两部分组成,上部发生在支护背面上,受背后破坏土体楔块的主动土压力作用,下部则穿过部分土钉并与趾部相连,并不认为破坏面会穿过全部土钉,即只承认混合破坏方式,图 4-6(c)和(d)的破坏机制虽然有模型和大量试验为依据，但显然不适合 L/H 比值较大的支护。后来的试验分析说明，这种双折线的破坏面只适用于大地表荷载下非黏性土中的支护。

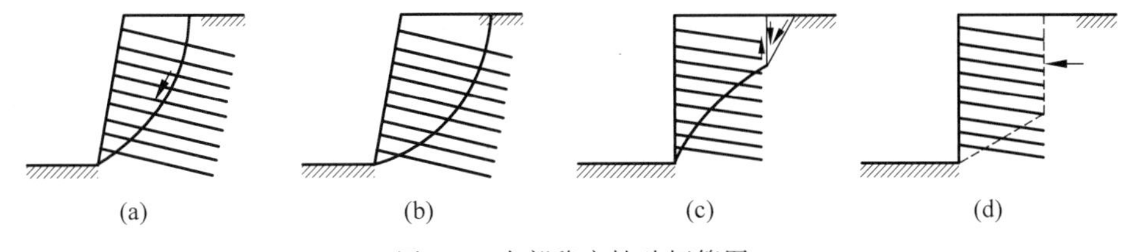

图 4-6　内部稳定性破坏简图

土钉墙稳定性分析常采用的是极限平衡分析方法，滑动面或破坏面的形状常假定为双折线、圆弧线、抛物线或对数螺旋曲线中的一种，因为土钉支护是陡坡，所以根据边坡稳定理论可知，破坏面的底端通过趾部（在匀质中），至于破坏面与地表相交的另一端位置就需要通过试算来决定，每一个可能的破坏面位置对应一个稳定性安全系数，作为设计依据的临界破坏面具有最小的安全系数，极限平衡分析目的就是要找出这个临界破坏面的位置并给出相应的安全系数。

作用于破坏面上的抗力由两部分提供：一部分是土体抗力，即沿破坏面上的土的抗剪能力，照例用摩尔库仑准则确定，其抗剪强度为 $\tau=c+\sigma\tan\varphi$，其中，σ 为破坏面上正应力；另一部分是与破裂面相交的土钉所提供，认为土钉的最大拉力发生在破坏面上，并已等于土钉的抗拔能力，所以这部分抗力等于土钉抗拉能力沿破坏面的切向分力，抗剪强度中的 σ 除与自重、地表荷载等有关外，也与破坏面上土钉抗拉能力的法向分力有关，后者使 σ 增加。

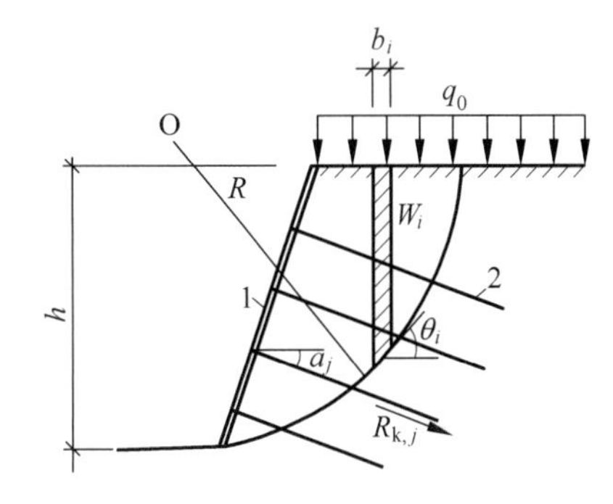

1—喷射混凝土面层；2—土钉。

图 4-7　整体稳定性验算简图

所以土钉对支护稳定性的作用还增加土体抗剪强度的一个方面，再加上支护土体往往由多种不同土层组成，因此这种整体稳定性的极限平衡分析常用条分法来完成。按照《建筑基坑支护技术规程》(JGJ 120—2012)要求，土钉墙应根据施工期间不同开挖深度及可能滑动面采用圆弧滑动简单条分法（图 4-7）按式（4-7）、式（4-8）进行整体稳定性验算：

$$\min\{K_{s,1},K_{s,2},\cdots,K_{s,i},\cdots\}\geqslant K_s \tag{4-7}$$

$$\frac{\sum_{i=1}^{n}c_{ik}L_i+\sum_{i=1}^{n}(w_i+q_0b_i)\cos\theta_i\tan\varphi_{ik}+\sum_{j=1}^{m}R_{nj}\times\left[\cos(\alpha_j+\theta_j)+\frac{1}{2}\sin(\alpha_j+\theta_j)\tan\varphi_{ik}\right]/S}{\sum_{i=1}^{n}(w_i+q_0b_i)\sin\theta_i}=K_{s,i} \tag{4-8}$$

式中：K_s——圆弧滑动稳定安全系数；基坑侧壁安全等级为二、三级的土钉墙，K_s 分别不应小于 1.3、1.25；

$K_{s,i}$——第 i 个滑动圆弧的抗滑力矩与滑动力矩的比值；抗滑力矩与滑动力矩之比的最小值宜通过搜索不同圆心及半径的所有潜在滑动圆弧确定；

q_0——地面均布附加荷载标准值，kPa；

n——滑动体分条数，条；

m——滑动体内土钉数，根；

w_i——第 i 分条土重，kN；

b_i——第 i 分条宽度，m；

c_{ik}——第 i 分条滑裂面处土体固结不排水(快)剪黏聚力标准值，kPa；

φ_{ik}——第 i 分条滑裂面处土体固结不排水(快)剪内摩擦角标准值，(°)；

θ_i——第 i 分条滑裂面处中点切线与水平面夹角，(°)；

α_j——土钉与水平面之间的夹角，(°)；

L_i——第 i 分条滑裂面处弧长，m；

S——计算滑动体单元厚度，m；

R_{nj}——第 j 根土钉在圆弧滑裂面外锚固体与土体的极限抗拉力，kN；可按式(4-9)计算。

$$R_{nj}=\pi d_{nj}\sum q_{sik}l_{ni} \tag{4-9}$$

式中：l_{ni}——第 j 根土钉在圆弧滑裂面外穿越第 i 层稳定土体内的长度，m。

基坑底面下有软土层的土钉墙结构应进行坑底隆起稳定性验算(图 4-8)，验算可采用下列公式：

$$\frac{\gamma_{m2}DN_q+cN_c}{(q_1b_1+q_2b_2)/(b_1+b_2)}\geqslant K_{he} \tag{4-10}$$

$$N_q=\tan^2\left(45°+\frac{\varphi}{2}\right)e^{\pi\tan\varphi} \tag{4-11}$$

$$N_c=(N_q-1)/\tan\varphi \tag{4-12}$$

$$q_1=0.5\gamma_{m1}h+\gamma_{m2}D \tag{4-13}$$

$$q_2=\gamma_{m1}h+\gamma_{m2}D+q_0 \tag{4-14}$$

式中：q_0——地面均布荷载，kPa；

γ_{m1}——基坑底面以上土的重度，kN/m^3；对多层土取各层土按厚度加权的平均重度；

h——基坑深度，m；

γ_{m2}——基坑底面至抗隆起计算平面之间土层的重度，kN/m^3；对多层土取各层土按厚度加权的平均重度；

D——基坑底面至抗隆起计算平面之间土层的厚度，m；当抗隆起计算平面为基坑底平面时，取 D 等于 0；

N_c、N_q——承载力系数；

c、φ——分别为抗隆起计算平面以下土的黏聚力(kPa)、内摩擦角(°)；

b_1——土钉墙坡面的宽度，m；当土钉墙坡面垂直时取 b_1 等于 0；

b_2——地面均布荷载的计算宽度，m；可取 b_2 等于 h；

K_{he}——抗隆起安全系数；安全等级为二级、三级的土钉墙，K_{he} 分别不应小于 1.6、1.4。

以土钉原位加固土体，当土钉达到一定密度时所形成的复合体就会出现类似锚定板“群

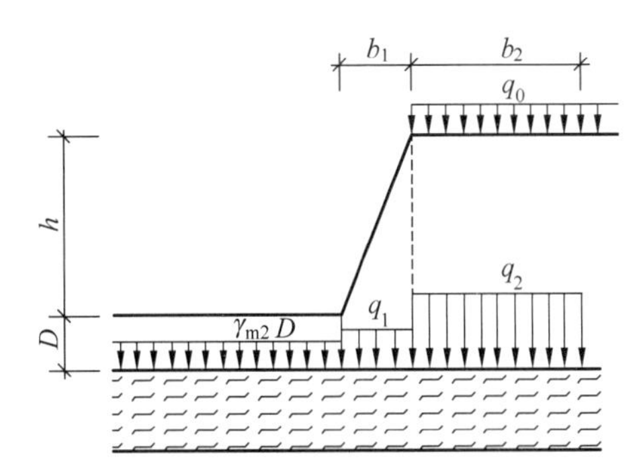

图 4-8　基坑底面下有软土层的土钉墙抗隆起验算

锚现象"中的破裂面后移现象，在土钉加固范围内形成一个"土墙"，在内部自身稳定得到保证的情况下，它的作用类似重力式挡墙。因此，可用重力式挡墙的稳定性分析方法对土钉墙进行分析。

1）土钉墙厚度的确定

将土钉加固的土体分三部分来确定土钉墙厚度。第一部分为墙体的均匀压缩加固带，如图 4-9 所示，其厚度为 $2/3L$（L 为土中平均钉长）；第二部分为钢筋网喷射混凝土支护的厚度，土钉间土体由喷射混凝土面板稳定，通过面层设计计算保证土钉间土体的稳定，因此喷射混凝土支护作用区厚度为 $1/6L$；第三部分为土钉尾部非均匀压缩带，厚度为 $1/6L$，但不能全部作为土墙厚度来考虑，取 1/2 值作为土墙的计算厚度，即 $1/12L$，所以土墙厚度为三部分之和，即 $11/12L$，当土钉倾斜时，土墙厚度为 $L\cdot\cos\alpha$（α 为土钉与水平面之间的夹角）。

2）类重力式土钉墙的稳定性计算

参照重力式挡墙的方法分别计算简化土钉墙的抗滑稳定性、抗倾覆稳定性和墙底部土的承载能力（图 4-9）计算时纵向取一个单元，一般取土钉的水平间距进行计算。

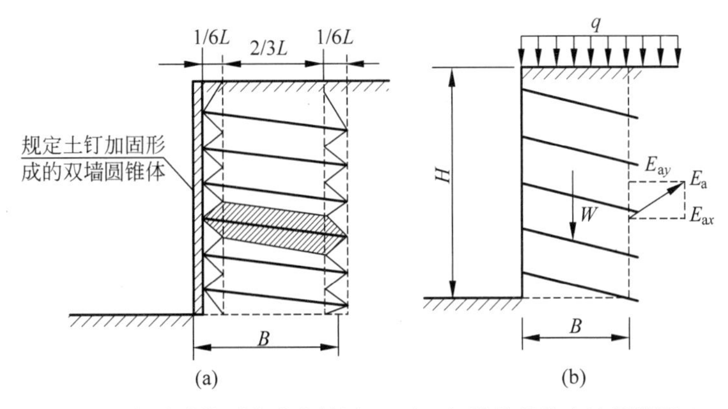

图 4-9　土钉墙计算厚度确定简图(a)及土钉墙外部稳定计算简图(b)

（1）抗滑动稳定性验算

$$K_H = F_t / E_{ax} \tag{4-15}$$

式中：K_H——抗滑安全系数，kN；

F_t——简化土钉墙后主动土压力水平分力，kN/m；

E_{ax}——简化土钉墙底断面上产生的抗滑合力，

$$F_t = (W + qB)S_x \tan\varphi + cBS_x \tag{4-16}$$

q——荷载，kPa；

B——土钉墙厚度，m；

S_x——土钉的水平间距，m；

φ——土的内摩擦角，(°)；

c——土的黏聚力，kPa。

(2) 抗倾覆稳定性验算

$$K_Q = M_w / M_0 \tag{4-17}$$

式中：K_Q——抗倾覆安全系数；

M_w——抗倾覆力矩，$M_w = (W + qB)(0.5B + 0.5H/\tan\beta)$；

M_0——土压力产生的倾覆力矩，$M_0 = 1/3(H + H_0)E_{ax}$。

(3) 墙底土承载力验算

$$K_c = Q_0 / P_0 \tag{4-18}$$

式中：K_c——承载力安全系数；

Q_0——墙底处部分塑性承载力，kN；

$$Q_0 = \frac{\pi c \tan\varphi + 1/3\gamma B}{c \tan\varphi + \varphi - \pi/2} + \gamma H \tag{4-19}$$

P_0——墙底处最大压应力，kPa；$P_0 = (W + qB)/B + 6(M_0 - E_{ay}B)/B_0^2$。

4.2.1.5 面层设计有关问题

随着土方的开挖和侧向变形的发生，土体在与面层的相互作用下产生土压力作用在面层上。由于测量困难，对面层所受的土压力的认识尚不是很清楚。根据现有的工程经验和研究成果，土钉墙面层所受荷载不大，在国外所做的大型足尺试验中，也仅发现在不做钢筋网片搭接的喷射混凝土面层才会出现问题。

在实际工程中，作为临时支护的面层往往不做强度计算，仅按构造规定设置一定厚度的网喷混凝土。

4.2.2 风险预控

设计阶段根据土钉墙支护结构基坑工程所处的工程地质与水文地质条件、周边环境条件，按照土钉墙支护结构选型、构造要求、设计参数取值、计算结果、稳定性验算、周边环境保护、施工要求等风险因素进行风险分析与评价，确定土钉墙支护结构基坑工程设计风险等级；根据设计风险等级，采取适宜的风险预控措施。

4.2.2.1 土钉墙支护结构选型

(1) 土钉墙支护结构基坑工程应与所处的工程地质与水文地质条件、周边环境条件相匹配；

(2) 土钉墙支护结构适用于填土、黏性土、粉土、砂土、卵砾石等土层，基坑在地下水位以上或可实施降水；

（3）土钉墙支护结构适用于安全等级为二级、三级基坑工程，单一土钉墙、水泥土桩垂直复合土钉墙、微型桩垂直复合土钉墙基坑深度不宜大于 12 m，预应力锚杆复合土钉墙基坑深度不宜大于 15 m；

（4）土钉墙支护结构设计图应完整，其与其他形式的支护结构的过渡关系要表达清楚。

4.2.2.2　构造要求

（1）土钉墙、预应力锚杆复合土钉墙的坡度不宜大于 1∶0.2；

（2）土钉水平间距和竖向间距宜为 1～2 m；当基坑较深、土的抗剪强度较低时，土钉间距应取小值；土钉倾角宜为 5°～20°，其夹角应根据土性和施工条件确定；土钉长度宜为基坑深度的 0.5～1.2 倍，密实砂土和坚硬黏土可取低值，对软塑黏性土不应小于 1.0 倍，顶部土钉的长度宜适当增加；

（3）土钉成孔直径 70～120 mm；土钉钢筋采用 HRB400、HRB335 级钢筋，钢筋直径应根据土钉抗拔承载力设计要求确定，且宜取 16～32 mm；应沿土钉全长设置对中定位支架，其间距宜取 1.5～2.5 m，土钉钢筋保护层厚度不宜小于 20 mm；土钉孔注浆材料可采用水泥浆或水泥砂浆，其强度不宜低于 20 MPa；

（4）钢管土钉的构造应符合下列要求：

① 钢管的外径不宜小于 48 mm，壁厚不宜小于 3 mm；钢管的注浆孔应设置在钢管里端 $l/2$～$2l/3$ 范围内，此处，l 为钢管土钉的总长度；每个注浆截面的注浆孔宜取 2 个，且应对称布置，注浆孔的孔径宜取 5～8 mm，注浆孔外应设置保护倒刺；

② 钢管土钉的连接采用焊接时，接头强度不应低于钢管强度；可采用数量不少于 3 根、直径不小于 16 mm 的钢筋沿截面均匀分布拼焊，双面焊接时钢筋长度不应小于钢管直径的 2 倍；

（5）复合材料土钉的构造应符合：土钉杆体直径不宜小于 28 mm，杆体之间连接采用钢制套筒，必要时钢制套筒内可充填环氧树脂；钉头可采用钢制套筒或螺母，其下设置 30 cm×30 cm 的钢板作为垫板；

（6）土钉墙高度不大于 12 m 时，喷射混凝土面层的构造要求应符合下列规定：

① 喷射混凝土面层厚度宜取 80～100 mm，设计强度等级不宜低于 C20；

② 喷射混凝土面层中应配置钢筋网和通长的加强钢筋，钢筋网宜采用 HPB300 级钢筋，钢筋直径宜取 6～10 mm，钢筋网间距宜取 150～250 mm；钢筋网间的搭接长度应大于 300 mm；加强钢筋的直径宜取 14～20 mm；当充分利用土钉杆体的抗拉强度时，加强钢筋的截面面积不应小于土钉杆体截面面积的 1/2。

（7）土钉与加强钢筋宜采用焊接连接，其连接应满足承受土钉拉力的要求；当在土钉拉力作用下喷射混凝土面层的局部受冲切承载力不足时，应采用设置承压钢板等加强措施；

（8）当土钉墙墙后存在滞水时，应在含水土层部位的墙面设置泄水孔或其他疏水措施；

（9）采用预应力锚杆复合土钉墙时，锚杆宜布置在土钉墙的较上部位；

（10）采用微型桩垂直复合土钉墙时，微型桩可选用微型钢管桩、型钢桩或灌注桩等桩型；微型桩伸入基坑底面的长度宜大于桩径的 5 倍，且不应小于 1 m；微型桩应与喷射混凝土面层贴合；

（11）各节点设计应完整。

4.2.2.3 设计参数取值

(1) 根据勘察报告、工程实际情况选取适宜的土体抗剪强度值,应有一定的原位试验及测试;

(2) 穿越不良地层时,需考虑地层对土钉产生的不利影响。

4.2.2.4 计算结果

(1) 土钉长度、直径、倾角、间距等设计参数应与实际工程一致;

(2) 基坑周边地面超载、堆载范围、施工荷载应与实际工程一致。

(3) 基坑稳定性验算内容要全面,稳定性安全系数取值符合有关标准要求;

(4) 土钉长度应深入到被动区使其具有足够的抗拔力,以满足基坑的整体稳定性要求。

4.2.2.5 周边环境保护

(1) 基坑潜在滑动面内有建筑物、重要地下管线等周边环境时,不宜采用土钉墙;

(2) 核查周边环境状况,土钉墙支护结构变形控制要满足周边环境变形要求。

4.2.2.6 施工要求

(1) 对地下水控制、地表水的处理提出要求;

(2) 土钉成孔机械要求:土钉成孔宜采用机械成孔,对易塌孔的松散或稍密的砂土、稍密的粉土、填土,或易缩径的软土宜采用泥浆护壁、水泥浆护壁或套管成孔工艺,也可采用打入式钢管土钉;

(3) 对施工工序及各工序衔接提出要求,并应明确提出不允许超挖;

(4) 对出土口位置、重车振动荷载和行车路线、施工栈桥和堆场布置等提出要求;

(5) 对涉及施工安全的重点部位和关键环节在设计文件中应注明,并对防范生产安全事故提出指导意见;

(6) 采用新结构、新材料、新工艺和特殊结构的土钉墙支护基坑工程,应当在设计中提出保障施工作业人员安全和预防生产安全事故的应急处置措施建议;

(7) 对施工阶段的风险跟踪与监测提出明确要求;

(8) 对应急预案的编制提出要求。

4.3 土钉墙支护基坑工程施工与风险控制

4.3.1 土钉墙支护基坑工程施工工序

土钉墙支护基坑工程施工工序见图4-10,整个施工可划分为土方开挖、支护结构施工、地下水控制、维护使用和土钉拆除五个关键工序,各工序之间应密切协调、合理安排,确保工程安全。

(1) 施工准备:包括技术准备、机械设备、构件材料等;

(2) 测量放线:按照设计图在施工现场根据测量控制点进行放线,注意挡土结构形式

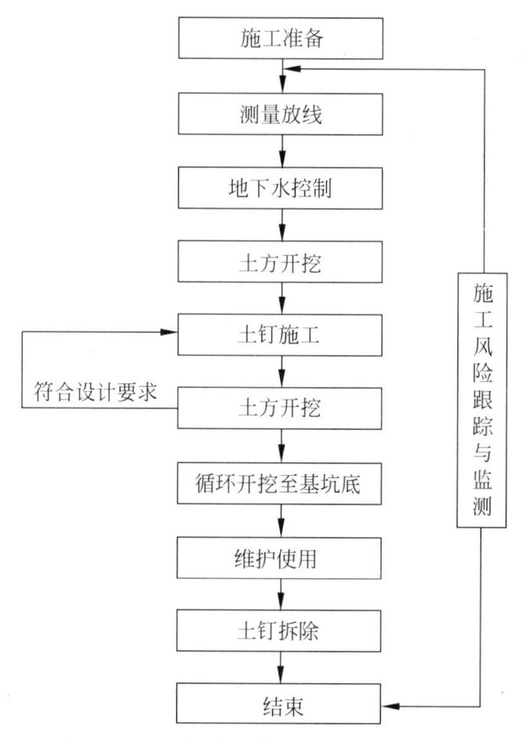

图4-10　土钉墙支护基坑工程施工工序

和采用的施工方法及顺序；

(3) 地下水控制：采用降水和止水帷幕的方法进行地下水的处理，当采用止水帷幕时，需将帷幕设置于土钉端部以外的区域；

(4) 土方开挖：地下水控制符合设计要求，进行土方开挖；

(5) 土钉施工：与土方开挖配合进行；上层土钉符合设计要求后，可继续土方开挖、下层土钉施作，循环直至基坑底；

(6) 维护使用：开挖到基坑底后进行主体结构施工，基坑支护、地下水控制要保证主体结构的安全、顺利施工；

(7) 施工风险跟踪与监测：贯穿整个基坑施工，及时反馈信息并预警；一旦出现险情应及时启动应急预案。

4.3.2　施工准备中的风险预控

施工准备中的风险预控主要指施工前依据勘察、设计文件和风险评估而开展的施工准备工作。

4.3.2.1　技术准备

1) 通过勘察报告和施工图掌握工程基本情况，如地层条件、周边环境、基坑尺寸、土钉墙设计参数、监测项目及控制值，以及相关技术要求等；现场核查周边环境情况，必要时进行补充勘察。

2）列出风险源清单，按照风险评估结果确定施工风险等级。

3）对重大风险和较大风险的土钉墙支护基坑工程应编制专项施工方案，结合土钉墙支护基坑工程的特点明确以下内容：

（1）根据设计文件，编制预控措施的实施方案，制定风险控制措施和风险处置措施；

（2）确定关键工序；

（3）制定风险跟踪与监测方案；

（4）制定新风险的辨识及处理方案；

（5）制定季节性施工技术措施；

（6）制定应急预案。

（7）其他内容：

① 采取合理的降排水措施以排除地表水、地下水，避免土体处于饱和状态；

② 确定基坑开挖线、轴线定位点、水准基点、监测点等，并妥善保护；

③ 所选用材料、构件应满足相关标准要求。

4.3.2.2 机械设备准备

严格设备进场验收工作。中小型机械设备由施工员会同专业技术管理人员和使用人员共同验收；大型设备、成套设备在项目部自检自查基础上报请企业有关管理部门，组织企业技术负责人和有关部门验收；塔式或门式起重机、电动吊篮、垂直提升架等重点设备应组织第三方具有相关资质的单位进行验收。检查技术文件包括各种安全保险装置及限位装置说明书、维修保养及运输说明书、产品鉴定及合格证书、安全操作规程等内容，并建立机械设备档案。按照安全操作规程要求作业，任何人不得违章指挥和作业。施工过程中项目部要定期检查和不定期巡回检查，确保机械设备正常运行。

土钉墙支护施工设备主要有成孔设备、注浆泵、混凝土喷射机和空气压缩机。

1. 成孔设备

成孔机具和工艺视场地土质特点及环境条件选用，要保证进钻和抽出过程中不引起塌孔，可选用冲击钻机、螺旋钻机、回旋钻机、洛阳铲等。其中冲击钻机适用于岩层和其他较坚硬的地层，螺旋钻机适用于黏土、粉土、砂土和全风化岩层，回旋钻机适用于淤泥质土、黏土、粉土、砂土人工填土及含有部分卵石、碎石的地层，洛阳铲适用于素填土、黏土和砂土地层。此外在易塌孔的土体中钻孔宜采用套管成孔或挤压成孔工艺。

2. 注浆泵

宜选用小型、可移动、可靠性好的注浆泵。工程中常用有 UBJ 系列挤压式灰浆泵和 BMY 系列锚杆注浆泵。

3. 混凝土喷射机

混凝土喷射机应密封良好，输料连续均匀，输送水平距离不宜小于 100 m、垂直距离不宜小于 30 m。

4. 空气压缩机

空气压缩机应满足喷射机工作风压和风量要求，作为钻孔机械和混凝土喷射机械的动力设备，一般选用 9～20 m^3/min 排气量的空气压缩机即可。若一台空气压缩机带动两台以上钻机或混凝土喷射机时，要配备储气罐。空气压缩机用于土钉支护宜选用移动式。空气压缩机的驱动机分为电动式和柴油机式两种，若现场供电能力限制时可选用柴油驱动的空气压缩机。

4.3.3　土钉墙支护基坑工程施工过程

土钉墙支护施工一般不进行土钉的拆除（但可能会有面板拆除），因此土钉墙支护施工过程可划分为土方开挖、土钉支护施工、地下水控制和维护使用四个关键工序，若无地下水，则土钉墙支护施工可划分为三个关键工序。土钉墙支护按土钉层数分层设置土钉、喷射混凝土面层、开挖基坑土方，直至坑底；每层施工工艺流程为：土方开挖、土钉施工、绑扎钢筋网、土钉端头连接、喷射混凝土，当开挖地层为不含水的砂层等易坍塌的地层时，可在土方开挖后先预喷混凝土层，以保证坡面稳定。以下按土钉墙支护施工关键工序阐述其施工工艺技术。

4.3.3.1　土方开挖

（1）先按设计要求开挖工作面，修整边坡、埋设喷射混凝土厚度控制标志。

（2）分层分段开挖土方，每层开挖的最大高度取决于土体的自稳能力。每层开挖高度一般与土钉的竖向设计间距相匹配；每层开挖纵向长度，可结合土方开挖顺序确定，一般无长度限制，开挖出工作面后需及时做好土钉墙的施工。在完成上一层作业面土钉与喷射混凝土以前，不得进行下一层深度的开挖。

使用的开挖施工设备必须能挖出宏观上平整规则、微观上粗糙的斜坡面，并最大限度地减少对支护土层的扰动。松动部分在坡面支护前必须予以清除。采用挖土机挖土时，应辅以人工修整。

当基坑面积较大时，允许在距离基坑四周边坡一定距离的基坑中部自由开挖，但应注意与分层作业区的开挖协调。挖方要选用对坡面扰动小的挖土设备和方法，严禁基坑侧壁出现超挖或造成基坑侧壁土体松动。坡面机械开挖后要采用小型机械或铲锹进行切削清坡，以使坡度及坡面平整度达到设计要求（图 4-11）。

图 4-11　土方开挖施工图

4.3.3.2 土钉支护施工

1. 预喷射混凝土

当开挖地层为不含水的砂层等易坍塌的地层时，可在土方开挖后先预喷混凝土层，以保证坡面稳定。

预喷射混凝土时，其厚度宜为 30～50 mm。

每层土方开挖后应尽快做好面层，即对修整后边壁立即喷一层薄混凝土或砂浆，应尽量缩短边壁土体的暴露时间以防止坍塌。对于自稳能力较差的土体，应立即进行支护(图 4-12)。

图 4-12 预喷射混凝土施工图

2. 土钉施工

土钉施工包括钻孔、插入土钉、注浆、安设连接件等过程。钻孔机具和工艺视场地土质特点及环境条件选用，要保证成孔过程中不引起塌孔；一旦遇到地下管线等障碍物能迅速反应，改变角度或孔位重新造孔。

土钉施工也可以采用专门设备将土钉击入土体，但是通常的做法是先在土体中成孔，然后置入土钉钢筋并沿全长注浆。

1) 钻孔

钻孔前根据设计要求定出孔位，然后做出标记并编号，成孔过程中应由专人做成孔记录，按土钉编号逐一记载取出土体的特征、成孔质量等。当成孔遇不明障碍物时，应停止成孔作业，在查明障碍物的情况并采取针对性措施后方可继续成孔；在易塌孔的土体中钻孔时宜采用套管成孔或挤压成孔，若发现有较大的偏差要及时修改土钉的设计参数(图 4-13)。钻孔质量应满足下列要求：

(1) 孔位允许误差为±150 mm；

(2) 孔径允许误差为－5～＋20 mm；

(3) 孔深允许误差为－50～＋200 mm；

(4) 倾角允许误差为±3°。

在用打入法设置土钉时，不需要进行预先钻孔。在条件适宜时，安装速度是很快的。直接打入土钉的办法对含块石的土是不适宜的，在松散的弱胶结粒状土中应用时要谨慎，以免引起土钉周围土体局部结构破坏而降低抗剪强度(图 4-14)。

图 4-13　钻孔施工图

图 4-14　打入土钉施工图

2）插入土钉

插入土钉前要进行清孔检查，若孔中出现局部渗水或掉落松土应及时处理。

土钉插入孔中前，要先在土钉上安装对中定位支架，以保证钢筋处于孔位中心且注浆后其保护层厚度不小于 25 mm；放置的钢筋一般采用 HRB335、HRB400 级螺纹钢筋，为保证钢筋在孔中的位置，在钢筋上每隔 2～3 m 放置一个定位架支架，支架可为金属或塑料杆件，以不妨碍浆体自由流动为宜。

3）注浆

注浆材料可选用水泥浆或水泥砂浆；水泥浆的水灰比宜取 0.5～0.55；水泥砂浆的水灰比宜取 0.4～0.45，同时，灰砂比宜取 0.5～1.0，拌合用砂宜选用中粗砂，按质量计的含泥量不得大于 3%。

注浆前要验收土钉安设质量是否达到设计要求。开始注浆前，应用清水或稀水泥浆润滑注浆泵及其输浆管路。中途停顿或作业完毕后，应及时用清水冲洗管路。一般可采用重力、低压注浆，有时为了提高土钉抗拔承载能力，还可采用二次劈裂注浆工艺。

注浆采用重力或低压注浆时宜采用底部注浆方式，注浆导管顶端应插至孔底，在注浆同时将导管均匀缓慢地撤出，注浆过程中注浆导管口始终埋在浆体表面以下，以保证孔中气体能全部逸出。注浆时需采取必要的排气措施。

向孔内注浆体的充盈系数必须大于1，每次向孔内注浆时，宜预先计算所需要的浆体体积，并根据注浆体的冲程数计算实际向孔内注入的浆体的体积，以确认实际注浆量超过孔内容积。

浆体应搅拌均匀，当浆体坍落度不能满足要求时，可外加高效减水剂以改善其坍落度，不能任意加大用水量(图4-15)。

4）喷射混凝土面层或安装装配式面板

(1) 喷射混凝土面层：在喷射混凝土之前，先按设计要求绑扎、固定钢筋网。面层内的钢筋网片应牢固固定在侧壁上并符合设计规定的保护层厚度要求，钢筋网片可用插入土中的钢筋固定。钢筋网片可焊接或绑扎而成，网络允许偏差为±10 mm，铺设钢筋网时每边的搭接长度应不小于一个网格边长或200 mm，如未搭接则焊接长度不小于网片钢筋直径的10倍，网片与坡面间隙不小于20 mm。

图4-15 注浆施工图

土钉与面层钢筋网的连接一般通过T形和L形钢筋连接，焊接强度要满足设计要求(图4-16)。

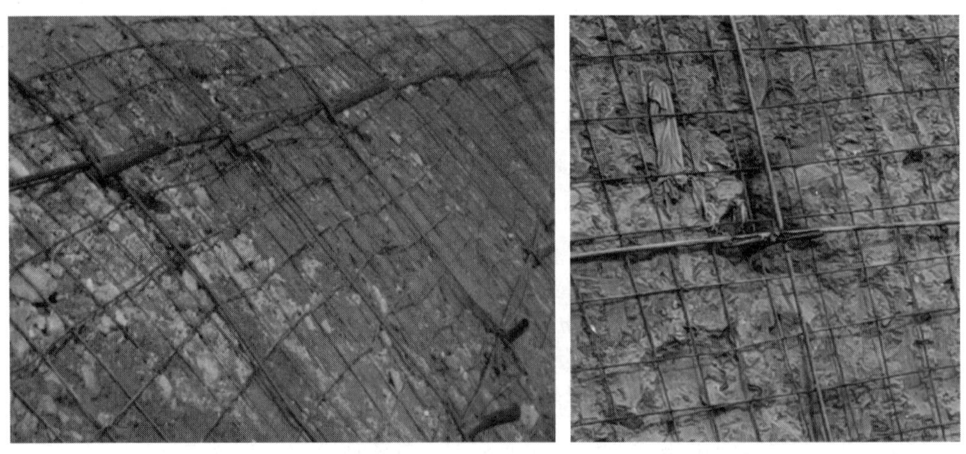

图4-16 土钉与面层加强筋的焊接图及土钉固定图

喷射混凝土前，应对机械设备，以及风、水管路和电路进行全面检查和试运转，喷射混凝土的配合比应通过试验确定。粗骨料最大粒径不宜大于12 mm，水灰比不宜大于0.45，并应通过外加剂来调节所需工作度和早强时间。为保证喷射混凝土的厚度达到均匀的设计值，可在边壁上隔一定距离打入垂直短钢筋段作为厚度标志。喷射混凝土的射距宜保持在 0.8～1.5 m 范围内，并使射流垂直于壁面，有钢筋的部位可先喷钢筋的后方以防止钢筋背面出现空隙。喷射混凝土的路线可从壁面开挖层逐渐向上进行，但底部钢筋网搭接长度范围以内先不喷混凝土，待与下层钢筋网搭接绑扎之后再与下层壁面同时喷混凝土。混凝土面层接缝部分做成 45°角斜面搭接，当设计面层厚度超过 100 mm 时，混凝土应分两层喷射，每次喷射厚度宜为 50～70 mm，且接缝错开。

混凝土接缝在继续喷射混凝土之前应清除浮浆碎屑，并喷少量水润湿。面层混凝土终凝后 2 h 采取养护措施，至少应养护 5～7 d，养护视当地环境条件采用喷水、覆盖浇水或喷涂养护剂等方法。

喷射混凝土强度可用边长为 100 mm 的立方体试块进行测定。制作试块时，将试模底面紧贴边壁，从侧向喷入混凝土，每批至少留取三组试件(图 4-17)。

图 4-17　喷射混凝土施工图

(2) 安装装配式面板：装配式面板由 GFRP 复合材料或铝合金材料构成，面板中间预留土钉孔，土钉施作完成后将面板插入土钉，采用螺母及垫板组成将其固定(图 4-18，图 4-19)。

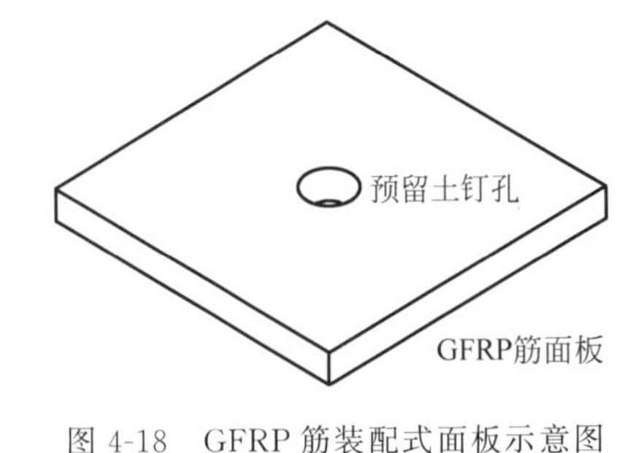

图 4-18　GFRP 筋装配式面板示意图

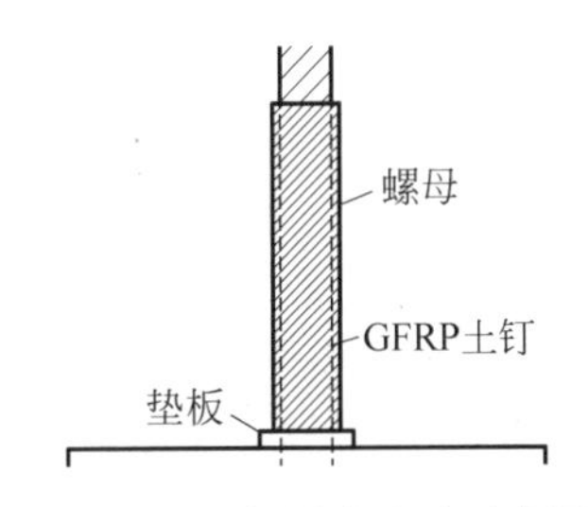

图 4-19　土钉固定方法示意图

4.3.3.3　地下水控制

地下水是土钉墙支护最为敏感的问题，土钉墙支护适用于地下水位以上或可实施降水的基坑，因此施工前应做好地下水控制。

4.3.3.4 维护使用

维护使用指土钉墙施作完成后进行地下结构施工的过程，该过程要保障地下结构施工的安全。土钉墙支护基坑维护使用期间除做好地下水控制外，还要充分考虑地表水的处理，设置排水构造措施。

1. 坡顶地表水处理

基坑四周地表应加以修整并构筑明沟排水，严防地表水(包括雨水)向下渗流。可将喷射混凝土面层延伸到基坑周围地表构成喷射混凝土护顶并在土钉墙平面范围内的地表做防水地面，以防止地表水渗入土钉加固范围内的土体中(图 4-20)。

图 4-20 坡顶地表水处理图

2. 坡面排水处理

基坑边壁有透水层或渗水土层时，混凝土面层要做泄水孔(图 4-21)，泄水孔按间距 1.5～2.0 m 均布插设长 0.4～0.6 m、直径不小于 40 mm 的塑料排水管，外管口略向下倾斜，管壁上半部分可钻些透水孔，管中填满粗砂或圆砾作为滤水材料，以防止土颗粒流失。也可在喷射混凝土面层施工前预先沿土坡壁面每隔一定距离设置一条竖向排水带，即用带状皱纹滤水材料加在土壁与面层之间形成定向导流带，使土坡中渗出的水有组织地导流到坑底后集中排除，但施工时要注意每段排水带滤水材料之间的搭接效果，必须保证排水路径畅通无阻。

图 4-21 坡面排水图

3. 基坑内积水处理

为了排除积聚在基坑内的渗水和雨水，应在坑底设置排水沟和集水井。排水沟应离开坡脚0.5～1 m，严防冲刷坡脚。排水沟和集水井宜用砖衬砌并用砂浆抹内表面以防止渗漏。

坑中积水应及时排除，如渗入量大，则必须经过设计计算制定降排水方案，确保结构安全可靠（图4-22）。

图4-22　基坑内排水图

4.3.3.5　土钉墙支护结构拆除

采用喷射混凝土面层的土钉墙一般不拆除；采用装配式面板的土钉墙可拆除，进行重复利用。装配式面板土钉墙拆除的工艺过程为：

（1）地下结构底板施作完成、肥槽回填至最下土钉标高后，将螺帽拧出来，拆卸面板；

（2）随着地下结构的施作和肥槽回填，从下往上顺序拆除，直至最上一层拆除完毕。

4.3.4　土钉墙支护基坑工程风险跟踪与监测

4.3.4.1　风险跟踪与监测项目

1. 风险跟踪项目

1）土方开挖

（1）开挖长度、分层高度及坡度；

（2）开挖面岩土体的类型、特征、自稳性；

（3）雨季、汛期施作情况。

2）支护结构施工

（1）土钉垫板的变形、松动情况；

（2）喷射混凝土面层或装配式面板渗漏开裂情况；

（3）施工工艺。

3）地下水控制

地下水控制方法、辅助排水等。

4）维护使用

（1）开挖面暴露时间；

(2) 基坑周边地表截、排水措施及效果，坑边或基底积水情况；

(3) 基坑周边的堆载情况等；

(4) 工程周边开挖、堆载、打桩等可能影响工程安全的生产活动。

5) 支护结构拆除

土钉墙面板拆除方法、作业人员保护、机械设备等。

6) 监测设施

观察并记录基准点、监测点、监测元器件的完好状况、保护情况。

7) 其他突发风险

(1) 观察并记录是否有机械伤害、高处坠落、物体打击的风险因素，以及其他可能出现的风险，如坑边活荷载和动荷载、地表裂缝等；

(2) 建(构)筑物、地下管线、道路等周边环境的异常情况。

8) 跟踪风险预控措施的实施情况

2. 风险监测项目

风险监测的对象为结构自身和周围岩土体、周边环境。

1) 结构自身和周围岩土体

《城市轨道交通工程监测技术规范》(GB 50911—2013)按照工程监测等级规定的土钉墙支护基坑工程监测项目见表 4-1，该表中√为应测项目，○为选测项目；土钉墙支护基坑工程监测等级一般为三级。

表 4-1 土钉墙支护结构自身和周围岩土体仪器量测项目

序号	监测项目	工程监测等级		
		一级	二级	三级
1	边坡顶部竖向位移	—	—	√
2	边坡顶部水平位移	—	—	√
3	边坡体水平位移	—	—	○
4	地表沉降	—	—	√
5	土钉拉力	—	—	○

《建筑基坑工程监测技术标准》(GB 50497—2019)依据基坑工程安全等级的不同确定了不同的监测项目(表 4-2)。

表 4-2 土质基坑工程土钉墙支护仪器量测项目

序号	监测项目	基坑工程安全等级		
		一级	二级	三级
1	边坡顶部竖向位移	√	√	√
2	边坡顶部水平位移	√	√	√
3	周边地表竖向位移	√	√	√

2) 周边环境

表 4-3 为《城市轨道交通工程监测技术规范》(GB 50911—2013)规定的周边环境监测项目。当主要影响区存在高层、高耸建(构)筑物时，应进行倾斜监测；既有城市轨道交通高架

线和地面线的监测项目可按照桥梁和既有铁路的监测项目选择。

表 4-3　周边环境仪器量测项目

监测对象	监测项目	工程影响分区	
		主要影响区	次要影响区
建(构)筑物	竖向位移	√	√
	水平位移	○	○
	倾斜	○	○
	裂缝	√	○
地下管线	竖向位移	√	○
	水平位移	○	○
	差异沉降	√	○
高速公路与城市道路	路面路基竖向位移	√	○
	挡墙竖向位移	√	○
	挡墙倾斜	√	○
桥梁	墩台竖向位移	√	√
	墩台差异沉降	√	√
	墩柱倾斜	√	√
	梁板应力	○	○
	裂缝	√	○
既有城市轨道交通	隧道结构竖向位移	√	√
	隧道结构水平位移	√	○
	隧道结构净空收敛	○	○
	隧道结构变形缝差异沉降	√	√
	轨道结构(道床)竖向位移	√	√
	轨道静态几何形位(轨距、轨向、高低、水平)	√	√
	隧道、轨道结构裂缝	√	○
既有铁路	路基竖向位移	√	√
	轨道静态几何形位(轨距、轨向、高低、水平)	√	√

表4-4为《建筑基坑工程监测技术标准》(GB 50497—2019)规定的周边环境监测项目。

表 4-4　土质基坑周边环境仪器监测项目

监测项目		基坑工程安全等级		
		一级	二级	三级
周边建筑	竖向位移	应测	应测	应测
	倾斜	应测	宜测	可测
	水平位移	宜测	可测	可测
周边建筑裂缝、地表裂缝		应测	应测	应测

续表

监测项目		基坑工程安全等级		
		一级	二级	三级
周边管线	竖向位移	应测	应测	应测
	水平位移	可测	可测	可测
周边道路竖向位移		应测	宜测	可测

4.3.4.2 监测点布设

1. 支护结构与周围岩土体

(1) 边坡顶部的水平和竖向位移监测点应沿基坑周边布置，基坑各侧边中部、阳角处、邻近被保护对象的部位应布置监测点。监测点水平间距不宜大于 20 m，每边监测点数目不宜少于 3 个。水平和竖向位移监测点宜为共用点，监测点宜设置在围护墙顶或基坑坡顶上。

(2) 周边地表竖向位移监测断面宜设在坑边中部或其他有代表性的部位。监测断面应与坑边垂直，数量视具体情况确定。每个监测断面上的监测点数量不宜少于 5 个。

(3) 监测点及监测断面的布设位置应与周边环境监测点布设相结合。

2. 周边环境

1) 建(构)筑物

(1) 竖向位移和水平位移监测点

建(构)筑物竖向位移监测点布设应反映建(构)筑物的不均匀沉降；水平位移监测点应布设在邻近基坑一侧的建(构)筑物外墙、承重柱、变形缝两侧及其他有代表性的部位，并可与建(构)筑物竖向位移监测点布设在同一位置。

① 建(构)筑物竖向位移监测点应布设在外墙或承重柱上，且位于主要影响区时，监测点沿外墙间距宜为 10～15 m，或每隔 2 根承重柱布设 1 个监测点；位于次要影响区时，监测点沿外墙间距宜为 15～30 m，或每隔 2～3 根承重柱布设 1 个监测点；在外墙转角处应有监测点控制；

② 在高低悬殊或新旧建(构)筑物连接、建(构)筑物变形缝、不同结构分界、不同基础形式和不同基础埋深等部位的两侧应布设监测点；

③ 对烟囱、水塔、高压电塔等高耸构筑物，应在其基础轴线上对称布设监测点，且每栋构筑物监测点不应少于 3 个；

④ 风险等级较高的建(构)筑物应适当增加监测点数量。

(2) 倾斜监测点

① 倾斜监测点应沿主体结构顶部、底部上下对应按组布设，且中部可增加监测点；

② 每栋建(构)筑物倾斜监测数量不宜少于 2 组，每组的监测点不应少于 2 个；

③ 可采用基础的差异沉降推算建(构)筑物倾斜。

(3) 裂缝宽度监测点

① 裂缝宽度监测应根据裂缝的分布位置、走向、长度、宽度、错台等参数，分析裂缝的性质、产生的原因及发展趋势，选取应力或应力变化较大部位的裂缝或宽度较大的裂缝进行监测；

② 裂缝宽度监测宜在裂缝的最宽处及裂缝首、末端按组布设，每组应布设2个监测点，并应分别布设在裂缝两侧，且其连线应垂直于裂缝。

2）桥梁

（1）墩台竖向位移监测点

① 竖向位移监测点应布设在墩柱或承台上；

② 每个墩柱和承台的监测点不应少于1个，群桩承台宜适当增加监测点。

（2）墩柱倾斜监测点

采用全站仪监测桥梁墩柱倾斜时，监测点应沿墩柱顶、底部上下对应按组布设，且每个墩柱的监测点不应少于1组，每组的监测点不宜少于2个；采用倾斜仪监测时，监测点不应少于1个。

（3）结构应力监测点

结构应力监测点宜布设在桥梁梁板结构中部或应力变化较大部位。

3）地下管线

（1）地下管线监测点埋设形式和布设位置应根据地下管线的重要性、修建年代、类型、材质、管径、接口形式、埋设方式、使用状况，以及与工程的空间位置关系等综合确定。

（2）地下管线位于主要影响区时，竖向位移监测点的间距宜为5～15 m；位于次要影响区时，竖向位移监测点的间距宜为15～30 m。

（3）监测点宜布设在地下管线的节点、转角点、位移变化敏感或预测变形较大的部位。

（4）地下管线位于主要影响区时，宜采用位移杆法在管体上布设直接监测点；地下管线位于次要影响区且无法布设直接监测点时，可在地表或土层中布设间接监测点。

（5）隧道下穿污水、供水、燃气、热力等地下管线且风险很高时，应布设管线结构直接监测点及管侧土体监测点。

（6）地下管线水平位移监测点的布设位置和数量应根据地下管线特点和工程需要确定。

（7）地下管线密集、种类繁多时，应对重要的、抗变形能力差的、容易渗漏或破坏的管线进行重点监测。

4）高速公路与城市道路

（1）高速公路与城市道路的路面和路基竖向位移监测点的布设应与路面下方的地下构筑物和地下管线的监测工作相结合，并应做到监测点布设合理、相互协调。

（2）路面竖向位移监测应根据施工工法，并结合路面实际情况布设监测点和监测断面。对高速公路和城市重要道路，应增加监测断面数量。

（3）隧道下穿高速公路、城市重要道路时，应布设路基竖向位移监测点，路肩或绿化带上应有地表监测点控制。

（4）道路挡墙竖向位移监测点宜沿挡墙走向布设，挡墙位于主要影响区时，监测点间距宜为5～10 m；位于次要影响区时，监测点间距宜为10～15 m。

（5）道路挡墙倾斜监测点应根据挡墙的结构形式选择监测断面布设，每段挡墙监测断面不应少于1个，每个监测断面上、下监测点应布设在同一竖直面上。

5）既有轨道交通

（1）既有轨道交通隧道结构竖向位移、水平位移和净空收敛监测应按监测断面布设，且既有隧道结构位于主要影响区时，监测断面间距不宜大于 5 m；位于次要影响区时，监测断面间距不宜大于 10 m。每个监测断面宜在隧道结构顶部或底部、结构柱、两边侧墙布设监测点。

(2) 既有轨道交通整体道床或轨枕的竖向位移监测应按监测断面布设，监测断面与既有隧道结构或路基的竖向位移监测断面宜处于同一里程。

(3) 轨道静态几何形位监测点的布设应按城市轨道交通或铁路的工务维修、养护要求等进行确定。

(4) 既有轨道交通隧道结构、轨道结构的裂缝监测可参照前述相关内容。

4.3.4.3 监测频率

根据《城市轨道交通工程监测技术规范》(GB 50911—2013)制定的土钉墙支护结构基坑工程监测频率见表 4-5 确定。

表 4-5 土钉墙支护结构基坑工程监测频率

施工进程			基坑设计深度/m		
施工内容	关键工序	开挖深度/m	≤5	5～10	10～15
基坑开挖	土方开挖、支护施工、地下水控制	≤5 5～10 10～15	1 次/1 d	1 次/2 d 1 次/1 d	1 次/3 d 1 次/2 d 1 次/1 d
维护使用	地下水控制、支护结构拆除	开挖到底：底板浇筑、肥槽回填	1 次/2 d～1 次/3 d	1 次/1 d～1 次/2 d	1 次/1 d

《建筑基坑工程监测技术标准》(GB 50497—2019)规定：仪器监测频率应综合考虑基坑支护、基坑及地下工程的不同施工阶段以及周边环境、自然条件的变化和当地经验确定；对于应测项目，在无异常和无事故征兆的情况下，开挖后监测频率可按表 4-6 确定。

表 4-6 仪器监测频率

基坑设计安全等级	施工进程		监测频率
一级	开挖深度 h	≤H/3	1 次/(2～3) d
		H/3～2H/3	1 次/(1～2) d
		2H/3～H	(1～2)次/1d
	底板浇筑后时间/d	≤7	1 次/1d
		7～14	1 次/3 d
		14～28	1 次/5 d
		>28	1 次/7 d
二级	开挖深度 h	≤H/3	1 次/3 d
		H/3～2H/3	1 次/2 d
		2H/3～H	1 次/1d
二级	底板浇筑后时间/d	≤7	1 次/2 d
		7～14	1 次/3 d
		14～28	1 次/7 d
		>28	1 次/10 d

表4-6中：

(1) h——基坑开挖深度；H——基坑设计深度。

(2) 支撑结构开始拆除到拆除完成后3 d内监测频率加密为1次/1 d。

(3) 基坑工程施工至开挖前的监测频率视具体情况确定。

(4) 当基坑设计安全等级为三级时，监测频率可视具体情况适当降低。

(5) 宜测、可测项目的仪器监测频率可视具体情况适当降低。

当出现以下情况之一时，应提高监测频率：

(1) 监测数据达到预警值；

(2) 监测数据变化较大或者速率加快；

(3) 存在勘察未发现的不良地质；

(4) 基坑及周边大量积水、长时间连续降雨、地下管线出现泄漏；

(5) 基坑附近地面荷载突然增大或超过设计限值；

(6) 基坑工程发生事故后重新组织施工；

(7) 出现其他影响基坑及周边环境安全的异常情况。

4.3.4.4 监测项目控制值

表4-7为《城市轨道交通工程监测技术规范》(GB 50911—2013)规定的支护结构监测项目双控指标控制值。

表4-7 支护结构监测项目双控指标控制值

监测项目	工程监测等级三级		
	累计值/mm		变化速率/(mm/d)
	绝对值	相对基坑深度(H)	
坡顶竖向位移	30～40	0.5%～0.6%	4～5
坡顶水平位移	30～60	0.6%～0.8%	5～6
地表沉降	30～40	0.3%～0.4%	2～4

表4-8为《建筑基坑工程监测技术标准》(GB 50497—2019)规定的支护结构监测项目双控指标控制值。

表4-8 支护结构监测项目双控指标控制值

监测项目	基坑工程安全等级一级			基坑工程安全等级二级			基坑工程安全等级三级		
	累计值/mm		变化速率/(mm/d)	累计值/mm		变化速率/(mm/d)	累计值/mm		变化速率/(mm/d)
	绝对值	相对基坑深度(H)值		绝对值	相对基坑深度(H)值		绝对值	相对基坑深度(H)值	
坡顶竖向位移	30～40	0.3%～0.4%	3～5	40～50	0.5%～0.8%	4～5	50～60	0.7%～1.0%	5～6
坡顶水平位移	20～30	0.2%～0.4%	2～3	30～40	0.4%～0.6%	3～4	40～60	0.6%～0.8%	4～5
地表竖向位移	25～35	0.15%～0.2%	2～3	35～45	0.2%～0.3%	3～4	45～55	0.3%～0.4%	4～5

4.3.4.5 监测预警与警情报送

1. 监测预警

(1) 黄色预警：风险预控效果良好，施工状态为安全；

(2) 橙色预警：风险预控效果一般，应通知甲方、施工方、管理部门等相关单位，同时加强观测，配合施工查找原因，对施工有效加强控制措施提出建议；

(3) 红色预警：风险预控效果差，立即向甲方、管理部门、设计、施工方等相关单位报警，同时增加监测测点、加密监测频率、及时反馈信息，配合专项技术会议，根据实施特殊措施需要开展专项监测。

当有风险事故征兆时，应及时加强跟踪与监测。

2. 警情报送

(1) 土钉出现松弛或拔出；

(2) 基坑周围岩土体出现涌砂、涌土、管涌，较严重渗漏水、突水，滑移、坍塌；

(3) 周边地表出现突然明显沉降或较严重的突发裂缝、坍塌；

(4) 建(构)筑物、桥梁等周边环境出现危害正常使用功能或结构安全的过大沉降、倾斜、裂缝等；

(5) 周边地下管线变形突然明显增大或出现裂缝、泄漏等。

4.3.5 施工过程中的风险控制

据有关资料统计分析，土钉墙支护在施工阶段存在的问题最多，发生事故的次数也最多，水处理不当、土钉注浆效果差或不及时、超挖、不按设计图施工是引起事故的原因，可见风险因素的控制是施工过程中风险控制的关键。

施工过程中按照土方开挖、土钉墙支护结构施工、地下水控制和维护使用四个关键工序和监控量测、应急预案分别进行风险因素的控制。

4.3.5.1 土方开挖

(1) 按设计要求自上而下分段分层开挖基坑，在上层土钉注浆体及喷射混凝土面层达到设计强度的70%后方可开挖下层土方，防止超挖，严禁一次性挖到底；

(2) 采用机械进行土方作业时，不得碰撞或损害土钉墙构件；

(3) 喷射混凝土作业应分段分片依次进行，同一分段内喷射顺序应自下而上，一次喷射厚度宜为40～70 mm；

(4) 开挖中地层变化遇有不良地层时，应在开挖前预先对开挖面上的土体进行加固处理；

(5) 坡顶堆载应符合设计要求；

(6) 应做好防汛抢险及防台风、抗洪措施。

4.3.5.2 土钉墙支护结构施工

(1) 按设计要求分层施作土钉墙支护结构、分层开挖基坑。

(2) 土钉长度、直径、倾角、间距和喷射混凝土每层及加强筋等应符合设计要求，保证杆体之间的连接质量。土钉成孔应注意以下问题：

① 土钉成孔范围内存在地下管线等设施时，应在查明其位置并避开后，再进行成孔作业；

② 应根据土层的性状选择洛阳铲、螺旋钻、冲击钻、地质钻等成孔方法，采用的成孔方法应能保证孔壁的稳定性、减小对孔壁的扰动；

③ 当成孔遇不明障碍物时，应停止成孔作业，在查明障碍物的情况并采取针对性措施后方可继续成孔；

④ 对易塌孔的松散土层宜采用机械成孔工艺；成孔困难时，可采用注入水泥浆等方法进行护壁。

(3) 土钉成孔后应及时插入土钉杆体，遇塌孔、缩径时，应在处理后再插入土钉杆体。

(4) 土钉孔内注浆时，采用将注浆管与土钉杆体绑扎，同时插入孔内并由孔底注浆的方式；注浆管端部至孔底的距离不宜大于 200 mm；注浆及拔管时，注浆管口应始终埋入注浆液面内，应在新鲜浆液从孔口溢出后停止注浆；注浆后，当浆液液面下降时，应进行补浆。

(5) 喷射作业应分段依次进行，同一分段内喷射顺序应自下而上均匀喷射；钢筋网可采用绑扎固定；土钉与加强筋焊接牢固。

(6) 土钉质量及抗拉承载力控制

① 土钉成孔质量需控制：土钉孔的各种尺寸参数是否与设计一致，注浆前土钉孔内清理是否干净，这些都关系到土钉形成后，单个土钉的承载力。如果不按设计要求执行，可能造成土钉承载力降低，影响整个土钉墙的安全。控制土钉孔径、孔深偏差、孔距偏差、土钉倾角使其符合设计要求，在规范的允许偏差内；注浆前孔内残留应清除干净。

② 浆液配比及注浆量控制：浆液的配比和注浆量关系单个土钉承载力大小，如果不按照设计执行，可能造成单个土钉承载力降低，影响整个土钉墙的安全。控制配比浆液的材料质量合格，配比后浆液要达到设计要求配比值；土钉钢筋质量合格，钢筋规格及尺寸与设计要求一致，土筋应设立定位支架；单根土钉注浆压力和注浆量按照设计执行，单个土钉注浆要一次完成，中间不能长时间停留；当土钉长度大于 6 m 时，注浆管必须伸入距离孔底 200 mm 位置，从底部开始注浆，使浆液由下向上逐步溢出，待浆液充满钻孔后拔出注浆管。

③ 土钉抗拉承载力检测控制：土钉现场抗拉承载力检测出的是土钉实际的承载力值。如果不进行抗拉承载力检测，就不能了解土钉墙的施工质量情况，使工程面临较大的安全风险。采用抗拉试验检测承载力，试验前应编制试验方案。同一条件下，试验数量不少于土钉总数的 1%，且不应少于 3 根，复合土钉墙中的预应力锚杆，也要进行抗拔承载力检测。

4.3.5.3　地下水控制

(1) 当有地下水时，对易产生流砂或塌孔的砂土、粉土、碎石土等土层，应通过试验确定土钉施工工艺和措施；

(2) 在有地下水的土层中，土钉支护应该在充分降、排水的前提下采用。

水是导致土钉墙支护结构基坑工程出现事故的主要原因，应对其给予高度重视。基坑周边水的问题，大致分为两大类：第一类为地下水，主要为地下水控制；第二类为地表水，主要出现在维护使用。严格地说，这两类水对土钉支护基坑的影响是难以鉴别的。

对土钉而言，当土钉处于地下水位以下时，其承载能力难以保证，故规范规定地下水位以下情况，土钉并不适用。土钉施工前，应密切关注地下水位情况，若地下水位较浅，应先采取降水措施，而且降水应提前预降，使土体充分固结，提高边坡的稳定性。施工时尚应注意在雨季地下水位出现较大变化的情况。对于难以排除的浅层滞水，在土钉面层上应设置泄水孔。

4.3.5.4 维护使用

(1) 保证土钉墙支护结构施工质量，使其整体稳定性能满足使用期限的要求，使用期限不宜超过18个月；

(2) 开挖至设计坑底标高以后，及时验收，及时浇筑混凝土垫层；

(3) 土钉墙施工应采取有效的防水、排水措施，做好坑内外防排水系统的衔接。

第二类的地表水对边坡的影响不容忽视，特别是在基坑的维护使用中。地表水主要有施工用水、生活用水、汇集的雨水等。基坑开挖前，首先应调查工程所在场地的地势情况，是否存在积水现象。当土钉施工经历雨季时，尚应对雨水是否会使管线产生回灌进行评估。一般采用挡水墙阻止地表水排入基坑，当所在地区地势低洼容易积水时，需设置专门的挡水墙（根据最高积水深度设置），当基坑坡顶积水较多时，应及时组织力量将地表水排除。此外应注意基坑附近其他单位施工排水可能造成的基坑坡顶积水的情况。

4.3.5.5 风险跟踪与监测

(1) 按设计要求布设监测点，施工过程应做好对各类监测点的保护，确保监测数据连续性与精确性；

(2) 应落实专人负责定期做好监测数据的收集、整理、分析与总结；

(3) 加强现场巡查和仪器观测，及时分析、反馈监测结果，及时预警。

4.3.5.6 应急预案

(1) 制定针对地下水、地表水的应急处置措施；

(2) 根据风险跟踪和监测情况，及时启动监测数据出现连续报警与突变值的应急预案。

4.4 事故案例分析

4.4.1 广西隆安县土钉墙坍塌事故

4.4.1.1 工程概况

某路堑位于广西隆安县那桐镇，属Ⅱ级阶地。表层为中更新统冲积弱网纹红土，属膨胀土，之下为中新世泥岩的砖红壤风化壳。红土土壤呈弱酸性，物质成分颗粒含量大，矿物成分以高岭石或多水高岭石、伊利石为主，蒙脱石含量为7.43%～14.11%；物理力学性质：天然含水较高，液限、塑限、塑性指数较大，天然孔隙比一般大于0.9，压缩指数 a_{1-2} 为0.13～0.23 /MPa，快剪 c 值一般大于60 kPa，φ 值14°～23°，膨胀力为4.7～183 kPa，自由膨胀率为15%～75.5%；收缩性大于膨胀性，分层平均收缩量为膨胀量的7～22倍，历经干湿循环，膨胀红土的强度明显衰减，长期强度与天然强度相比，c值低于20%，φ值不到2/3。

4.4.1.2　支护形式

DK50＋400～＋460左侧路堑边坡采用土钉墙支护，如图4-23所示。土钉墙最高墙高9.2 m，分两级，其间留宽1.5 m平台，墙面坡度1∶0.2，综合内摩擦角35°，重度20 kN/m^3。设计土钉墙的下墙高5.0 m，上墙高3.2～4.2 m，面板厚200 mm，中间挂钢丝网。下墙土钉长4.1 m，间距1.25 m×1.25 m，钉材为Φ18圆钢；上墙土钉长3.1 m，间距1.25 m×1.25 m，钉材为30 mm×1.2 mm的聚丙烯工程拉筋带，采用双筋。钉孔直径为100 mm，采用M30膨胀水泥砂浆灌注。该路堑土钉墙支护工程1991年3月开工，10月基本完工，施工为自上而下分层开挖，每层深2 m，纵向长10 m，分层分段施工。

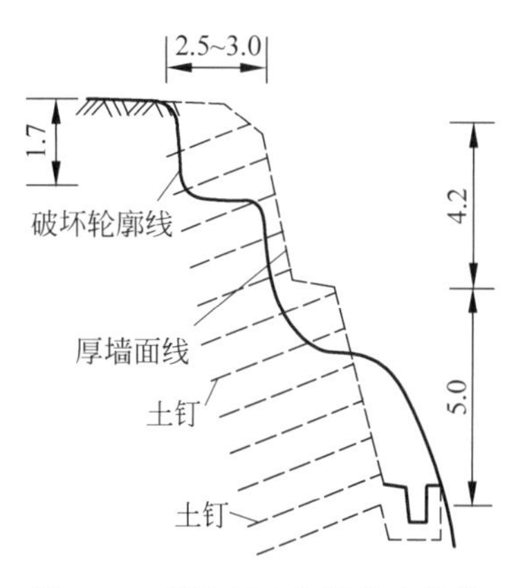

图4-23　某路堑土钉墙代表性横断面(m)

4.4.1.3　事故发生经过

该段土钉墙自1992年4月开挖侧沟并积水后，墙顶外坡面出现裂缝，墙面凸起、开裂、侧沟外挤，并逐渐发展。至7月一场暴雨后，土钉墙段整体性下错坍塌。土钉墙坍塌后，坍塌体后缘距堑顶2.5 m左右，后壁陡直，顺垂直节理形成，下错而形成高1.5～2.0 m错台。土钉被拔出，后壁残留孔洞。土钉墙面板整体形状保持良好但有多处开裂，下错后外推2～3 m，坍塌后面坡率变为1∶0.5～1∶0.7。

4.4.1.4　事故原因及分析

(1) 勘察阶段特殊工程地质条件勘察有误：该路堑土体亲水矿物含量过高，膨胀性明显，并且膨胀性向下呈增强的趋势，在开挖侧沟后出现坡脚应力集中现象，极易导致边坡失稳。

(2) 设计阶段土钉墙设计有误：土钉墙施工坡率较陡、左侧土钉较短，上墙钉长仅3.1 m，都是导致该土钉墙失稳的重要因素。

(3) 施工过程中忽视了不利自然条件：暴雨导致的大量积水，加之施工过程中未及时做好排水措施，使地下水含量急剧增加，长期的地表积水、地下含水的浸泡导致边坡土体强度急剧下降的同时影响了坡脚的稳定性，促发了左侧土钉墙的坍塌。

4.4.2　上海市静安区基坑局部失稳事故

4.4.2.1　工程概况

该工程位于上海市静安区，建筑物由地上三层和地下一层组成，平面形式为长方形，长边为85 m，短边19 m左右。基坑开挖深度为4.75 m。周边环境比较复杂，北侧边长85 m

与马路平行，距用地红线 6.4 m。红线外人行道下分布上下水、煤气、电缆等管线。南侧 85 m 与一弄堂小路平行，退出红线 0.5～1.0 m。弄堂小路下有上下水管及雨水管，弄堂小路宽 3.5 m 左右，弄堂南侧为相当古老的二层混合结构房屋，局部加至三层；由于其结构性相当差，基坑未施工前房屋墙上已存在大量裂缝。基坑东侧边长 18.6 m。距基坑边 4.9 m 有 1～3 层砖木结构民房。

该工程地下水位距地表 0.5～1.0 m，渗透系数较小，基坑开挖深度范围内地质情况见表 4-9。

表 4-9　地质情况表

土层名称	厚度/m	W/%	γ/(kN/m^3)	e	c/kPa	φ/(°)
素填土	1.5～1.7					
粉质黏土	0.5～1.0	27.9	18.9	0.82	31	17.5
淤泥质粉质黏土	5.5～6.0	42.3	17.3	1.21	14	14
淤泥质黏土	6.5～7.1	47.7	16.8	1.37	13	9.5

4.4.2.2　支护形式

根据场地条件及工程经验，该基坑采用复合土钉支护，东、西、北侧支护采用一排搅拌桩（宽 700 mm），长 9.0 m；土钉四排 MG48×3.5 mm 钢管，长度分别是 6 m、9 m、9 m、6 m，水平间距 1.0 m。南侧支护采用一排搅拌桩（宽 700 mm），长 9.0 m；土钉四排 MG48×3.5 mm 钢管，长度分别是 6 m、12 m、9 m、6 m，水平间距 1.0 m；在坑内设置 6 个水泥土桩暗墩；且后来设置两排垂直注浆 MG48×3.5 mm 钢管，长 6 m、间距 0.5 m，以进行超前支护。如图 4-24 所示。

4.4.2.3　事故发生经过

7 月 29 日完成水泥土搅拌桩施工，8 月 1 日开始进行第一层土方局部开挖。土钉相应开始施工。8 月 13 日开挖第二层土，挖深达 3.5 m，南侧搅拌桩顶水平位移突然由 4 mm 增至 75 mm，建筑物墙角沉降达 7.7～8.5 mm，同时水管断裂漏水。8 月 14 日决定采取从坑内向坑外注浆，以加固地基。注浆管不拔，与翻边网片焊接。

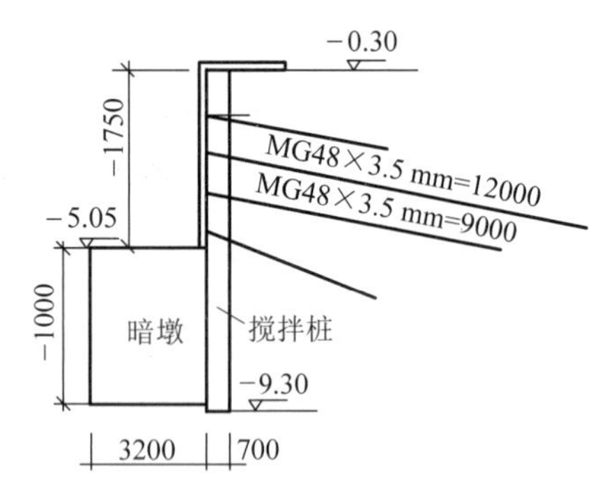

图 4-24　基坑南侧剖面图

8 月 27 日恢复开挖施工，29 日第三排土钉完成。31 日晚南侧挖到坑底，第四排土钉部分开始施工，在污水池及电梯井两部位分别超挖 0.8 m、1.1 m。9 月 1 日上午变形突增。JS4 测点平均以 4～5 mm/h 速率下沉，24 h 累计 121 mm，9 月 2 日才逐步稳定，测点总沉 187 mm。

4.4.2.4　事故原因分析

1. 第一次事故分析

第一次事故发生在 8 月 13～14 日，该时工况是：第一排土钉部分完成，而挖深已达 3.5 m，实际上一次挖出了第二排、第三排的位置。严重的超挖让本该发挥作用的两排土钉变为一排土钉，导致复合土钉围护施工期间内部稳定性大幅度下降，产生过量的变形，致使自来水管断裂。此前弄堂下水道长期渗漏，该区土体已软化，墙后土体含水量大量增加，土体力学指标恶化，从而内部稳定性进一步下降，并为第二次事故留下隐患。

2. 第二次事故分析

第二次事故发生在8月31日，该时工况是：第三排土钉完成两天，但又在南侧同时开挖污水池与电梯井深坑，超挖深度为0.8～1.1 m，第四排土钉开始施工，而深坑未进行支护。又一次超挖，且比上次超挖危害更严重。

其一，超挖使抗隆起稳定性下降。超挖使基坑挖深变成5.55 m，使搅拌桩未发挥作用，只有三排土钉发挥作用。导致第三排土钉位置与坑底的临空面增大，土体进一步地损伤软化、土体力学指标下降，基坑底部土体应力增大且基坑底部承载力降低，从而抗隆起稳定性下降。

其二，屡次超挖使施工期间内部稳定性下降。第一次事故发生后，采取措施恢复部分土体力学指标。但屡次超挖造成内部稳定性大幅降低。

3. 事故原因

（1）超挖，未按设计要求开挖；

（2）未进行新风险的识别；

（3）处理措施不当。

4.4.3 某大厦基坑倒塌事故

4.4.3.1 工程概况

某大厦主楼24层，地下2层，基坑平面为60.4 m×45.0 m，开挖深度6～10 m。建筑场地地质条件为：①杂填土，厚约2.0 m，由碎砖、瓦砾、石块及黏土组成，结构较松散；②黏性土，厚约8.5 m，网纹状红黏土；③细砂，砂层顶面距基础板底面约0.5 m，地下水较丰富。基坑东侧有一防空洞，位置未探明。

4.4.3.2 支护形式

基坑采用土钉墙支护，支护设计方案见图4-25。由于基坑具备一定的放坡条件，根据现场实际情况，放坡角度定为75°。土钉为Φ18螺纹钢筋，长9.0 m，水平间距1.8 m，垂直间距1.2 m，交错布置。钢丝网采用Φ6钢筋，水平、垂直间距均为200 mm，置于混凝土喷层中部。喷射混凝土厚100 mm，在锚头处局部加厚30 mm，加厚面积为400 mm×400 mm；喷层采用P. O42.5水泥，水灰比0.45，水泥∶沙∶碎石＝1∶2∶2(质量比)，掺入2.5%速凝剂。

4.4.3.3 事故发生经过

由于地质条件较复杂，且该建筑东侧临近道路，下部有一防空洞，为防不测，对基坑东侧(高10 m)进行墙面位移监测。沿墙面设立8个位移观测点，间距5.0 m。测点采用预埋短

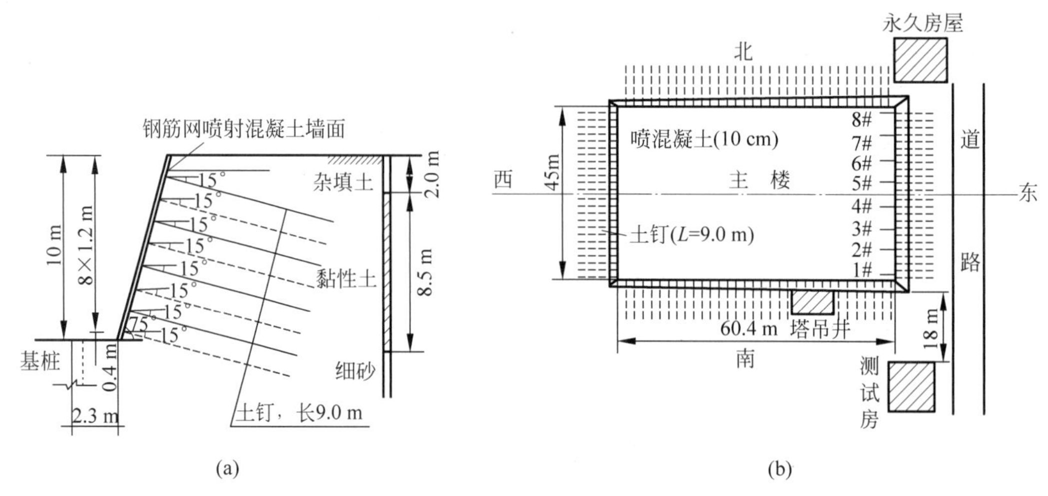

图 4-25　土钉墙支护设计方案

(a) 土钉墙立面；(b) 基坑平面

钢筋或将钢筋插入墙体，上层的杂填土在墙边用砖砌好，然后用水泥砂浆将地面找平，在露出的钢筋头上粘贴小钢尺。测试房建在东南角(距基坑南侧约 18 m)，经纬仪固定在测试房内砌好的台子上，在北面某永久房屋(离基坑的北墙面约 20 m)上设立后视点。

由监测结果(图 4-26)可知，各观测点在施工前期几乎没有位移，但施工至 113 天时，1＃、2＃、3＃测点水平位移明显增大(测点总位移分别为 5.0 mm、11.3 mm、5.7 mm)。南墙的塔吊井西侧约有 3 m 长塌陷，东墙的 1＃、2＃测点处有平行墙面裂缝，6＃至 8＃测点有多处垂直裂缝。裂缝宽 2～8 mm，有些裂缝延伸至邻近的路面上。

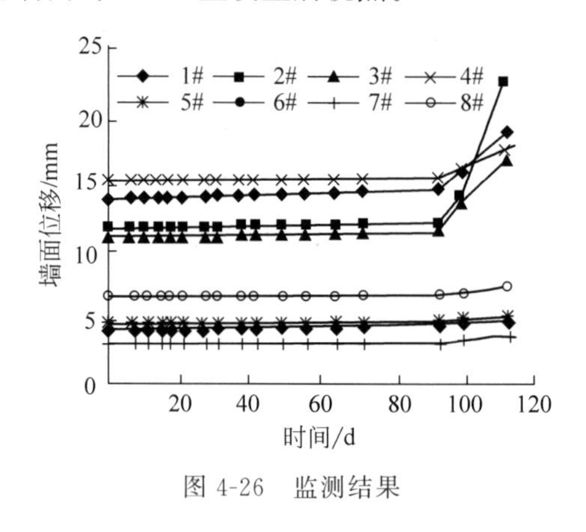

图 4-26　监测结果

鉴于上述情况，监测单位及时向施工单位发出报警，并将测试仪器移走以防不测。根据监测单位建议，施工单位将基坑边遮盖，东围墙外移，封锁旁边道路。报警 3 天后基坑东墙大部分坍塌，东北角底部有塌陷现象，东面和南面坡角下陷现象较严重。倒塌部分的土钉长度普遍比设计长度短，钢筋面上也很干净。事故发生以后，建设单位采取了一系列的措施以防大面积坍塌。

4.4.3.4　事故原因及分析

1. 地下水丰富而未进行地下水控制，忽视了邻近工程带来的风险

基坑支护与基础同期施工，在距基坑墙脚不足 2 m 处同时有多处进行挖孔桩施工。赶工期未按设计要求降低地下水位，挖至细砂层时，部分桩孔出现流砂现象。由于流砂速度较慢，不足以威胁人身安全，未能引起施工方重视，没有及时采取防范措施。随后流砂引起坑壁坡体基底承载力降低，引发边坡失稳。

2. 土钉墙未按设计要求施工,且施工质量存在缺陷

(1) 面层问题:在开挖及土钉施工中,坡度偏陡,有些部位未及时喷射混凝土或喷射混凝土厚度不够,导致面层对于土钉的稳定性以及通过土钉把土压力传递到土体中的作用减弱。

(2) 土钉施工质量问题:部分土钉达不到设计长度,部分土钉方向及角度不规范,造成土钉实际工作长度不够。

(3) 土钉墙整体作用问题:土钉面上干净,灌浆压力或灌浆量不足导致土钉与土体间传力体系无法正常发挥作用,都会影响土钉墙的整体受力状态。

土钉墙支护应用范围广,但事故发生率较高,青年学子、工程技术人员应加强学习、不断提高认识,遵循设计方案,树立专业性职业操守和职业道德理念,增强责任感。

第5章 锚拉式支护基坑工程风险控制

5.1 概述

5.1.1 锚拉式支护结构基本概念

5.1.1.1 锚拉式支护结构

锚拉式支护结构指以挡土构件和锚杆为主的支挡式结构。挡土构件(或称为挡土结构)是设置在基坑侧壁并嵌入基坑底面以下的竖向构件,例如,排桩、SMW(水泥土搅拌墙体)和地下连续墙等;锚杆一端与挡土构件连接,另一端锚固在稳定岩土体内。锚拉式支护结构的构造如图5-1所示。

5.1.1.2 锚杆构造

锚杆是受拉杆件的总称,与挡土构件共同作用。从力的传递机制来看,锚杆是由锚杆头部、杆体及锚固体三个基本部分组成;杆体采用钢绞线时,亦可称为锚索,基坑工程中多采用钢绞线作为杆体材料。锚杆细部构造如图5-2所示。

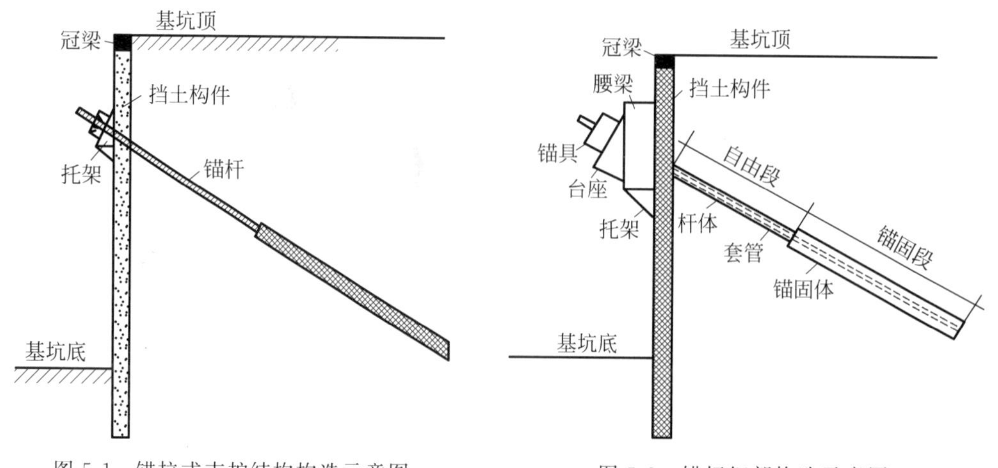

图5-1 锚拉式支护结构构造示意图　　图5-2 锚杆细部构造示意图

1. 锚杆头部

锚杆头部是锚杆的外露部分，由锚具、垫板、台座、腰梁及托架组成，用于施加和锁定预应力，并将杆体与挡土构件牢固地连接起来，使支挡结构的推力可靠地传递到杆体上去。

1）锚具

杆体通过锚具将台座、垫板及挡土构件牢固连接。锚具可分为夹片式和螺母式。当拉杆采用钢绞线时，采用夹片式锚具(图 5-3)；当杆体为钢筋时，锚具可采用螺母式。

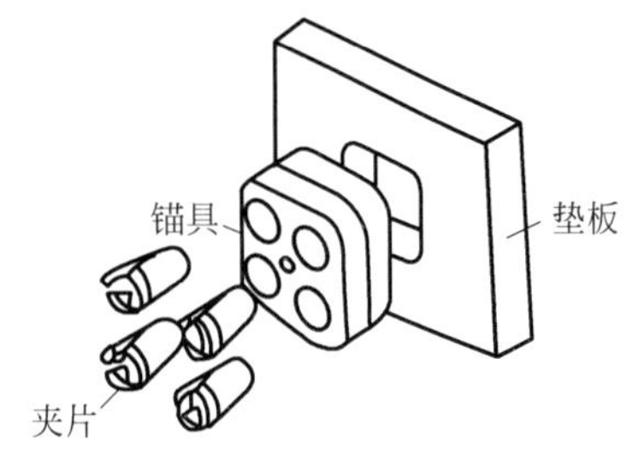

图 5-3　锚具示意图

2）垫板

垫板为钢板加工而成(图 5-3)，其作用是传递杆体的拉力于台座上。根据受力的大小，垫板的厚度一般为 20～30 mm。

3）台座

台座一般为钢筋混凝土材料或钢板加工而成(图 5-4)，其作用是调整杆体角度并固定杆体位置，以防止其滑动。

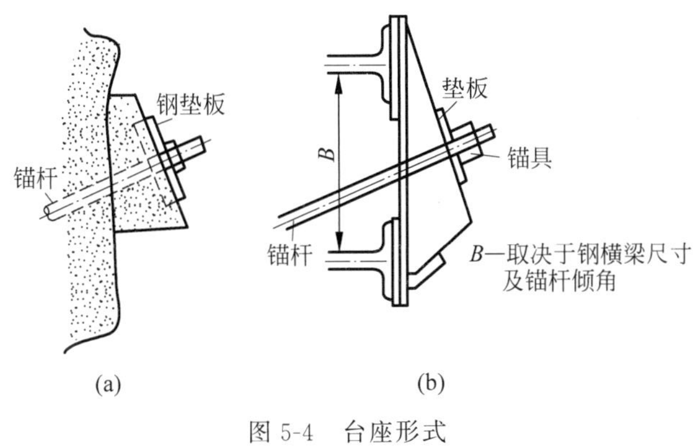

图 5-4　台座形式

(a) 钢筋混凝土；(b) 钢板

4）腰梁及托架

可采用工字钢、槽钢形成的组合梁或用钢筋混凝土梁作为腰梁。腰梁的作用是将作用于挡土构件上的压力传递给锚杆。当采用地下连续墙作为挡土构件时，可不施作腰梁，但需要在地下连续墙内设置暗梁，并预留锚杆孔。

2. 杆体

杆体将来自锚杆头部的拉力传递给锚固体，是锚杆的主要组成部分。杆体的全长从锚杆头部到锚固体末端，分为锚固段和自由段(图 5-2)。锚固段是杆体处于滑裂面以外的部分，自由段是杆体处于滑裂面以内的部分，为确保自由段能够自由伸缩，需采用套管隔离，避免此段杆体被浆液黏结。

3. 锚固体

锚固体是在锚杆孔里灌入水泥砂浆或水泥浆形成的注浆固结体，近似圆柱体状。杆体受到的拉力通过锚固体与土体之间的相互作用，传递给岩土中，是锚固技术成败的关键因素之一。

5.1.1.3 锚杆发展历史

20 世纪 50 年代以前，锚杆只是作为施工中的一种临时性措施，例如临时的螺旋地锚以及采矿工业中的临时性土锚杆或钢锚杆等。50 年代中期，在国外的隧道工程中开始广泛采用小型永久性的灌浆锚杆和喷射混凝土代替以往的隧道衬砌结构。

将锚杆技术首先成功地应用于深基坑工程的是德国的 Karl Bauer 公司，由于该技术具有许多优点，逐渐引起各国的重视，并被广泛应用于各类工程中，如边坡稳定、控制巷道围岩稳定、结构抗浮、抗滑，以及深基坑开挖支护结构工程。工程的实际应用，推动了对锚杆技术的研究，设计理论和施工技术均日臻完善，并逐步成为一项专门技术，各国相继制定了设计和施工规程。

1969 年在墨西哥召开的第七届土力学和基础工程会议上，曾有一个分组专门讨论土层锚杆的技术问题，1977 年在东京召开的第九届国际土力学会议上也将锚杆技术列为讨论的专题之一。与此同时，70～80 年代期间曾召开过多次地区性的国际会议上，均涉及有关土锚技术的经验与研究。近十年来，瑞典、德国、法国、美国、英国、日本等国家的土木建筑公司分别研制了许多种不同类型的锚杆施工机具和专利的灌浆工艺。各国还各自制定了锚杆设计和施工的技术规范，如德国的 DIN-4125、欧洲的 FIP(1993)、美国的 PTI、日本的 JSF(D1-77)等。

我国锚杆技术的发展已有几十年的历史。最初主要用于铁路、公路的边坡稳定工程和矿区的边坡，以及洞室的支护工程。80 年代以来，由于高层建筑深基坑工程的需要，锚杆技术在这一领域的应用有了迅速的发展，在施工机具的研制、施工技术、提高锚杆承载能力、土层锚杆与支护结构共同受力、以及稳定性验算等都已有成套的技术成果。典型的代表性工程有：北京中银大厦，基坑深度为 20.5～24.5 m，基坑平面面积 13 100 m^2，采用四层可拆芯锚杆锚拉地连墙结构，基坑东侧可采用可拆芯锚杆；厦门的邮电大厦，基坑开挖深度达 18.3 m，平面尺寸是 133.7 m×111.7 m，采用 3～4 层锚杆锚拉混凝土排桩结构；等等。

5.1.2 锚拉式支护结构分类

5.1.2.1 按锚固体受力特点分类

按锚固体受力方式不同分为拉力型、压力型、荷载拉力分散型和荷载压力分散型四类(图 5-5)。

(1) 拉力型：锚杆中锚固段注浆固结体受到的力是拉应力，采用单个拉杆，在锚杆的锚固段注浆体与拉杆和孔壁岩土层黏结在一起，在锚杆的自由段注浆体与拉杆不黏结。

(2) 压力型：锚杆中锚固段注浆体受到的力为压应力，采用单个拉杆，拉杆在端部设置一块承压板，拉杆与注浆体在全长上均不黏结。

(3) 荷载拉力分散型：锚杆中锚固段注浆固结体受到的力是拉应力，有多个拉杆，各个拉杆在锚固段与注浆体黏结的长度不同。

(4) 荷载压力分散型：锚杆中锚固段注浆体受到的力为压应力，有多个拉杆，各个拉杆端部承载板在锚固段的位置不同。

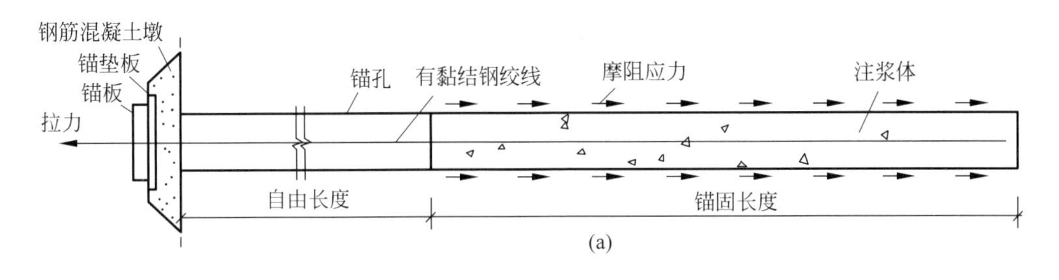

(a)

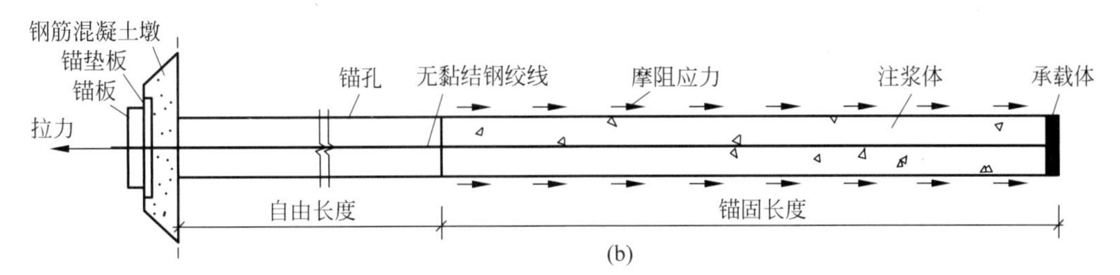

(b)

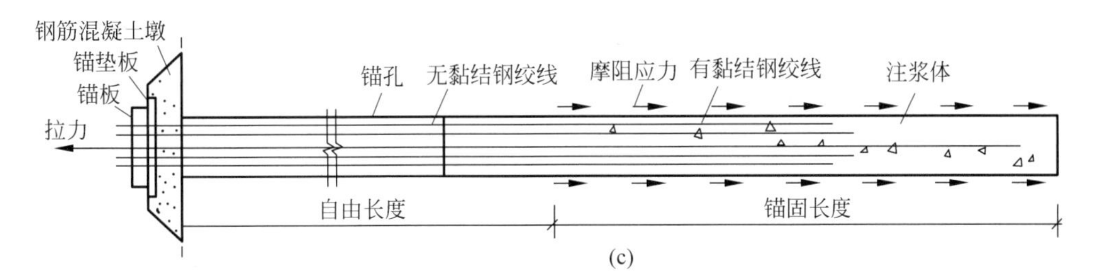

(c)

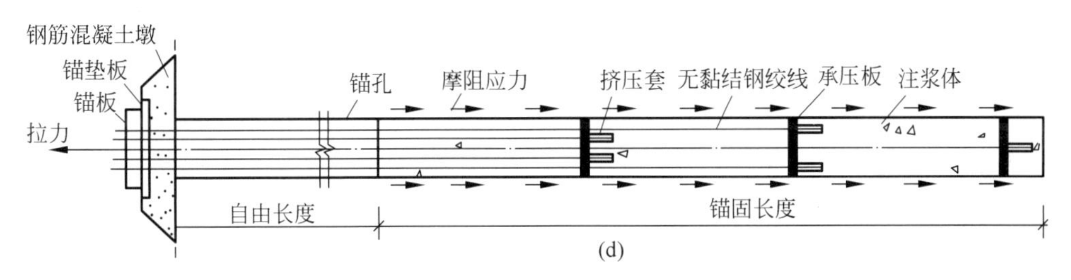

(d)

图 5-5　各类型锚杆结构示意图

(a) 拉力型；(b) 压力型；(c) 拉力分散型；(d) 压力分散型

5.1.2.2　按力的传递方式分类

从力的传递方式来看，锚固体可分为摩擦型、承压型和摩擦承压复合型。

(1) 摩擦型：通过锚固体表面与土层之间的摩擦力将来自拉杆的拉力传递给地层。

(2) 承压型：通过锚固体扩大端的承压面将来自于拉杆的拉力传递给地层。

(3) 摩擦承压复合型：兼有摩擦型和承压型锚固体的特点。

5.1.2.3　按能否拆除分类

按杆体能否拆卸分为永久留置和可拆卸式两类。

(1) 永久留置：达到设计使用期限后，即从基坑开挖到预定深度至完成基坑支护使用功能的时段后，杆体仍然留置在岩土中。目前，大部分锚杆的杆体材料为钢绞线，其长度可达数十米，往往侵入红线外，给邻近施工造成障碍。

(2) 可拆卸式：达到设计使用期限后，杆体可被拆卸、回收，岩土中仅遗留锚固体及承压板等少量的无害物。可拆卸式锚杆避免了常规锚杆作为临时支护时的弊端，绿色、环保。

5.1.2.4 按杆体材料分类

按杆体材料可分为钢材类、复合材料类。

(1) 钢材类：采用钢绞线、预应力螺纹钢筋、普通钢筋或钢管等钢材作为杆体。

(2) 复合材料类：采用玻璃纤维(GFRP 筋)、玄武岩等材料作为杆体。复合材料类杆体易于切割破除、不腐蚀岩土和污染地下水，对邻近施工不造成障碍，符合绿色可持续的科学发展观，用作基坑支护临时结构前景广阔。

5.1.3 锚拉式支护结构作用机制与工作性能

5.1.3.1 锚拉式支护结构作用机制

锚杆作为一种在深基坑支护工程中应用广泛的受拉杆件，它的一端与支护结构联结，另一端锚固在土体中，将支护结构所承受的侧向荷载，通过锚杆的拉结作用传递到周围的稳定地层中去。这个稳定地层可以是土，也可以是岩层。在土层中的锚杆称为土层锚杆，在岩层中的锚杆则称为岩石锚杆。在基坑支护结构中，土层锚杆较为多见。

5.1.3.2 锚杆作用机制

拉力及拉力分散型锚杆的作用机制如下：当锚杆锚固段受力时，拉力 T_i 首先通过钢拉杆周边的握裹力(u)传递到锚固体中，然后再通过锚固段钻孔周边的地层摩阻力或称黏结力(τ)传递到锚固的地层中(图 5-6)。

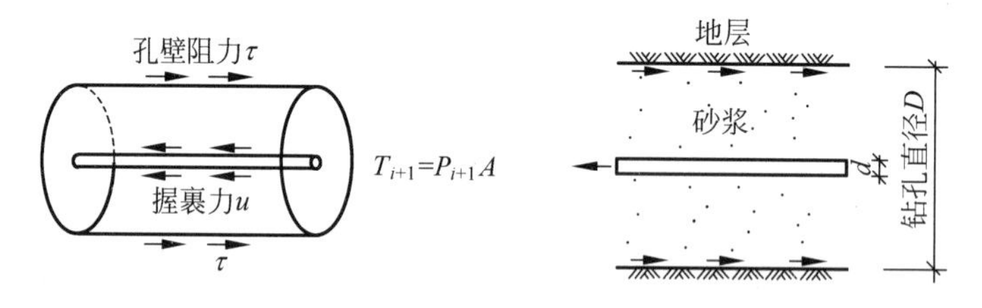

图 5-6 拉力型锚杆锚固段受力状态

拉力型锚杆受到拉力作用时需保证钢筋具有足够的截面积以承受拉力，同时对于锚固段，还要保证：

(1) 锚固段的砂浆对于钢拉杆的握裹力需能承受极限拉力；

(2) 锚固段地层对于锚固体的摩阻力需能承受极限拉力；

(3) 锚固土体在最不利条件下仍能够保持整体稳定性(其中前两个条件是影响锚杆抗拔力的主要因素)。

压力及压力分散型锚杆作用机制与拉力型类似，只是拉杆拉力传递给注浆体的方式略有不同：当锚杆锚固段受力时，拉力 T_i 是通过钢拉杆及端部承压板以压力的形式传递到锚固体中，然后再通过锚固段钻孔周边的地层摩阻力传递到锚固的地层中去的(图 5-7)。

压力及压力分散型锚杆受到拉力作用时需保证钢筋具有足够的截面积以承受拉力，同时对于锚固段还要保证锚杆极限拉力以压力形式作用于锚固体时，锚固体的抗压强度能够承受极限压力；此外与拉力型锚杆类似，即还要保证锚固段地层对于锚固体的摩阻力需能承受极限拉力和锚固土体在最不利条件下仍能够保持整体稳定性。

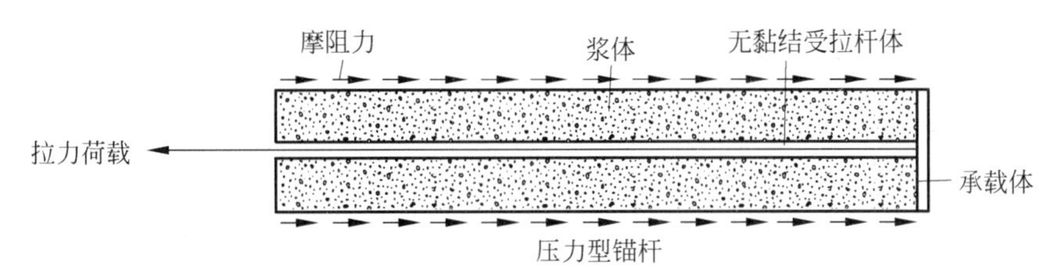

图 5-7　压力及压力分散型锚杆锚固段受力状态

5.1.4　锚拉式支护结构特点与应用

锚杆在基坑中多用于基坑支护结构作为临时性构件，在支护结构中，除锚杆外，还可以采用锚碇。但由于锚碇需要较大的布置空间且受深度限制不可能获得较大的抗拔力，而锚杆布置方便，抗拔力吨位大且不受地表场地的限制，故锚杆在深基坑支护工程中应用更为广泛。

土层锚杆锚入地层的深度一般为 11～20 m，最深达 30 m 以上，有效锚固段不宜小于 6 m，钻孔直径一般为 100～150 mm，必要时需扩孔，拉杆采用不同型号和根数的高强度钢丝、钢绞线或钢筋组成。

在宽度较大的深基坑工程中，相比于支撑式支护结构，锚拉式支护结构具有如下优点：

(1) 便于基坑土方开挖和地下室施工：锚杆施工能与土方开挖平行进行，能为土方机械化施工及地下室建造提供宽敞无阻的工作面，大大加快了工程建设速度；

(2) 用拉锚代替钢支撑或混凝土支撑，可大量节省材料，在工期和经济上有优势；

(3) 施工机械及设备的作业空间大，布置灵活；

(4) 拉锚的设计拉力可由抗拔试验来获得，因此保证了设计的安全度；

(5) 拉锚可以施加预应力，以控制支护结构的变形；

(6) 锚固技术可与多种挡土结构联合使用形成有效的支护体系。例如：地连墙加锚杆支护结构、钢板桩加锚杆支护结构、混凝土排桩加锚杆支护结构和一些轻型复合锚拉结构(如复合土钉墙)等。

5.2　锚拉式支护结构设计与风险预控

5.2.1　锚拉式支护结构设计

5.2.1.1　设计基本内容

锚拉式支护结构，可将整个结构分解为挡土结构、锚拉结构分别进行分析；锚拉结构包括锚杆及腰梁、冠梁，作用在锚拉结构上的荷载应取挡土结构分析时得出的支点力。

锚拉式支护结构设计基本内容包括：

(1) 锚拉式支护结构土压力计算；

(2) 锚拉式支护结构计算分析，包括挡土结构计算（内容参见第2章）、锚拉结构计算等；

(3) 锚拉式支护结构稳定性验算分析，稳定性验算详见第2章内容。

5.2.1.2 锚拉式结构土压力计算

在锚拉式支护结构中，锚拉结构的作用主要是抵抗挡土结构承受的侧壁水土压力，因而首先应计算作用在结构侧壁上的总水土压力及其分布，然后才能确定锚杆的配置，并以此为条件计算其拉力。土压力的大小及其分布既取决于土的种类及其力学性质，又与挡土结构的刚度、位移、变形情况及施工方法等有密切关系。计算锚拉式支护结构土压力的方法有多种，下文描述了针对传统的土压力计算及简化分布方法，下述方法在实际设计中甚少应用，只在此做简单介绍。

1. 拟梁法

当锚拉式支护结构属柔性或半柔性挡土结构，作用在结构物上的土压力分布比较复杂时，一般按照下述原则进行假设：如果墙身位移是使土体的侧向约束减小，作用于墙身的土压力按朗肯主动土压力考虑；如果是挤压土体，作用于墙上的土压力将介于静止土压力与朗肯被动土压力之间，取决于位移程度，最大不超过朗肯被动土压力。

故土压力值可根据主动与被动土压力通过朗肯土压力计算方法进行确定，朗肯土压力的计算方法详见第2章土压力计算内容，对于黏性土层采用总应力强度指标水土合算土压力时，不单独计入水压力，无黏性土层采用有效应力强度指标水土分算土压力时，水压力按静水压力叠加。

如图5-8所示，在桩（墙）顶附近设置拉锚 T，以维持墙体的稳定。应当注意的是，当埋深 t 较小时，墙的变形不出现反弯点，这时，可假定墙一侧为主动土压力，另一侧为被动土压力，但被动土压力不得超过朗肯被动土压力的1/2～1/3。但当 t 较大时，墙下半部分可能出现反弯点，这时土压力分布和受力情况又有所不同，如需进行详细计算需参照有关书籍及规范内容。

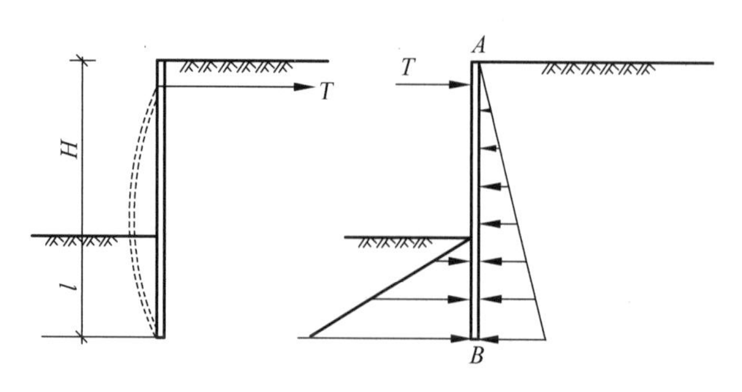

图5-8 锚拉（板桩）墙的土压力计算

2. 多支点锚拉式结构土压力分配法

当锚拉式支护结构有多道锚杆时，属于超静定结构，采用拟梁法较难计算支点力，此时可采用荷载分配法，简化锚杆支点力的计算。

分析多道锚杆的支护结构的施工工序，一般先设置支护结构如排桩（或板桩）进入基坑底部的土层中，然后从地面向下开挖，每挖一定深度，及时安装锚杆并施加预张力，如图5-9(a)所示。由于桩（墙）的变位在各锚杆的支点处受到不同程度的限制，墙的挠曲变形趋势如图5-9(b)所示。在这种情况下，支挡结构上作用的土压力不再是三角形分布，也不能用朗肯或库仑土压力理论计算，因为墙后土体并不全都达到极限平衡状态，而且在局部地方起"拱"的作用，使土压力发生重分布，由拱的中部（即变位大的地方）转移一部分到拱的两端（即变位小的地方）。这就使得基坑支护的土压力分布很不规律，并在很大程度上取决于施工情况（如安装各锚杆的时间是否及时、预张力的大小等）。因此，对这种有多排支锚的支挡结构上的土压力分布只能凭经验估计。

太沙基和派克根据实测资料和模型试验结果提出了经验计算图式，如图5-9(c)所示。这组图式不代表土压力的真正分布规律，而是最大土压力的可能包络线，可用于确定支锚荷载。

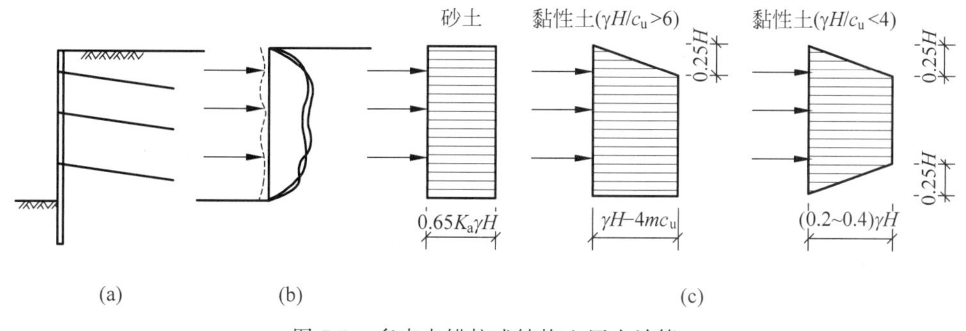

图5-9　多支点锚拉式结构土压力计算

对于砂土，可按深度均匀分布考虑，土压力值为$0.65K_a\gamma H$；K_a为朗肯主动土压力系数，γ为土的重度。对于黏性土，如果是$\gamma H/c_u>6$的较软黏性土（c_u为不排水抗剪强度），最上面的土压力为零，自$0.25H$深度起均匀分布，压力值为$\gamma H-4mc_u$；其中系数m在一般情况下可用1.0，如果基坑底面以下有深厚软土层，可能引起坑底隆起，板桩外软土向内挤动的情况，则m值宜采用0.4。对于$\gamma H/c_u<4$的较硬黏性土，可按中间深度$0.5H$为均匀分布，最上面$0.25H$和最下面$0.25H$均为三角形分布考虑，最大压力值为$(0.2\sim0.4)\gamma H$。对于$\gamma H/c_u=4\sim6$的情况，则采用两者之间的过渡。

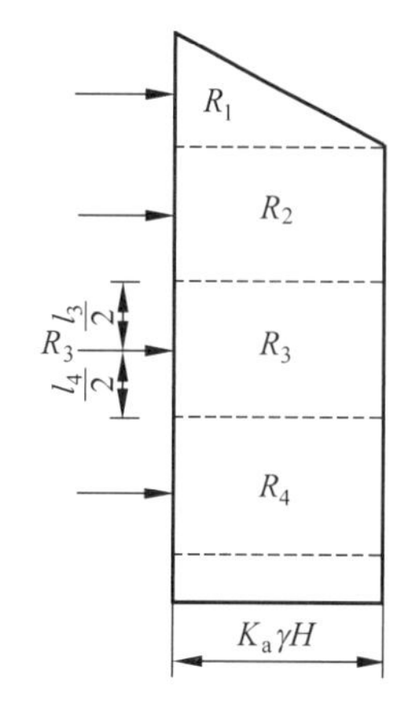

图5-10　1/2分担法计算拉锚力

选定了土压力分布模式之后，可根据图5-10所示的1/2分担法简单计算拉锚力，l_i指的是第i排锚杆至第$i-1$排锚杆的距离。

在土压力计算完成后，可采用《建筑基坑支护技术规程》

(JGJ 120—2012)推荐的弹性抗力法进行后续挡土结构受力计算以确定锚杆支点力，计算内容参见第 2 章内容。

5.2.1.3 锚拉结构计算分析

锚拉结构计算包括锚杆及腰梁、冠梁的计算。锚杆的计算包括其自由段长度计算、锚固段计算，注浆体对拉杆握裹力验算及锚杆的空间布置等内容，腰梁、冠梁的计算主要是计算其受力情况是否符合强度及刚度要求。

1. 锚杆计算

单根锚杆的设计拉力，取决于锚杆的设计，即锚杆孔的直径、锚杆的长度等，还取决于锚固段所处地层的力学性质。而锚杆的尺寸则主要取决于施工技术的可行性、可靠性。锚杆孔的直径国内一般采用 100～150 mm。

1) 锚杆自由段长度计算

根据《建筑基坑支护技术规程》(JGJ 120—2012)，锚杆自由段长度应按下式计算(图 5-11)，同时，锚杆自由段长度不宜小于 5 m：

$$l_{\mathrm{f}}=\frac{(a_{1}+a_{2}-d\tan\alpha)\sin\left(45^{\circ}-\dfrac{\varphi_{\mathrm{m}}}{2}\right)}{\sin\left(45^{\circ}+\dfrac{\varphi_{\mathrm{m}}}{2}+\alpha\right)}+\frac{d}{\cos\alpha}+1.5 \tag{5-1}$$

式中：l_{f}——锚杆自由段长度，m；

α——锚杆的倾角，(°)；

a_1——锚杆的锚头中点至基坑底面的距离，m；

a_2——基坑底面至挡土构件嵌固段上基坑外侧主动土压力强度与基坑内侧被动土压力强度等值点 O 的距离，m；对多层土地层，当存在多个等值点时应按其中最深处的等值点计算；

d——挡土构件水平尺寸，m；

φ_{m}——O 点以上各土层按厚度加权平均的内摩擦角平均值，(°)。

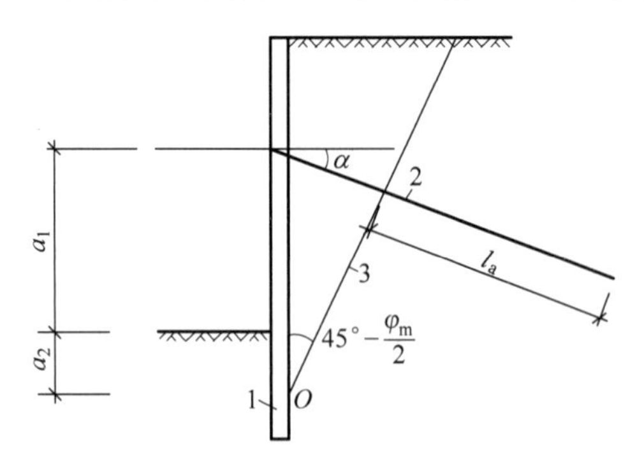

1—挡土构件；2—锚杆；3—理论直线滑动面。

图 5-11 锚杆自由段长度计算简图

2) 锚杆拉杆截面计算

锚杆轴向拉力设计值按下式确定：

$$N=\gamma_0\gamma_F N_k \tag{5-2}$$

式中：N——锚杆的轴向拉力设计值，kN；

γ_0——支护结构重要性系数，基坑安全等级一级取1.1，二级取1.0，三级取0.9；

γ_F——作用基本组合的综合分项系数，对于拉杆等构件取1.25；

N_k——锚杆的轴向拉力标准值，或称为作用标准组合的轴向拉力值，kN。

拉杆的截面积由下式确定：

$$N\leqslant f_{py}A_p \tag{5-3}$$

式中：N——锚杆的轴向拉力设计值，kN；

A_p——锚杆杆体截面面积，m^2；

f_{py}——钢丝、钢绞线、钢筋抗拉强度设计值，kPa，见表5-1。

表5-1　钢丝、钢绞线、钢筋强度标准值与设计值　　单位：kPa

种　类	极限强度标准值 f_{ptk}	抗拉强度设计值 f_{py}	抗压强度设计值 f'_{py}
中强度预应力钢丝	800	510	410
	970	650	
	1270	810	
消除应力钢丝	1470	1040	410
	1570	1110	
	1860	1320	
钢绞线	1570	1110	390
	1720	1220	
	1860	1320	
	1960	1390	
预应力螺纹钢筋	980	650	400
	1080	770	
	1230	900	

3）锚杆锚固体计算

（1）锚杆安全系数确定：锚杆抗拔安全系数（表5-2）由基坑工程安全等级及锚杆使用期限确定：

表5-2　锚杆抗拔安全系数

基坑工程安全等级	安全系数	
	临时锚杆	永久锚杆
三级	1.4	2.0
二级	1.6	2.0
一级	1.8	2.2

（2）锚杆极限抗拔力计算：根据基坑现场的地质情况，计算基坑侧向土压力的分布；进而计算确定支护结构锚拉点的合理层数及其位置，以及每个锚拉点计算宽度内的水平反力R。对于锚杆支护结构而言，当选定锚杆的安装角后，即可确定锚杆的轴向拉力标准值N_k：

$$N_k = \frac{F_h s}{b_a \cos\alpha} \tag{5-4}$$

式中：s——锚杆水平间距，m；

b_a——挡土结构计算宽度，m；

F_h——挡土构件计算宽度内的弹性支点水平反力，kN；计算方法见式(2-51)；

α——锚杆倾角，(°)。

当锚杆水平间距与结构计算宽度一致时，式(5-4)可简化为：

$$N_k = \frac{F_h s}{\cos\alpha} \tag{5-5}$$

锚杆极限抗拔承载力应满足下式条件：

$$R_k \geqslant K_t N_k \tag{5-6}$$

式中：K_t——锚杆抗拔安全系数：安全等级为一级、二级、三级的支护结构，该系数分别不应小于1.8、1.6、1.4；

N_k——锚杆轴向拉力标准值，kN；

R_k——锚杆极限抗拔承载力标准值，kN。

根据《建筑基坑支护技术规程》(JGJ 120—2012)，锚杆极限抗拔承载力应通过抗拔试验确定，也可用下式进行估算，但需按该规程附录B确定的抗拔试验进行验证。若地质条件较复杂，还是应通过现场试验确定。

$$R_k = \pi d \sum q_{sk,i} l_i \tag{5-7}$$

式中：d——锚杆锚固体直径，m；

l_i——锚杆锚固段在第 i 层图层中的长度，m；锚固段长度(l_a)为锚杆在理论直线滑动面以外的长度，理论直线滑动面如图5-11所示；

$q_{sk,i}$——锚固体与第 i 层土之间的极限黏结强度标准值，kPa；应根据工程经验并结合《建筑基坑支护技术规程》(JGJ 120—2012)中“锚杆极限黏结强度标准值”表格进行取值。

(3) 锚杆锚固段长度确定：黏性土中圆形锚杆锚固段长度由下式确定：

$$l_a \geqslant \frac{R_k}{\pi d_2 q_s} \tag{5-8}$$

式中：d_2——锚杆锚固体直径，m；

q_s——土体与锚固体间黏结强度值，kPa；一般由试验确定，也可按表5-3选用。

表5-3 土层与锚固体间黏结强度

土层种类	土的状态	q_s 值/kPa	土层种类	土的状态	q_s 值/kPa
淤泥质土	—	20～25	粉土	中密	100～150
黏性土	坚硬	60～70	砂土	松散	90～140
	硬塑	50～60		稍密	160～200
	可塑	40～50		中密	220～250
	软塑	30～40		密实	270～400

注：1. 表中数据仅用作初步设计时估算；

2. 表中 q_s 系采用一次常压灌浆测定的数据。

黏性土中端部扩大头形锚杆锚固段长度由下式确定(图 5-12)：

$$l_a \geqslant \frac{1}{\pi q_s}\left(\frac{N_k - R_{tk}}{d_2}\right) \tag{5-9}$$

$$R_{tk} = \frac{\pi}{4}(d_1^2 - d^2)\beta_c \cdot c_u \tag{5-10}$$

式中：R_{tk}——单个扩大头的承载力，kPa；

d_1——扩大头直径，m；

β_c——扩大头承载力系数，取 0.5～9.0，土质松软时取较小值；

c_u——土体不排水抗剪强度，kPa。

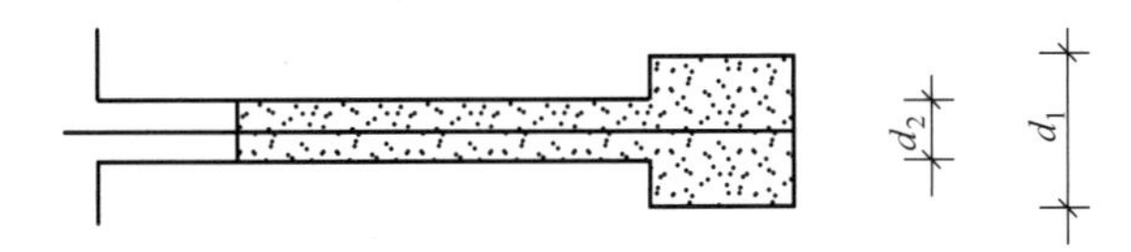

图 5-12　锚杆端部扩大头计算简图

非黏性土中圆柱形锚杆锚固段长度由下式确定：

$$l_a = \frac{R_{tk}}{\pi d_2(q_s + \sigma\tan\delta)} \tag{5-11}$$

式中：δ——土体与锚固体间的摩擦角，(°)；

σ——锚固体剪切面上的法向应力，kPa。

《建筑基坑支护技术规程》(JGJ 120—2012)中规定，土层锚杆的锚固段长度不宜小于 6 m；《建筑边坡工程技术规范》(GB 50330—2013)中规定，岩层锚杆的锚固段长度不应小于 3 m。

4) 注浆体对拉杆握裹力验算

一般的土层锚杆因为锚固长度较长不需要验算握裹力，但当锚固段设置在岩层或扩大头锚杆的锚固段长度较短时，需要验算锚固段注浆体与拉杆之间的握裹力。

锚固段长度除满足由抗拔计算的锚固段长度外，还要满足：

$$l_a \geqslant \frac{KN_k}{n\pi\beta\tau_u} \tag{5-12}$$

式中：n——钢筋或钢绞线的根数，根；

d——锚杆或钢绞线的直径，m；

β——考虑成束的钢筋系数，单根钢筋取 1.0，两根取 0.85，三根一束取 0.7，钢绞线取 1.0；

τ_u——砂浆与锚杆之间的黏结力，可取注浆固结体抗压强度的 10%，也可参考表 5-4 取值。

表 5-4　锚杆抗拔安全系数

锚杆类型	水泥浆或砂浆的强度等级		
	M25	M30	M35
水泥砂浆与螺纹钢筋间	2.10	2.40	2.70
水泥砂浆与钢绞线、高强度钢丝间	2.75	2.95	3.40

5）锚杆的空间布置

在锚杆支护结构中，根据支护构件的受力情况、土质以及基坑的深度，拉杆可设一道、两道或多道。锚杆在空间上的排列布置一般情况下应满足如下要求。

（1）锚杆的锚固体应设置在底层的稳定区域内（不宜设置在淤泥、淤泥质土、泥炭、泥炭质土及松散填土层内），且上覆土层厚度不宜小于 4 m，有的资料认为不宜小于 5～6 m。

显而易见，锚固段只有置于稳定区内，才能使锚杆具有外支撑能力。此外，锚固段上覆土层厚度足够，可保证土体与锚固体间有足够的抗剪阻力；而且在锚杆正常受力时，锚固体抗拔力不足以使上覆土层隆起，而导致锚固体失稳。此外，足够厚度的上浮土层，还能防止锚杆压力注浆时出现地表渗漏现象，确保锚杆的安装质量。

（2）锚杆的水平间距不宜小于 1.5 m；多层锚杆，其竖向间距不宜小于 2.0 m；当锚杆的间距小于 1.5 m 时，应根据“群锚效应”对锚杆承载力进行折减或相邻锚杆应取不同的倾角。

对锚杆最小间距作上述限定，主要防止产生“群锚效应”，使所有锚杆的抗拔能力都得到充分发挥。此外，对锚杆间距的选择，应根据锚杆、腰梁等各部分构件的受力情况及其设计能力来进行。

（3）锚杆的倾角以 15°～25°为宜，且不应大于 45°，或小于 10°。

在同样的地层条件下，锚杆倾角越大，它对锚拉有效的水平分力越小，而无效的垂直分力越大，如果支护结构底部土质不好，太大的锚拉垂直分力，对支护结构的稳定不利。因此，对锚杆倾角有上限的要求。从受力要求看，锚杆的倾斜角度应以与土压力作用方向一致为宜。而上述对锚杆倾角的下限要求，则主要出于钻孔及注浆等施工工艺的考虑。锚杆倾角太小，施工难度大且影响成孔质量。在允许的角度范围内，锚杆倾角主要根据地层情况优化选取。如：尽可能锚入较好土层，以获取最大锚固力；或通过调整锚杆倾角和长度以避免“群锚效应”，等等。

（4）当锚杆穿过地层上方存在天然地基的建筑物或地下构筑物时，宜避开易塌孔、变形的地层。

锚杆空间布置因地制宜。例如，一般基坑边长中央 1/2 长度范围内的位移值要远大于拐角处的位移值。这是因为拐角处的位移受到另一边的约束。这一现象在采用锚杆支护的情况下尤为突出。因此，在基坑周边工程地质条件和地面条件相同的情况下，为了抑制周边的位移，维护基坑的稳定，可在基坑边长中央 1/2 的长度范围内，适当增加锚杆的数量。

2. 腰梁、冠梁计算

在锚拉式支护结构中，腰梁和冠梁起传力作用，当锚杆设置在挡土结构顶部时，冠梁起到上述作用，当拉锚结构设置在挡土结构冠梁以下的位置并在桩间设置锚杆时，应设置腰梁起到上述作用。当地下连续墙作为挡土结构时，部分情况下可不设腰梁，但需在地下连续墙设置暗梁。由于腰梁和冠梁在支护结构中起到的作用相同，以下统称为“腰梁”。腰梁有型钢制作和现浇钢筋混凝土两种形式，若为钢筋混凝土梁，受力计算完成后即可参照《混凝土结构设计规范》（2015 年版）（GB 50010—2010）对梁进行计算配筋。

锚拉式结构的中腰梁有两种受力形式，一种是在围护桩间设置锚杆，梁类似于多跨连续梁，可将锚杆力作为荷载，接触点作为支座反力进行计算。另一种是在地下连续墙上布设锚杆，腰梁设置在墙面上，后侧为平面，可将锚杆支点看作连续梁的支点，承受墙面均布荷载。

1）挡土结构为桩

桩间设锚，在锚杆张拉锁定时，锚杆的轴向力为标准值 N_t 的 0.7 倍，在锚杆全部张拉锁定之后，设锚杆承受的最大轴向设计拉力为 N。因为锚杆逐孔进行张拉，腰梁的受力情况应为：

（1）张拉锁定时相当于简支梁，此时跨中集中荷载为 $N_t\cos\alpha$，N_t 为锚杆轴向拉力标准值；

（2）张拉锁定之后相当于连续梁，跨中最大集中荷载为 $N\cos\alpha$，其中 $N=\gamma_0\gamma_F N_t$。

张拉时按简支梁跨中承受张拉荷载(集中荷载)，计算的跨中最大弯矩为：

$$M^{+}=0.25lN_k\cos\alpha \tag{5-13}$$

对于一级基坑，重要性系数取 1.1，荷载分项系数取 1.25，锚杆锁定之后，按照三跨连续梁计算在锚杆工作承受的最大拉力作用下的跨中弯矩和支座弯矩分别为：

$$M^{+}=0.24lN_k\cos\alpha \tag{5-14}$$

$$M^{-}=0.21lN_k\cos\alpha \tag{5-15}$$

式中：l——锚杆的布置间距，腰梁的计算跨度，m；

α——锚杆水平面的倾角，(°)。

由上述分析结果可以看出，围护桩桩间设锚杆的情况下，腰梁跨中最大弯矩可以按照简支梁跨中承受锚杆轴向拉力标准值的水平分力计算；支点的负弯矩可以按多块连续梁跨中承受锚杆轴向拉力标准值的水平分力计算。

2）挡土结构为地下连续墙

腰梁后侧为地下连续墙时，可假定腰梁后侧承受均布荷载，锚杆作为支点，用上述方法可计算跨中和锚杆支点的弯矩。

张拉时，按简支梁计算跨中最大弯矩：

$$M^{+}=0.125lN_t\cos\alpha \tag{5-16}$$

对于一级基坑，重要性系数取 1.1，荷载分项系数取 1.25，锚杆锁定之后，按照三跨连续梁计算在锚杆工作承受的最大拉力作用下的跨中弯矩和支座弯矩分别为：

$$M^{+}=0.11lN_t\cos\alpha \tag{5-17}$$

$$M^{-}=0.14lN_t\cos\alpha \tag{5-18}$$

从上述分析可以看出，在腰梁后侧整体受力的条件下，连续布置的腰梁按式(5-18)计算正截面弯矩较为合理。

腰梁还应验算其剪力以及钢支座和钢垫板的承载能力。

5.2.2　风险预控

设计阶段根据锚拉式支护结构基坑工程所处的工程地质与水文地质条件、周边环境条件，按照锚拉式支护结构选型、构造要求、设计参数取值、计算结果、稳定性验算、周边环境保护、施工要求等风险因素进行风险分析与评价，确定锚拉式支护结构基坑工程设计风险等级；根据设计风险等级，采取适宜的风险预控措施。

5.2.2.1 锚拉式支护结构选型

(1) 采用的锚拉式支护结构应与基坑、工程地质以及水文地质条件、周边环境条件相匹配，基坑地下水控制方案应与支护结构的设计统一考虑；

(2) 挡土构件中排桩适用于地下水位以上、可降水或结合截水帷幕的基坑；

(3) 锚杆不宜用在软弱土层和含有高水头地下水的碎石土、砂土层中；

(4) 当邻近基坑有建筑物地下室、地下构筑物等，锚杆的有效锚固长度不足时，不应采用锚杆；

(5) 当锚杆施工会造成基坑周边建(构)筑物的损害或违反城市地下空间规划等规定时，不应采用锚杆；

(6) 锚杆蠕变会导致承载力松弛，软土地区应慎用该支护结构。

5.2.2.2 设计参数取值

(1) 根据勘察报告、工程实际情况选取适宜的抗剪强度值，应有一定的原位试验及测试；

(2) 锚固穿越不良地层时，需考虑地层对锚杆锚固产生的不利影响；

(3) 设计时应根据土层实际情况选择合适的土体强度指标。

5.2.2.3 计算结果

(1) 锚杆拉力计算时土压力间距应取锚杆间距，锚杆的安全系数取值应与基坑安全等级、设计使用年限相匹配；

(2) 设计锚杆头部处要保证腰梁的强度和刚度；

(3) 锚杆锁定力宜取锚杆轴向拉力标准值的 0.75～0.90 倍，应避免大于主动土压力以使挡土结构产生超载的弯矩值；

(4) 锚杆拉力计算应选取正确的水平间距范围，若默认按 1 m 水平间距范围内的土压力来计算锚杆拉力，会使锚杆抗拔力不足；

(5) 应考虑锚杆水平角度对承载力的影响或大倾角时竖向分力对腰梁的受力影响；

(6) 需考虑基坑阳角外侧两方向锚杆的位置影响、锚入破裂面内的安全风险及阳角处锚杆与支撑混用或上下混合使用产生的不利影响；

(7) 计算时的基坑深度及支护参数，基坑周边的地面超载、堆载范围及施工荷载都应与工程实际一致；

(8) 计算工况应与实际开挖工况保持一致；

(9) 计算时应采用正确的计算程序和计算公式，选择合适的荷载组合；

(10) 锚拉支护结构计算应选择合适的荷载组合系数、分项系数和重要性系数以及安全系数值；

(11) 应根据正确计算的内力结果进行配筋；

(12) 保证基坑稳定性验算内容全面，稳定性安全系数取值符合有关标准要求；

(13) 保证锚杆具有一定锚固长度，且保证挡土结构具有一定的入土深度，以满足基坑的整体稳定性要求；

(14) 保证锚杆具有一定的自由段长度，使锚杆能够将力完全传递到稳定土体上。

5.2.2.4 构造要求

(1) 锚杆锚固体的覆土深度及锚杆间距应满足锚固力发挥要求；

(2) 锚杆自由段不宜过小，保证锚杆能够将力完全传递到稳定土体；锚固段长度超过构造要求长度时，需采用保证锚固质量的有效措施；

(3) 保证挡土结构和锚拉结构各部分均满足规范构造要求；

(4) 保证锚拉式结构各节点设计完整；

(5) 锚头处腰梁、冠梁强度和刚度应与锚杆拉力相匹配；

(6) 保证冠梁具有一定宽度，支护桩顶部冠梁的宽度不宜小于桩径，高度不宜小于桩径的0.6倍。地下连续墙墙顶冠梁宽度不宜小于墙厚，高度不宜小于墙厚的0.6倍；

(7) 冠梁配筋应符合现行国家标准《混凝土结构设计规范》(2015年版)(GB 50010—2010)对梁的构造配筋要求，冠梁用作支撑或锚杆的传力构件或者按空间结构设计时，应按受力构件进行截面设计；

(8) 保证锚拉式支护结构挡土结构尺寸及配筋应与计算书结果一致；

(9) 腰梁采用型钢组合时，应满足在锚杆集中荷载作用下的局部受压稳定与受扭稳定性的构造要求。

5.2.2.5 周边环境保护

(1) 对周边环境进行充分调查，充分认识环境风险；

(2) 重视周边环境监测，明确监测控制值；

(3) 保证支护结构变形控制满足要求；

(4) 施工期间应高度注意对周边环境风险工程的保护，避免引起建筑物、地面、管线等沉降超标，或者引起管线断裂、漏水，水淹基坑等事故。

5.2.2.6 施工要求

(1) 对地下水控制提出要求；

(2) 对锚杆成孔机械提出要求，包括防止塌孔和水下钻孔；

(3) 对重车振动荷载和行车路线、施工栈桥和堆场布置等提出要求；

(4) 提出完善的结构自身和周边环境保护的技术要求；

(5) 对涉及施工安全的重点部位(如锚杆的张拉与锁定等)和关键环节在设计文件中应注明，并对防范生产安全事故提出指导意见；

(6) 对施工阶段的风险跟踪与监测提出明确要求；

(7) 对应急预案的编制提出要求；

(8) 采用新结构、新材料、新工艺和特殊结构的锚拉式支护基坑工程，设计单位应当在设计中提出保障施工作业人员安全和预防生产安全事故的应急处置措施建议。

5.3 锚拉式支护基坑工程施工与风险控制

5.3.1 锚拉式支护基坑工程施工工序

锚拉式支护基坑工程施工可划分为土方开挖、支护结构施工、地下水控制和维护使用4个关键工序；若采用可拆卸式锚杆，则可按5个关键工序进行施工。锚拉式支护结构基坑工程的土方开挖、支护结构施工、地下水控制相互交叉，各工序之间应密切协调、合理安排，这样不仅能提高施工效率，更能确保工程安全。锚拉式支护结构基坑工程施工工序见图5-13。

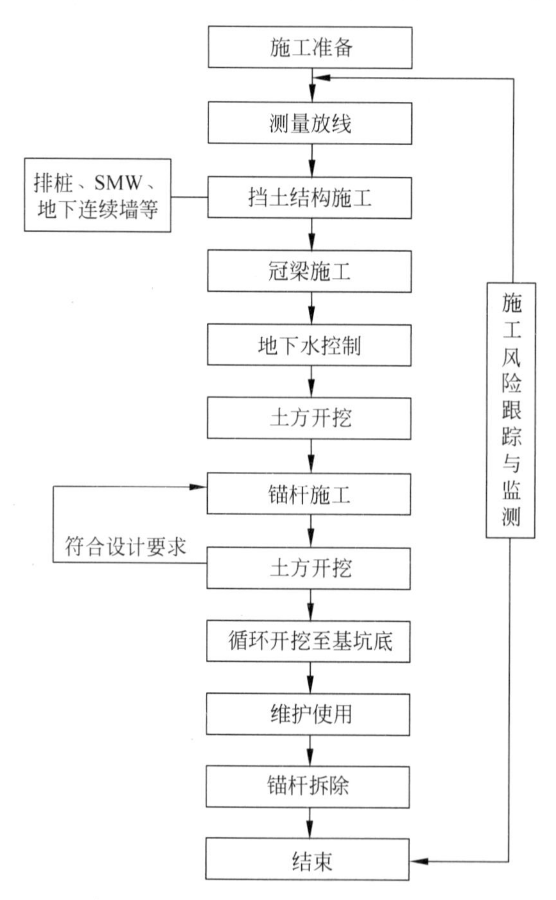

图5-13 锚拉式支护基坑工程施工工序

(1) 施工准备：包括技术准备、机械设备、构件材料等。

(2) 测量放线：按照设计图在施工现场根据测量控制点进行放线，注意挡土结构形式和采用的施工方法及顺序。

(3) 挡土结构施工：排桩、SMW工法墙和地下连续墙等的施工；SMW工法墙和地下连续墙既可以作为挡土结构也可作为隔水帷幕。

(4) 冠梁施工：一般在土方开挖前施工，采用在土层中开挖土模或支设模板、绑扎钢筋、浇筑混凝土，冠梁施工前应凿除挡土结构的浮浆。

(5) 地下水控制：采用降水、隔水帷幕和回灌等方法进行地下水的处理，对嵌入式隔水帷幕、咬合式排桩帷幕可与挡土结构同时施作。

(6) 土方开挖：挡土结构强度、地下水控制符合设计要求，进行土方开挖。

(7) 锚杆施工：与土方开挖配合进行；本道锚杆张拉锁定后，可继续土方开挖、下层锚杆施作，循环直至基坑底。

(8) 维护使用：开挖到基坑底后进行主体结构施工，基坑支护、地下水控制要保证主体结构的安全、顺利施工。

(9) 锚杆拆除：锚杆在基坑支护结构中多为临时性结构，当工程完成后，一般将其拆除。

(10) 施工风险跟踪与监测：贯穿整个基坑施工，及时反馈信息并预警；一旦出现险情应及时启动应急预案。

5.3.2 施工准备中的风险控制

5.3.2.1 技术准备

技术准备参见第4章相关内容，对重大风险和较大风险的锚拉式支护基坑工程应编制专项施工方案。

5.3.2.2 机械设备准备

机械设备准备参见第4章相关内容，要严格进行设备进场验收工作。

1. 成桩设备

灌注桩主要采用机械成孔的方式，当施工条件受限，无法机械施工时，也可采用人工挖孔的方式。若采用机械成孔的钻孔灌注桩，则需钻孔的机械设备，代表性的有GPS钻机、旋挖钻机和冲孔钻机等。GPS钻机结构简单，机身小，安装、拆卸和维修方便，全机械传动，没有液压装置，性能可靠，操作简单，通常在软土地基中适用，但使用时需泥浆护壁，施工过程中会使用大量的水，有大量泥浆产生。旋挖钻机钻头上焊接有合金刀头，硬度很高，可以有效地对岩块、混凝土等硬物进行切削破碎，适用于硬土层。旋挖钻机直接取土施工，产生的泥浆少，施工速度较快。因为旋挖钻机机体较大，结构复杂，限于制造工艺的原因，机械成本比较高。冲孔钻机是利用冲锤下落的冲击力来成孔的一种设备。相对于其他钻机，冲孔钻机效率较低、应用比较少，主要应用于我国南方的岩溶地层。人工挖孔桩不需要大型机械设备，但需要小型配套设备，如电动提升机(电动吊葫芦)等，依靠人力挖孔，挖成后下放钢筋笼浇筑混凝土，但由于其风险较高，属于危险性较大分部分项工程，实施前需编制专项施工方案，超规模时还应经过专家论证。

SMW工法桩主要采用多轴型搅拌机(通常为三轴搅拌机)成桩，该设备适用于处理淤泥、淤泥质土、泥炭土和粉土地层，施工扰动小，噪声低，不产生泥浆，施工工期短，效率较高，机械自动化控制，操作程序简单。但三轴搅拌机械及附属设施需要工作场地较大，耗电量大。

2. 地下连续墙成槽设备

目前国内外广泛采用的地下连续墙成槽(孔)机械主要有抓斗式成槽机、液压铣槽机、多头钻(垂直多轴回转式成槽机)和旋挖式桩孔钻机等。其中应用最广的是液压抓斗式成槽机。地下连续墙成槽设备按照其工作原理主要分为抓斗式、冲击式和回转式三大类。

抓斗式成槽机结构简单，易于操作，运转费用低，适用于标贯值小于40的黏性土、砂性土及砾卵石土层，除了大块的漂卵石、基岩外一般的覆盖层均适用。低噪声，低振动，抓斗挖槽能力强，施工高效，成槽精度高。但掘进深度和遇到硬岩层时受限，当标贯值大于40时效率很低。

冲击式成槽机依靠钻头自重冲击破碎岩石并采用活底收渣筒进行渣土回收，施工机械简单，操作简便，成本低廉，适用于各种土、砂层、砾石、卵石、漂石、软岩、硬岩等，特别适用于深厚漂石、孤石等复杂地层的施工。但成槽效率低，成槽质量较差。

回旋式成槽机可根据回转轴的方向分为垂直回旋式和水平回旋式。垂直回旋式又可分为垂直单轴回旋钻机和垂直多轴回旋钻机，单轴主要用于钻导孔，多轴多用来挖槽。垂直回旋式适用于标贯值小于30的黏性土、砂性土等不太坚硬的细颗粒地层，施工深度可达40 m。施工过程中无噪声无振动，施工速度快，机械化程度高，可连续进行挖槽和排渣，不需要反复提钻，施工的质量好、效率高。但在砾石卵石或遇障碍物时不再适用。水平回旋式适用于各类地层，配置滚轮铣刀后可钻进岩层，能直接切割混凝土，最大成槽深度可达150 m。施工效率高、质量高，掘进速度快且低噪声、低振动。设备自动化程度高，运转灵活，操作方便。但设备价格较为昂贵，维护成本高，对于存在孤石和较大卵石的地层不再适用，且对地层中存在的钢筋较敏感。

3. 锚杆成孔钻机

锚杆施工的主要机械设备为钻孔机，按工作原理可分为回旋式钻机、螺旋式钻机、旋转冲击式钻机及潜孔冲击钻等几类。主要是根据土质、钻孔深度和地下水情况进行选择。表5-5是各类锚杆钻机适用的土层。

表5-5 各类锚杆钻机的适用性

钻机类型	适用土层
回旋式钻机	黏性土、砂性土
螺旋式钻机	无地下水的黏土、粉质黏土及较密的砂层
旋转冲击式钻机	砂土类、砂砾、卵石类、岩石及涌水地基
潜孔冲击钻	孔隙率大、含水率低的土层

国外多采用履带式行走全液压旋转冲击式钻孔机，亦称万能钻机。孔径范围为50～320 mm，它具有体积小，使用方便，适用各种土层，施工效率高等优点。国内目前常用的钻孔机械，一部分是从国外引进的土层锚杆专用机械，也有普通地质钻机改装土锚钻机。

5.3.3 锚拉式支护基坑工程施工过程

5.3.3.1 挡土结构施工

1. 排桩

排桩是以某种桩型按队列式布置组成的基坑支护结构，可分为混凝土灌注桩、型钢桩、钢板桩等桩型。

1）混凝土灌注桩

混凝土灌注桩常用的有钻孔灌注桩、人工挖孔灌注桩等。

(1) 钻孔灌注桩：钻孔灌注桩施工工艺为利用钻孔机械钻出桩孔→吊放钢筋笼→灌注混凝土；还有一种工艺是先压灌混凝土然后再插入钢筋笼。施工时应保证设计要求的孔位、孔深和孔的垂直度，并保证孔底松土沉渣厚度不超过规定值。

钻孔灌注桩可分为干作业成孔和湿作业成孔。

干作业成孔多采用长螺旋钻机(图 5-14)，长螺旋钻孔机适用于地下水位以上的黏性土、砂土、人工填土以及非密实的碎石类土、强风化岩；成孔施工时，利用螺旋钻头钻进时切削土体，被切的土块随钻头旋转并沿钻杆上的螺旋叶片提升而被带出孔外，最终形成所需的桩孔。长螺旋钻机一般均采用步履式，结构简单、使用可靠，成孔效率高、质量较好，且具有耗钢量小、无振动、无噪声等一系列优点，在无地下水的均质土中广泛采用。其成桩方法有先在孔中吊放钢筋笼再浇灌混凝土和压灌混凝土后插筋两种。

图 5-14　长螺旋钻机

图 5-15　旋挖钻机

湿作业成孔一般采用旋挖钻机成孔(图 5-15)，孔口设置钢护筒防止孔口坍塌和存储泥浆(图 5-16)。在钻孔过程中，为防止孔壁坍塌，在孔内注入高塑性黏土或膨润土和水拌和的泥浆，也可利用钻削下来的黏性土与水混合自造泥浆保护孔壁。泥浆循环系统由泥浆池、沉淀池、循环槽、泥浆泵等设备组成，并有排水、清洗、排废等设施，不得污染环境。

图 5-16　孔口钢护筒

(2) 人工挖孔灌注桩：是用人工向下挖掘，用手摇或卷扬机和吊桶出土(图 5-17)，浇筑钢筋混凝土井圈护壁，成孔后吊放钢筋笼及浇筑混凝土，从而形成混凝土灌注桩。护壁可采用现浇的钢筋混凝土结构，也可采用预制的钢筋混凝土结构或钢结构，护壁应随挖深逐节施工。

人工挖孔灌注桩施工工艺为人工向下挖掘、出土→浇筑钢筋混凝土护壁→循环上述两个过程至桩底→吊放钢筋笼→灌注混凝土。

人工挖孔灌注桩施工的关键是每挖一节桩身土方后，立即立模灌注混凝土护壁，逐节交替(图 5-18)；施工优点是设备简单、无噪声、无振动、无污染、适应性强等，但缺点也很明显：作业空间小，安全风险大，管理困难。

人工挖孔桩最小尺寸为 80 cm，护井圈梁(护肩)高度 20 cm，每节护壁长 100 cm、厚度

20 cm。上下护壁混凝土的搭接长度不得小于 5 cm；模板拆除应在混凝土强度大于 2.5 MPa 后进行。

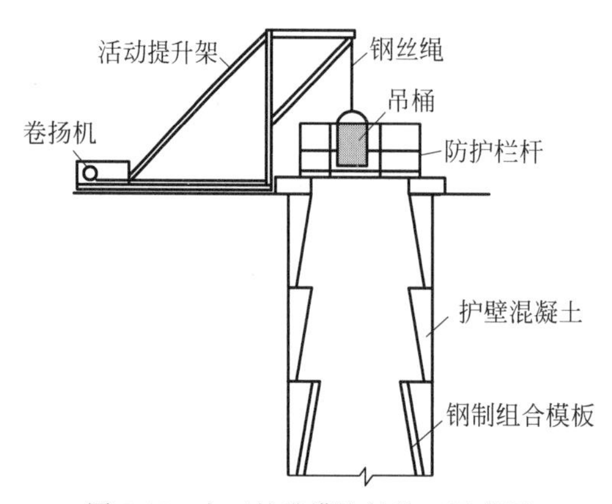

图 5-17　人工挖孔灌注桩施工示意图

图 5-18　混凝土护壁

2）型钢桩

基坑开挖前，在地面用冲击式打桩机沿基坑设计边线将型钢（H 型钢）打入地下（图 5-19），适用于黏性土、砂性土和粒径不大于 100 mm 的砂卵石地层。当地下水位较高时，必须配合人工降水措施。打桩时，施工噪声大，超过 100 dB。

3）钢板桩

钢板桩常用断面形式多为 U 形或 Z 形（图 5-20），其施工方法、使用的机械均与型钢桩相同。钢板桩强度高，桩与桩之间的连接紧密，隔水效果好，可重复使用。

图 5-19　型钢桩

图 5-20　钢板桩

2. SMW 工法墙

SMW 工法墙于 1976 年在日本问世，是利用特制搅拌设备就地切削土体，以水泥浆为强化剂，在土层中强行与土体搅拌，使被加固土体硬结成均一的水泥土柱，然后按一定的形式在其中插入补强芯材（如 H 型钢），桩与桩之间重叠搭接施工，形成连续墙体，即形成一种劲性复合支护结构。

SMW 工法墙工艺过程如图 5-21 所示。

SMW 工法墙施工时，在各个施工单元之间采取部分重叠搭接，然后在水泥土混合体未结硬前插入所需的芯材作为补强材料，至水泥结硬变形成一道具有一定强度和刚度的、连续

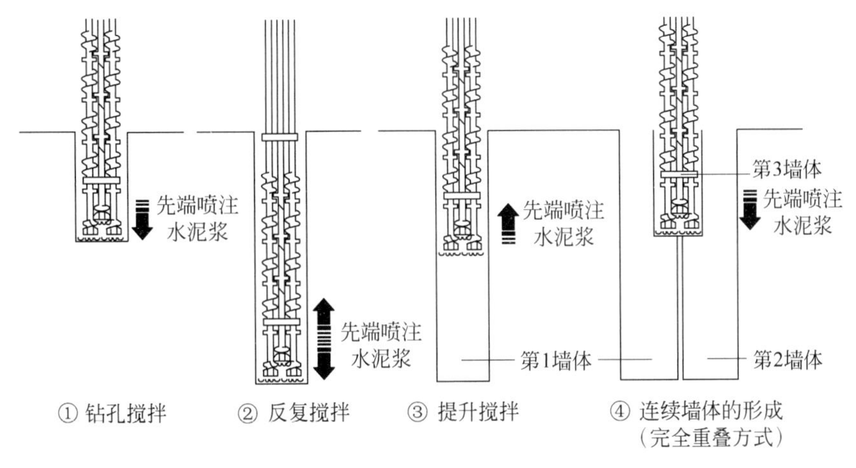

图 5-21　SMW 工法墙工艺过程

完整的、无接缝的地下墙体。补强芯材有很多种类，例如，由于 H 型钢刚度大、易回收的特点，所以一般选用 H 型钢作为补强材料。补强芯材的设置方式也可根据实际工程需要有多种选择，在工程中常用的主要有隔孔配置、全孔配置和两者的组合配置（图 5-22）。

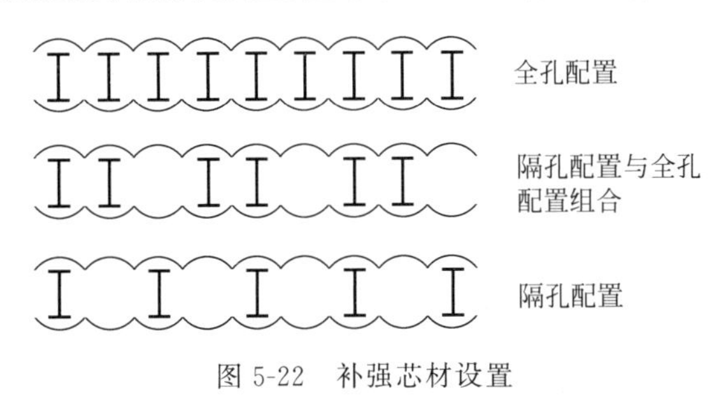

图 5-22　补强芯材设置

SMW 工法墙施工关键技术：

1）钻进顺序

三轴水泥土搅拌桩 SMW 工法墙采用跳槽式双孔全套复搅方式连接，按图 5-23 顺序进行，其中阴影部分为重复套钻，保证墙体的连续性和接头的施工质量，水泥搅拌桩的搭接以及施工设备的垂直度补正是依靠重复套钻来保证，以达到止水的作用。

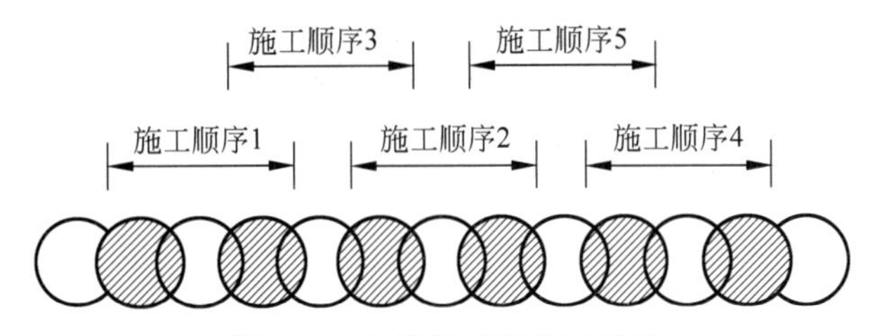

图 5-23　钻孔施工顺序示意图

SMW 工法墙施工由两侧旋喷钻具中喷入配比水泥浆液，中心旋喷钻具喷入空气，利用气压增加钻进和搅拌的效果，钻至孔底后适当均匀进行搅拌，并插入 H 型钢作为补强材料，型钢间距为 1.2 m。

2）钻进垂直

钻进前必须对桩位进行复核校正。钻进过程中，以经纬仪对钻进过程的立轴垂直度进行实时校正。施工中应保持桩机底盘的水平和立柱导向架的垂直，利用钻机自身的指示针进行调整，钻进时的桩机立柱导向架垂直度偏差小于1/250。桩身垂直度按设计要求，垂直度偏差小于1/100。

3）钻进速度

在钻进过程中，应对下钻、提升速度进行严格的控制，确保钻进搅拌成桩的均匀性。在土层钻进中将下钻、提升速度控制在0.3～1.5 m/min，对于N63.5较高的砂层和卵石层应降低下钻速度，必要时应小于0.3 m/min，试验过程中，最小下钻速度为0.2 m/min，并在该土层段进行多次下钻和提升。

4）搅拌过程

三轴搅拌机钻杆转速有一定的变化范围，在钻进时应根据地层情况的不同，调整搅拌的速度，达到均匀搅拌的目的。钻机搅拌提升时不应使钻孔内产生负压而造成周边地基沉降。

5）注浆控制

浆液泵送流量应与三轴搅拌机的喷浆搅拌下沉速度或提升速度相匹配，严禁使用超过拌制2 h以上的浆液。施工中如因故停浆，在恢复压浆前将钻机提升或下沉0.5 m后再注浆搅拌施工，以保证搅拌桩的连续性。

6）搅拌桩搭接

搅拌桩搭接施工过程中，保持搅拌速度，必要时放缓搅拌速度，保证搭接墙体的均匀性和搭接质量，相邻搅拌桩的搭接时间不超过12 h。

施作完成后的SMW工法墙见图5-24。

图5-24 SMW工法墙

3. 地下连续墙

地下连续墙是在拟构筑地下工程地面上，沿基坑周边划分若干单元槽段，在泥浆护壁的支护下，使用挖槽设备挖到设计深度后，在槽段内放置钢筋笼，并浇筑水下混凝土，最后将槽段连成一个连续的整体。地下连续墙适用的地层广泛，具有振动小、噪声低、墙体刚度大、抗渗能力强、对周边地层扰动小等优点。

地下连续墙各槽段之间的接头为挡土、挡水的薄弱部位，也是施工的关键技术之一。常见的地下连续墙接头形式有锁口管接头(图 5-25)、工字钢板接头(图 5-26)、接头箱接头(图 5-27)等形式。

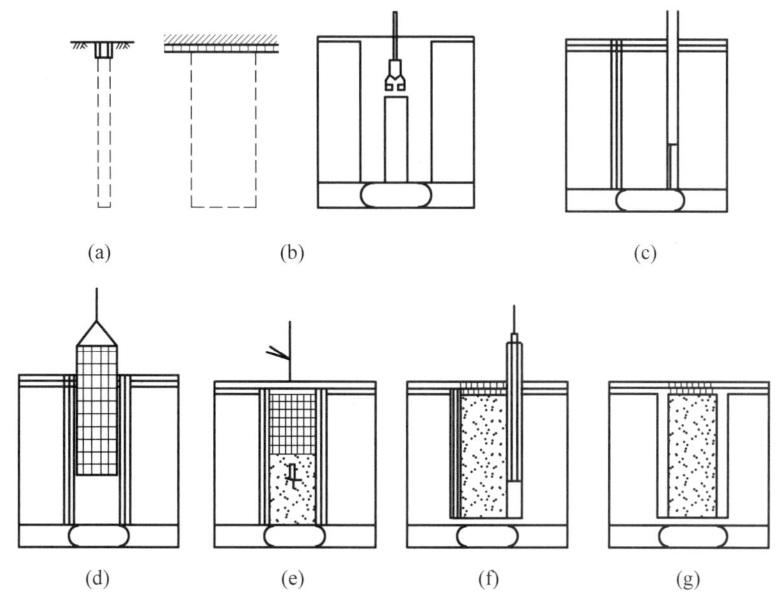

图 5-25　地下连续墙施工工艺(锁口管接头)

(a)修筑导墙→(b)槽段开挖→(c)安放接头管→(d)安放钢筋笼→(e)水下混凝土灌注→(f)拔除接头管→(g)完成槽段→循环完成整个地下连续墙

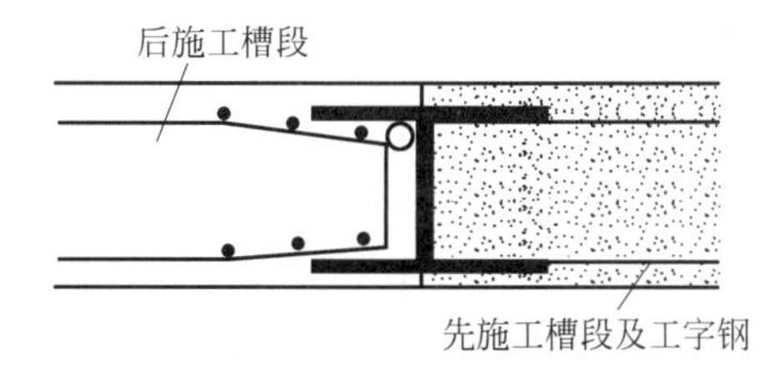

图 5-26　工字钢板接头

地下连续墙的造价较高,一般说来以下几种情况宜采用地下连续墙:

(1) 处于软弱地基、地下水丰富的深大基坑,周围有密集的建筑群或重要的地下管线,对地面沉降和位移值有严格限制的地下工程;

(2) 既作为土方开挖的临时基坑围护结构,又可用于主体结构的地下工程;

(3) 采用逆作法施工,地下连续墙同时作为挡土结构、地下结构外墙与地面高层房屋基础的工程。

5.3.3.2　土方开挖

锚拉式支护结构基坑土方开挖通常在挡土结构施作完成后采用边开挖、边设置锚杆的开挖方式,但需注意当挡土结构强度达到开挖阶段的设计强度时,方可进行基坑土方开挖。这类基坑具有较大的作业面宽度,土方开挖和锚杆施工可形成循环作业。

土方开挖应分层分段进行,在满足锚杆施工工作面要求的前提下,每层开挖深度尽量减

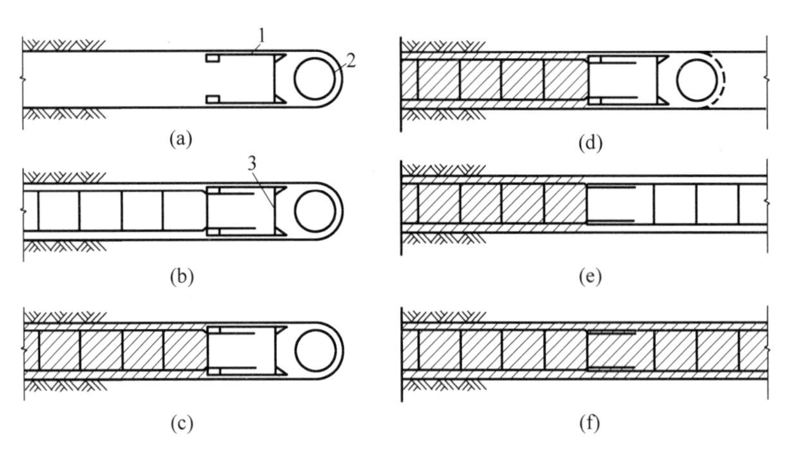

1—接头箱；2—接头管；3—焊在钢筋笼端部的钢板。

图 5-27 接头箱接头

(a) 插入接头箱；(b) 吊放钢筋笼；(c) 浇筑混凝土；(d) 开挖后期单元槽段；
(e) 吊放后一槽段的钢筋笼；(f) 浇筑后一个槽段的混凝土形成整体接头

少，一般开挖至每层锚杆下 50 cm，在软土地区每层分段长度一般不大于 30 m。每层每段开挖后应限时进行锚杆施工，尽量缩短无支护暴露时间。每一层锚杆施工完，在施加预加力、张拉锁定后方可进行下一层的土方开挖。

基坑土方开挖应注意如下问题：

(1) 按支护结构设计规定的施工顺序和开挖深度分层开挖，若在软土地基上开挖，应注意根据开挖面下软土性状，限制每层开挖厚度；

(2) 开挖时，挖土机械不得碰撞或损害锚杆头部及其连接件，做好成品保护；

(3) 保证基坑开挖面上方的锚杆等强度达到开挖阶段设计强度时，再进行土方开挖，若采用预应力锚杆，应在施加预应力后，方可开挖下层土方，严禁超挖；

(4) 在锚杆未达到设计规定的拆除条件时，严禁拆除锚杆；

(5) 开挖至锚杆施工作业面时，开挖面与锚杆的高差不宜大于 500 mm；

(6) 若基坑采用降水方案，地下水位以下的土体需先降水再开挖；

(7) 当开挖裸露的地层及地下水性状与勘察资料不符，应停止开挖，采取相应措施后再继续；

(8) 挖至坑底时，应避免扰动基底持力土层的原状结构。

5.3.3.3 锚杆施工

锚杆施工的工艺流程如下：

钻孔→安装杆体→灌浆→养护→安装锚头→张拉与锁定→(下层土方开挖)。

1. 钻孔

锚杆的钻孔工艺，直接影响到土层锚杆的承载能力、施工效率和整个支护过程的成本。因此，根据不同的土质正确选择钻孔方法，对保证土层锚杆的质量和降低工程成本至关重要。按钻孔方法的不同，可分为干作业法和湿作业法(压水钻进法)。

1）干作业法

当土层锚杆处于地下水位以上时，可选用干作业法成孔。该法适用于黏土、粉质黏土和密实性、稳定性较好的沙土等土层，一般多用螺旋钻机等施工。

干作业法有两种施工方法：

（1）通过螺旋钻杆直接钻进取土，形成锚杆孔；

（2）通过空心螺旋锚杆一次成孔；

由于方法(1)设备简单，施工方便，工程中较多采用。

采用干作业法钻孔时，应注意钻进速度，防止卡钻，并应将孔内土充分取出后再拔出杆，以减小拔钻阻力，并可减少孔内虚土。

2）湿作业法

湿作业法即压水钻进成孔法，它将在成孔时将压力水从钻杆中心注入孔底，压力水携带钻削下的土渣从钻杆与孔壁间的空隙处排出，使钻进、出渣等工序一次完成。由于孔内有压力水存在，故可防止塌孔，减少沉渣及虚土。该法在国内外应用都很普遍，其缺点是排出泥浆较多，需做好排水系统，否则施工现场污染会很严重。

湿作业法采用回旋式钻机施工。水压力控制在 0.15～0.30 MPa，注水应保持连续，钻进速度以 300～400 mm/min 为宜，每节钻杆钻进后在进行接钻前及钻至规定深度后，均应彻底清孔，直至水清澈为止。在松软土层中钻孔，可采用套管钻进，以防塌孔。

清孔是否彻底对土层锚杆的承载力影响很大。为改善土层锚杆的承载力，还可采用水泥浆清孔，至出水清澈为止。在松软地层中钻孔，可采用套管钻进，以防塌孔。

清孔是否彻底对土层锚杆的承载力影响很大。为了改善土层锚杆的承载力，还可采用水泥浆清孔，根据有关资料报道，它可提高锚固力 150%，但成本较高。

3）锚杆钻孔工艺相关规定

应根据土层性状和地下水条件选择成孔工艺，且应满足孔壁稳定性要求。对松散和稍密的砂土、粉土、卵石、填土、有机质土、高液性指数的黏性土宜采用套管护壁成孔工艺；在地下水位以下不宜采用干成孔工艺；在高塑性指数的饱和黏性土层成孔时，不宜采用泥浆护壁成孔工艺。在钻孔过程中若遇不明障碍物，在查明其性质前不得钻进。

4）钻孔的容许误差

根据《建筑基坑支护技术规程》(JGJ 120—2012)，关于钻孔误差的相关规定如下：

（1）孔位允许误差应为±50 mm；

（2）钻孔深度宜大于设计深度 0.5 m；

（3）钻孔的倾角允许误差应为±3°；

（4）杆体长度宜大于设计长度；

（5）自由段套管长度允许偏差应为±50 mm。

一般认为，对锚杆进行扩孔形成扩大头则锚杆的承载能力会有所提高。英国在某工程中做的测试表明采用扩大头的土层锚杆比无扩大头锚杆的承载能力明显提高；但也有观点认为扩孔的效果并不显著。扩孔的方法有 4 种：机械扩孔、爆炸扩孔、水力扩孔及压浆扩孔。

2. 安装杆体

1）杆体制作

钢筋杆体由一根或数根粗钢筋组合而成，如果为数根粗钢筋，则应绑扎或电焊连成一体，钢绞线锚杆杆体绑扎时，钢绞线应平行、间距均匀。钢拉杆长度为设计长度加上张拉长度。为了将拉杆安置在钻孔中心，并为了防止入孔时搅动孔壁，沿拉杆体全长布设一个定位器，定位器应能使相邻定位器中点处锚杆杆体注浆固结体保护层厚度不小于 10 mm，定位器间距对自由段宜取 1.5～2 m，对锚固段宜取 1.0～1.5 m。

粗钢筋拉杆若过长，为了安装方便可分段制作，并采用套筒机械连接法或双面搭接焊法连接。若采用双面搭接焊法，则焊接长度不应小于 5 d（d 为杆体钢筋直径）。

2）杆体的安放

钢筋拉杆的刚性较大，穿孔不如钢丝拉杆及钢绞线拉杆方便。为使拉杆能安置于钻孔中心，以防止钻入时搅动土壁，增加拉杆与锚固体的握裹力，须在拉杆上设置定位器。定位器有多种形式，如沿钢筋外表均布的三角支撑[图 5-28(a)]，这种三角支撑用三根光圆钢筋焊在拉杆外侧，沿钢筋 2 m 左右放置一组，其外径比钻孔直径小 100 mm 左右。也可采用环形撑筋环[图 5-28(b)]，或用钢管、船形支架定位[图 5-28(c)、(d)]，其间距均为 1.5～2 m。

锚杆安放时，应注意拉杆的倾斜角应与钻孔的倾斜角一致，以使拉杆能顺利送入钻孔中，防止拉杆端部插入孔壁土中引起塌孔。拉杆应插到设计孔底位置，灌浆管应与拉杆同时插入。若采用套管钻孔，则在插入拉杆并完成灌浆后，将套管拔出。

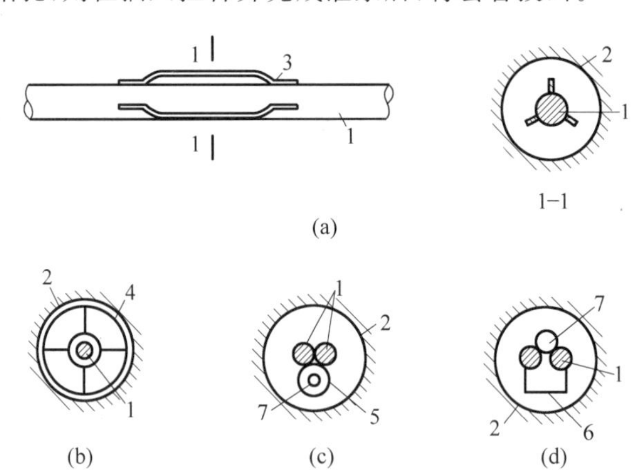

1—钢筋拉杆；2—钻孔；3—三脚支撑；4—撑筋环；5—钢管；6—船形支架；7—灌浆管。

图 5-28 钢筋拉杆定位器

(a) 三角支撑；(b) 撑筋环；(c) 钢管定位器；(d) 船形定位器

3. 灌浆

1）材料及配合比

浆液一般采用水泥浆，水灰比为 0.5～0.55，水泥宜采用 P.O42.5 普通硅酸盐水泥；有时也采用水泥砂浆，水泥砂浆的砂浆比为 1∶1 或 1∶0.5，水灰比为 0.4～0.45，砂宜选用中粗砂并要通过筛，水泥宜采用 P.O42.5 普通硅酸盐水泥。为避免浆液中的大块胶结物堵塞压浆泵，浆液需经过滤网再注入压浆泵。

灌浆的浆液需用立方试块，在 7～28 d 龄期时进行抗压强度试验。水泥的各龄期强度不得低于《通用硅酸盐水泥》(GB 175—2007)所制定的强度数值。

如采用粗变形钢筋作为拉杆，一般灌浆时采用1根30 mm左右的钢管作导管，一端与压浆泵连接，另一端用细丝捆扎在锚杆钢筋头上并同时送入钻孔内，距孔底应预留50～100 mm的空隙。灌浆管管口必须低于浆液面，这样的灌注法可将孔内的水和空气挤出孔外，以保证灌浆质量。灌浆完成后，应将灌浆管、压浆泵、搅拌机等用清水洗净。用空气压缩机灌浆时，压力不宜过大，以免吹散砂浆，因此必须控制灌浆压力以避免损坏邻近的各锚杆。

2）灌浆方法

灌浆需要采用搅拌机、活塞型或隔膜式压浆泵、磅泵等。灌浆方法有一次灌浆法和重复灌浆法两种。一次灌浆法是用压浆泵将浆液打入注浆管进行灌浆。灌浆时，将一根30 mm左右的胶管作为注浆管。一端与压浆泵相连，另一端与拉杆同时送入孔底。注浆管末端距孔底100～200 mm(不宜大于200 mm)左右开始灌浆。随着浆液的灌入，逐步把灌浆管往外拔出，但管口要始终埋在浆液中，直到孔口。这样可把孔内的水和空气全部挤出孔外，以保证灌浆质量。灌浆压力为0.4 MPa左右。待浆液回流到孔口时，用水泥袋纸等塞入孔口。

灌浆还可采用二次或多次重复灌浆的方法。二次灌浆一般采用双管法，也可采用专用锚杆。

双管法用两根灌浆管，第一次灌浆时灌浆管的管端距离锚杆末端500 mm左右(图5-29)，管底处可用塑料筒、黑胶布等封住，以防盛放时土进入管口。第二次灌浆用灌浆管的管端距离锚杆末端1000 mm左右，管底出口处亦可用黑胶布等封口，且从管端500 mm处开始向上每隔2 m左右做出一段1 m长的花管，花管的孔眼为8个，花管的段数视锚固长度而定。

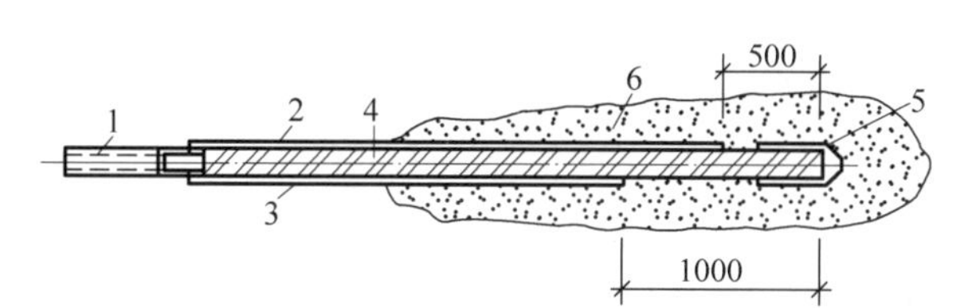

1—锚头；2—第一次注浆管；3—第二次注浆管；4—锚杆；5—塑料筒；6—锚固体砂浆。

图5-29　双管法注浆管的布置

第一次灌浆注浆压力为0.3～0.5 MPa，流量可控制在100 L/min。在压力作用下，浆液冲出封口流向钻孔，由于浆液的相对密度较大，可将清孔存留在孔内的水及泥浆置换出来。第一次灌浆可根据孔径及锚固段长度而定。第一次灌浆后将注浆管拔出，可重复使用。

待第一次灌注的浆液初凝后，进行第二次灌浆。第二次注浆液使用水泥浆，二次注浆时间可根据注浆工艺试验确定或在第一次灌浆锚固体强度达到5 MPa后进行。压力控制在2.5～5.0 MPa，并稳压2 min，浆液冲破第一次灌浆体，向锚固体与土的接触面之间扩散，使锚固体直径扩大(图5-29)，增加径向压应力，二次压力注浆时，终止注浆的压力不应小于1.5 MPa。由于锚固体的挤压作用，使锚固体周围的土受到压缩，孔隙比减小，含水量减少，也提高了土的内摩擦角。由此，提高土层锚杆的承载力。

灌浆应注意：搅拌过的浆液需按其配合比，直接均匀地充填到锚固段；必须保证锚固体保持连续密实。

4. 养护

为加快工期,可在锚杆水泥浆内掺入早强剂,达到提前进行锚杆张拉目的。锚杆注浆后自然养护不少于 7 d。当锚固体强度达到设计强度的 75%以上时方可进行张拉,养护期间可进行张拉前的准备工作。

5. 安装锚头

锚具安装应与锚垫板和千斤顶密贴对中,千斤顶轴线与锚孔及锚筋体轴线在同一直线上,不得弯压或偏折锚头,确保承载均匀同轴,必要时可用钢质垫片调整。

6. 张拉与锁定

1) 锚头及张拉设备

土层锚杆的锚头与张拉设备,应根据锚杆材料配套。

单根粗钢筋拉杆,可采用螺丝端杆,或直接在钢筋端部加工螺纹,但后者应注意截面的损失。张拉设备则可选用拉杆式千斤顶,如 YL-60 型等。

2) 张拉方法

锚杆的张拉与施加预应力应符合以下规定:

(1) 锚固段强度大于 15 MPa,并不小于设计强度等级的 75%后方可进行张拉;

(2) 锚杆张拉顺序应考虑对邻近锚杆的影响;

(3) 拉力型钢绞线锚杆宜采用钢绞线束整体张拉锁定的方法;

(4) 锚杆宜先张拉至预张拉力值,再按设计要求锁定,预张拉力值取值参照轴向拉力标准值,支护结构安全等级为一级、二级、三级时分别取轴向拉力标准值的 1.4、1.3、1.2 倍;锚杆张拉宜平缓加载,加载速率不宜大于 0.1 N_k/min,N_k 为锚杆轴向拉力标准值;在张拉值下的锚杆位移和压力表压力应保持稳定,当锚头位移不稳定时,应判定此根锚杆不合格;

(5) 锚杆张拉控制应力不应超过锚杆杆体强度标准值的 0.75 倍;

(6) 锁定时的锚杆拉力应考虑锁定过程的预应力损失量;预应力损失量宜通过对锁定前、后锚杆拉力的测试确定;缺少测试数据时,锁定时的锚杆拉力可取锁定值的 1.1~1.15 倍;

(7) 锚杆锁定时尚应考虑相邻锚杆张拉锁定引起的预应力损失,当锚杆预应力损失严重时,应进行再次锁定;锚杆出现锚头松弛、脱落、锚具失效等情况时,应及时进行修复并对其进行再次锁定;应注意,在再次张拉锁定时,锚具外杆体长度和完好程度应满足张拉要求。

为了减小对邻近锚杆的影响,又不影响施工进度,通常可采用间隔张拉的方法,如"隔二拉一"的方法。张拉宜采用分级加载,每级加载应稳定 3 min,最后一级加载应稳定 5 min。施工中还应做好张拉记录。

3) 锚杆的检测

锚杆的检测应符合下述规定:

(1) 检测数量不应小于锚杆总数的 5%,且同一土层中的锚杆检测数量不应小于 3 根;

（2）检测试验应在锚杆的固体强度达到设计强度的75%后进行；

（3）检测锚杆应采用随机抽样的方式选取；

（4）检测试验的张拉值取值应参照轴向拉力标准值，支护结构安全等级为一级、二级、三级时分别取轴向拉力标准值的1.4、1.3、1.2倍；

（5）检测试验应按照《建筑基坑支护技术规程》(JGJ 120—2012)附录的验收试验方法进行，当检测的锚杆不合格时，应扩大检测数量。

5.3.3.4 地下水控制

应按第3章相关内容进行地下水的控制；当基坑采用降水时，应在降水后开挖地下水位以下的土方。

5.3.3.5 维护使用

基坑开挖和支护结构使用期内，基坑周边堆载不得超过设计要求，并按下列要求对基坑进行维护：

（1）雨期施工时，应在坑顶、坑底采取有效的截排水措施；对地势低洼的基坑，应考虑周边汇水区域地面径流向基坑汇水的影响；排水沟、集水井应采取防渗措施；

（2）基坑周边地面宜作硬化或防渗处理；

（3）基坑周边的施工用水应有排放措施，不得渗入土体内；

（4）当坑体渗水、积水或有渗流时，应及时进行疏导、排泄、截断水源；

（5）开挖至坑底后，应及时进行混凝土垫层和主体地下结构施工；

（6）主体地下结构施工时，结构外墙与基坑侧壁之间应及时回填。

5.3.3.6 锚杆拆除

锚杆在基坑支护结构中多为临时性结构，当地下工程全部完成后，最好将其拆除，以免给该区域将来地下施工造成障碍。由于锚杆在设计时要求尽量牢固，以达到可靠的支护效果，因此将其拔除施工十分困难，作业场地也受很大限制。目前工程中仍有大量锚杆是留在地下而不拆除的，须拆除的锚杆在制作时就应考虑，做成可拆式锚杆。

可拆式锚杆基本上有两种做法：一是采用粗钢筋作为拉杆，在它与锚固体之间设置某种可以脱开式的机械装置；二是采用钢索作为拉杆时，用某种手段破坏它与锚固体的连接。

下面介绍实际应用过的几种做法。

1. 利用螺纹拆除拉杆法

采用全长带有螺纹的预应力钢筋作为拉杆。拆除时，先用空心千斤顶卸荷，然后再旋转钢筋，使其撤出。其构造如图5-30所示，它由三部分组成：

（1）锚固体；

（2）放在套管内的、全长带有螺纹的预应力钢筋；

（3）传荷板。

2. 用高热燃烧剂将拉杆熔化切断法

在锚杆的锚固段与自由段的连接处先设置有高热燃烧剂的容器。拆除时，通过引燃导线点火，将锚杆在该处熔化切割拔出，图 5-31 为用高热燃烧剂将拉杆的一部分熔化，也有的采用燃烧剂将拉杆全长去除。

3. 使夹具滑落拆除锚杆法

在锚杆前端设置专用夹具，通过夹具及承载板将杆体荷载传递给锚固体，见图 5-32。设计时，保证在外力 A 作用下，夹具绝对不会脱落。拆除时，可施加远远大于 A 的外力 B，使夹具脱落，从而拔出拉杆。

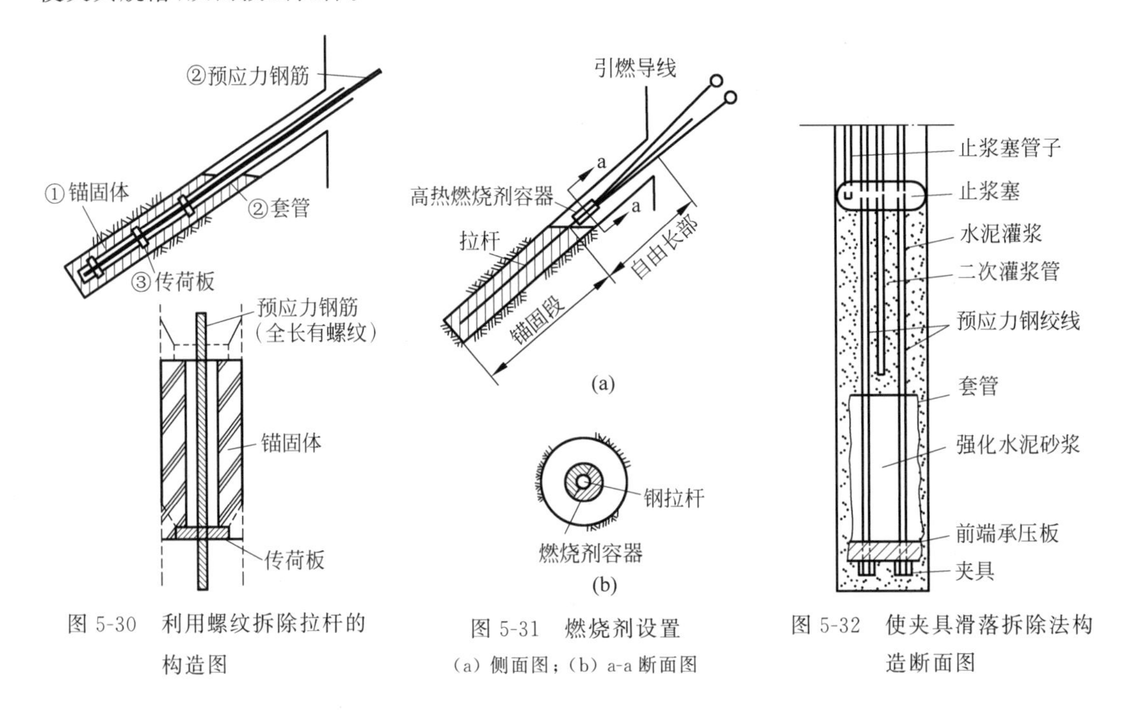

图 5-30 利用螺纹拆除拉杆的构造图

图 5-31 燃烧剂设置
(a) 侧面图；(b) a-a 断面图

图 5-32 使夹具滑落拆除法构造断面图

5.3.4 锚拉式支护基坑工程风险跟踪与监测

5.3.4.1 风险跟踪与监测项目

1. 风险跟踪项目

1）土方开挖

（1）开挖长度、分层高度及坡度；

（2）开挖面岩土体的类型、特征、自稳性；

（3）挡土结构后土体裂缝、沉陷情况；

（4）雨季、汛期施作情况。

2）支护结构施工

（1）支护结构施工工艺；

(2) 挡土结构的变形、裂缝、侵限情况;

(3) 锚杆的变形、松动情况。

3) 地下水控制

(1) 基坑侧壁或基底的涌土、流砂、管涌情况;

(2) 降水或回灌等地下水控制效果及设施运转情况;

(3) 止水帷幕的开裂、渗漏水情况。

4) 维护使用

(1) 开挖面暴露时间;

(2) 基坑周边地表截、排水措施及效果,坑边或基底积水情况;

(3) 基坑周边的堆载情况等;

(4) 工程周边开挖、堆载、打桩等可能影响工程安全的生产活动。

5) 支护结构拆除

锚杆拆除方法、作业人员保护、机械设备等。

6) 监测设施

观察并记录基准点、监测点、监测元器件的完好状况、保护情况。

7) 其他突发风险

(1) 观察并记录是否有机械伤害、高处坠落、物体打击的风险因素,以及其他可能出现的风险,如坑边活荷载和动荷载、地表裂缝等;

(2) 建(构)筑物、地下管线、道路等周边环境的异常情况。

8) 跟踪风险预控措施的实施情况

2. 风险监测项目

风险监测的对象为结构自身和周围岩土体、周边环境。

1) 结构自身和周围岩土体

《城市轨道交通工程监测技术规范》(GB 50911—2013)按照工程监测等级规定的锚拉式支护基坑工程监测项目见表5-6,该表中√为应测项目,○为选测项目。

表5-6 锚拉式支护结构自身和周围岩土体仪器量测项目

序号	监测项目	工程监测等级		
		一级	二级	三级
1	挡土结构顶部水平位移	√	√	√
2	挡土结构顶部竖向位移	√	√	√
3	挡土结构水平位移	√	√	○
4	挡土结构应力	○	○	○
5	锚杆拉力	√	√	√
6	地表沉降	√	√	√
7	土体深层水平位移	○	○	○
8	土体分层竖向位移	○	○	○

续表

序号	监测项目	工程监测等级		
		一级	二级	三级
9	坑底隆起(回弹)	○	○	○
10	挡土结构侧向土压力	○	○	○
11	地下水位	√	√	√
12	孔隙水压力	○	○	○

《建筑基坑工程监测技术标准》(GB 50497—2019)依据基坑工程安全等级的不同确定了不同的监测项目(表 5-7)。

表 5-7 土质基坑工程锚拉式支护仪器量测项目

监测项目	基坑工程安全等级		
	一级	二级	三级
围护墙(边坡)顶部水平位移	应测	应测	应测
围护墙(边坡)顶部竖向位移	应测	应测	应测
深层水平位移	应测	应测	宜测
立柱竖向位移	应测	应测	宜测
围护墙内力	宜测	可测	可测
立柱内力	可测	可测	可测
锚杆轴力	应测	宜测	可测
坑底隆起	可测	可测	可测
围护墙侧向土压力	可测	可测	可测
孔隙水压力	可测	可测	可测
地下水位	应测	应测	应测
土体分层竖向位移	可测	可测	可测
周边地表竖向位移	应测	应测	宜测

2）周边环境

周边环境监测项目详见第 4 章。

5.3.4.2 监测点布设

支护结构与周围岩土体是相互作用、相互影响的，二者之间的联系密切，布设监测点时需要对两者统筹考虑。周边环境监测项目详见第 4 章。

1. 挡土结构顶部水平位移和竖向位移监测点布设

(1) 监测点应沿基坑周边布设，且监测等级为一级、二级时，布设间距宜为 10～20 m；监测等级为三级时，布设间距宜为 20～30 m；

(2) 基坑各边中间部位、阳角部位、深度变化部位、邻近建(构)筑物及地下管线等重要环境部位、地质条件复杂部位等，应布设监测点；

(3) 对于出入口、风井等附属工程的基坑，每侧的监测点不应少于1个；

(4) 水平和竖向位移监测点宜为共用点，监测点应布设在支护桩(墙)顶或基坑坡顶上。

2. 挡土结构水平位移监测点布设

(1) 监测点应沿基坑周边的桩(墙)体布设，且监测等级为一级、二级时，布设间距宜为20～40 m，监测等级为三级时，布设间距宜为40～50 m；

(2) 基坑各边中间部位、阳角部位及其他代表性部位的桩(墙)体应布设监测点；

(3) 监测点的布设位置宜与支护桩(墙)顶部水平位移和竖向位移监测点处于同一监测断面。

3. 挡土结构应力监测点布设

(1) 基坑各边中间部位、深度变化部位、桩(墙)体背后水土压力较大部位、地面荷载较大或其他变形较大部位、受力条件复杂部位等，应布设竖向监测断面；

(2) 监测断面的布设位置与支护桩(墙)体水平位移监测点宜共同组成监测断面；

(3) 监测点的竖向间距应根据桩(墙)体的弯矩大小及土层分布情况确定，且监测点竖向间距不宜大于5 m，在弯矩最大处应布设监测点。

4. 立柱结构竖向位移、水平位移和结构应力监测点布设

(1) 竖向位移和水平位移的监测数量不应少于立柱总数量的5%，且不应少于3根；当基底受承压水影响较大或采用逆作法施工时，应增加监测数量；

(2) 竖向位移和水平位移监测宜选择基坑中部、多根支撑交汇处、地质条件复杂处的立柱；

(3) 竖向位移和水平位移监测点宜布设在便于观测和保护的立柱侧面上；

(4) 水平位移监测点宜在立柱结构顶部、底部上下对应布设，并可在中部增加监测点；

(5) 结构应力监测应选择受力较大的立柱，监测点宜布设在各层支撑立柱的中间部位或立柱下部的1/3部位，并宜沿立柱周边均匀布设4个监测点。

5. 锚杆拉力监测点布设

(1) 锚杆拉力监测宜选择基坑各边中间部位、阳角部位、深度变化部位、地质条件复杂部位及周边存在高大建(构)筑物部位的锚杆；

(2) 锚杆拉力监测应沿竖向布设监测断面，每层锚杆均应布设监测点；

(3) 每层锚杆的监测数量不应少于3根；

(4) 每根锚杆上的监测点宜设置在锚头附近或受力有代表性的位置；

(5) 监测点的布设位置与支护桩(墙)体水平位移监测点宜共同组成监测断面。

6. 地表沉降监测点布设

(1) 沿平行基坑周边边线布设的地表沉降监测点不应少于2排，且排距宜为3～8 m，第一排监测点距基坑边缘不宜大于2 m，每排监测点间距宜为10～20 m；

(2) 应根据基坑规模和周边环境条件，选择有代表性的部位布设垂直于基坑边线的横向监测断面，每个横向监测断面监测点的数量和布设位置应满足对基坑工程主要影响区和次要影响区的控制，每侧监测点数量不宜少于5个；

(3) 监测点及监测断面的布设位置应与周边环境监测点布设相结合。

7. 基坑坑底隆起(回弹)监测点布设

(1) 坑底隆起(回弹)监测应根据基坑的平面形状和尺寸布设纵向、横向监测断面;

(2) 监测点宜布设在基坑的中央、距坑底边缘的1/4坑底宽度处以及其他能反映变形特征的位置;当基底土质软弱、基底以下存在承压水时,宜适当增加监测点;

(3) 回弹监测标志应埋入基坑底面以下20～30 cm。

8. 地下水位观测孔布设

(1) 地下水位观测孔应根据水文地质条件的复杂程度、降水深度、降水的影响范围和周边环境保护要求,在降水区域及影响范围内分别布设地下水位观测孔,观测孔数量应满足掌握降水区域和影响范围内的地下水位动态变化的要求;

(2) 当降水深度内存在2个及以上含水层时,应分层布设地下水位观测孔;

(3) 降水区靠近地表水体时,应在地表水体附近增设地下水位观测孔。

5.3.4.3 监测频率

根据《城市轨道交通工程监测技术规范》(GB 50911—2013)制定的锚拉式支护基坑工程监测频率,见表5-8确定。

表5-8 锚拉式支护基坑工程监测频率

施工进程			基坑设计深度/m				
施工内容	关键工序	开挖深度/m	≤5	5～10	10～15	15～20	>20
基坑开挖	土方开挖、支护施工、地下水控制	≤5	1次/1 d	1次/2 d	1次/3 d	1次/3 d	1次/3 d
		5～10		1次/1 d	1次/2 d	1次/2 d	1次/2 d
		10～15			1次/1 d	1次/1 d	1次/2 d
		15～20				(1～2次)/1 d	(1～2次)/1 d
		>20					2次/1 d
维护使用	地下水控制、支护结构拆除	开挖到底:底板浇筑、肥槽回填	1次/2 d～1次/3 d	1次/1 d～1次/2 d	1次/1 d	(1～2次)/1 d～1次/1 d	2次/1 d～1次/1 d

《建筑基坑工程监测技术标准》(GB 50497—2019)规定开挖后监测频率可按第4章表4-6确定。

5.3.4.4 监测项目控制值

表5-9为《城市轨道交通工程监测技术规范》(GB 50911—2013)规定的支护结构监测项目双控指标控制值。

表 5-9　锚拉式支护基坑工程监测项目双控指标控制值

监测项目	支护结构类型、岩土类型	基坑工程安全等级一级			基坑工程安全等级二级			基坑工程安全等级三级		
		累计值		变化速率/(mm/d)	累计值		变化速率/(mm/d)	累计值		变化速率/(mm/d)
		绝对值/mm	相对基坑深度(*H*)值		绝对值/mm	相对基坑深度(*H*)值		绝对值/mm	相对基坑深度(*H*)值	
支护桩(墙)顶竖向位移	SMW工法墙	—	—	—	—	—	—	30～40	0.5%～0.6%	4～5
	灌注桩、地下连续墙	10～25	0.1%～0.15%	2～3	20～30	0.15%～0.3%	3～4	20～30	0.15%～0.3%	3～4
支护桩(墙)顶水平位移	SMW工法墙	—	—	—	—	—	—	30～60	0.6%～0.8%	5～6
	灌注桩、地下连续墙	15～25	0.1%～0.15%	2～3	20～30	0.15%～0.3%	3～4	20～40	0.2%～0.4%	3～4
支护桩(墙)体水平位移	SMW工法墙 坚硬～中硬土	—	—	—	—	—	—	40～50	0.4%	6
	SMW工法墙 中软～软弱土	—	—		—	—		50～70	0.7%	
	灌注桩、地下连续墙 坚硬～中硬土	20～30	0.15%～0.2%	2～3	30～40	0.2%～0.4%	3～4	30～40	0.2%～0.4%	4～5
	灌注桩、地下连续墙 中软～软弱土	30～50	0.2%～0.3%	2～4	40～60	0.3%～0.5%	3～5	50～70	0.5%～0.7%	4～6
地表沉降	坚硬～中硬土	20～30	0.15%～0.2%	2～4	25～35	0.2%～0.3%	2～4	30～40	0.3%～0.4%	2～4
	中软～软弱土	20～40	0.2%～0.3%	2～4	30～50	0.3%～0.5%	3～5	40～60	0.4%～0.6%	4～6
立柱结构竖向位移		10～20	—	2～3	10～20	—	2～3	10～20	—	2～3
支护墙结构应力		(60%～70%)f			(70%～80%)f			(70%～80%)f		
立柱结构应力										
锚杆拉力		最大值：(60%～70%)f 最小值：(80%～100%)f_y			最大值：(70%～80%)f 最小值：(80%～100%)f_y			最大值：(70%～80%)f 最小值：(80%～100%)f_y		

《建筑基坑工程监测技术标准》(GB 50497—2019)规定的支护结构监测项目双控指标控制值，与《城市轨道交通工程监测技术规范》(GB 50911—2013)的类似，只是按照基坑工程安全等级进行了划分，而不是采用工程监测等级。

监测预警与警情报送详见第1章和第4章相关内容。

5.3.5 施工过程中的风险控制

施工过程中按照土方开挖、锚拉式支护结构施工、地下水控制、维护使用、锚杆拆除五个关键工序和监控量测、应急预案分别进行风险因素的控制。

5.3.5.1 土方开挖

(1) 应与基坑周边相邻工程的施工充分协调，避免相互影响；

(2) 保证锚拉式支护结构的桩(墙)和锚杆强度、地下水控制达到设计要求后方可实施土方开挖；

(3) 应按设计要求控制土方开挖的每层挖深及每段长度，严禁超挖，严禁一次挖到底；

(4) 挖土机械不得压在挡土结构附近进行反铲挖土；

(5) 在机械进行土方作业时，严禁碰撞已施工完毕的挡土结构和锚杆；

(6) 开挖至设计坑底标高以后，及时验收，及时浇筑混凝土垫层；

(7) 针对暴雨或汛期预计等应提出季节性的施工安全措施；

(8) 开挖时若发现地质结构突变或与勘察资料严重不符，应停止开挖，采取相应措施后再继续进行开挖；

(9) 土方堆置应符合设计说明中的相关要求，严禁坑边堆积过大超载；

(10) 作业人员在施工作业时应严格遵守规范，避免在作业过程中产生碰撞和碾压作业人员的事故。

5.3.5.2 锚拉式支护结构施工

(1) 施工应严格按照设计图纸要求，桩、连续墙、锚杆等的施工措施要符合规范要求；

(2) 挡土结构孔径、垂直度、孔深及孔底虚土等应符合设计、相关标准的要求并应进行质量验收；

(3) 保证腰梁连续；混凝土腰梁应与挡土结构紧密接触，不得留有缝隙；腰梁与挡土结构间隙的宽度宜小于100 mm，并应在钢腰梁安装定位后，用强度等级不低于C30的细石混凝土填充密实；

(4) 锚杆孔径应符合设计要求，随基坑土方开挖及时施作锚杆；

(5) 施工后的锚头处腰梁、圈梁强度和刚度应与锚杆拉力相匹配；

(6) 保证挡土结构的施工质量，使其具备足够的强度和刚度，防止其倾斜、变形过大、开裂、折断；

(7) 保证锚杆施工质量，避免锚杆变形过大、锚杆头部失效、锚杆拔出；

(8) 压(拉)力分散型锚杆的制造工艺需准确合格，保证一次注浆和二次注浆质量和锚杆锚固体强度等达到合格要求；

(9) 保证建筑材料以及支护结构各个构配件质量合格；

(10) 锚杆施作的长度和间距、直径、倾角、自由段和锚固段的长度应符合设计要求；

(11) 对于砂层中锚杆出现塌孔、流砂的现象制定可靠的防治措施；

(12) 锚杆施工时应避免打入填土、泥质土、空洞中，也应避免打到管线、工程桩等地下结构，保证锚杆正常机械施工；

(13) 锚杆张拉与锚杆锁定符合设计要求，锚杆张拉后需保证足够的养护时间；

(14) 土方开挖至下一阶段后需及时施作锚杆；

(15) 正确使用钻机、起吊机等设备，钢筋笼下放应小心，防止其发生侧翻；

(16) 施工期间应做好防汛抢险及防台风、抗洪措施。

5.3.5.3　地下水控制

(1) 采用合理的地下水控制方法；

(2) 保证止水帷幕封闭，避免水泥掺量不足、有效厚度或深度不足等情况引发的漏水；

(3) 合理布置降水井以形成封闭降水；

(4) 保证降水井的施工质量，保证其出水量符合要求；

(5) 保证降水井具有一定的深度，避免出现井管淤塞、死井等问题；

(6) 降水与基坑开挖、结构施工的降水深度、降水时间配合合理；

(7) 采用合理的疏、排水措施进行辅助排水。

5.3.5.4　维护使用

(1) 对于支护结构应进行定期检查施工的质量，避免部分挡土结构开裂或锚杆失效导致基坑坍塌；

(2) 采取相应措施减少交叉作业(如坑内打桩、地基处理或施工抗浮锚杆等)对基坑支护结构的影响；

(3) 采取相应措施减少邻近工程施工影响；

(4) 基坑开挖到底后应按照施工计划及时进行基础施工，避免坑底暴露时间过长；

(5) 做好坑内外排水系统的衔接；

(6) 注意基坑周边荷载不能超过限制荷载；

(7) 基坑肥槽应回填密实。

5.3.5.5　锚杆拆除

(1) 可回收锚杆应随(地下结构施工)地下结构的回筑逐步拆除，拆除前应按照设计要求进行换撑；

(2) 锚杆拆除过程中针对作业人员应采用相应的保护措施；

(3) 进行拆除工作时应按照操作要求，正确操作机械设备。

5.3.5.6　监控量测

(1) 应按规范要求布设监测点；

(2) 应落实专人负责定期做好监测数据的收集、整理、分析与总结；

(3) 应重视监测数据的反馈信息，准确进行监测信息分析与预判，及时启动监测数据出

现连续报警与突变值的应急预案;

(4) 施工过程应做好对各类监测点的保护,确保监测数据连续性与精确性;

(5) 保证测点布置齐全,监测间隔时间合理;

(6) 保证监测项目全面、准确、及时,监测技术正确,监测数据真实、全面、准确;

(7) 及时进行预警、报警,第一时间进行抢险;

(8) 保证现场巡视全面到位。

5.3.5.7 应急预案

(1) 保证针对可能出现的风险均有切实可行的应急预案,保证应急措施合理有效;

(2) 出现问题后应及时进行分析和处理,迅速落实应急预案;

(3) 针对支护结构变形过大,地面沉降或周边建(构)筑物沉降超标应及时采取应急处置措施;

(4) 当坑底隆起过大时,应采用坑内加载反压、调整分块开挖方案,及时浇注垫层及结构等应急处理措施;

(5) 当挡土结构渗水、流土时,采用坑内堵、排结合的应急处理措施,严重时应立即回填;

(6) 当出现流砂、管涌时,采取回填、降低水头差、设置反滤层封堵等应急处理措施。

5.4 事故案例分析

5.4.1 广西绿地中央广场房地产项目 D 号地块(二期)基坑崩塌事故

5.4.1.1 工程概况

广西绿地中央广场房地产项目 D 号地块(二期)(沿街商业、D2 号楼、D3 号楼、地下室 2 区、地下室 3 区)项目总建筑面积 93 906.69 m^2。该地块北侧、西侧、南侧均为道路,东侧紧邻学校操场。基坑采用锚拉式支护结构。

5.4.1.2 事故经过

6 月 7 日 12:00 据项目负责人报告,6 月 6 日下午 18:00 发现项目地表位移加大,裂缝加宽,至 6 月 7 日上午 12:00 左右,位移累计约 50 cm,裂缝宽达 15 cm,抢险设备及人员已在现场,6 月 8 日基坑西侧出现坍塌及路面下陷,开裂下陷的地面形成一个大坑,裂缝宽度达到 40 cm 左右,影响距离约 20 m,工地的围墙也已经开裂(图 5-33)。

5.4.1.3 事故后果

3 人遇难,3 人重伤,1 人轻伤。

图 5-33　南宁基坑工程局部坍塌

5.4.1.4　事故原因

1. 勘察阶段

（1）勘察时对周边地层中长期渗漏的水管未引起较大重视，对渗透情况的勘察不详细；

（2）水管长期渗漏加之支护结构持续变形，导致基坑周边土体被掏空，局部土体泡软，导致水管爆裂，预应力锚索锚固力迅速降低，基坑锚索结构失效，最终导致基坑坍塌；

（3）针对渗漏可能引发的灾害未提出有效的防治措施及方案。

2. 设计阶段

（1）勘察失误，导致设计出现缺陷；

（2）对周边环境风险估计不足。

3. 施工阶段

（1）基坑超挖；

（2）建筑材料、构配件未经检验合格擅自使用；

（3）基坑出现较大累计变形时，因前期并无有效的应急管理方案，导致基坑错位变形后临空时间较长，未能及时进行有效的基坑加固处理。

5.4.2　某住宅楼基坑坍塌事故

5.4.2.1　工程概况

基坑东、西、南侧均为住宅，北侧邻近市政主干道路，采用旋挖灌注桩与预应力锚索相结合的支护方式。基坑工程周长约为 430 m，占地面积约为 9800 m^2。场地内地形较平坦，地面标高介于 1309.85～1313.20 m 之间，平均高程为 1311.70 m，场地高差为 3.35 m。基坑开挖深度为 15.85～16.05 m。

基坑东面为小区住宅，有 8 栋 7 层住宅楼，框架结构，桩基础，基础埋深为 9～14 m，其中有 4 栋住宅楼紧邻用地红线，距基坑边线 20.5～36.4 m；基坑北面临市政主干道，道路距基坑边线约 40 m；基坑西北、西南面为 2～3 层住宅群；西面为 2～4 层住宅群，以砖结构和砖混结构为主，独立基础、满堂基础或毛石基础，基础埋深为 1.5～2.5 m，紧邻用地红线；基坑南面为 6 栋 6 层住宅楼，框架结构，距基坑边线最近建筑为 1 栋 4 层砖混结构住宅，距离约为 8.3 m。

5.4.2.2 事故经过

施工过程中，监理单位针对基坑及周边环境进行了现场巡查和监测，但各种原因导致监测数据不完整。坡顶位移及沉降观测数据显示：6月5日至6月14日锚索施工时，出现钻孔涌水冒砂，此时周边建筑物以及地表无明显变化，至6月22日坡顶排水沟出现裂缝；9月4日到9月24日土方开挖期间沉降变形达25 mm，累计沉降已达50 mm，超过规定预警值；9月11日至9月13日土方向下开挖时，水平和垂直位移明显，地面排水沟与冠梁间出现新裂缝，钻孔涌水冒砂情况更为严重；10月8日进行地面裂缝地简单修补，土方开挖停滞；10月28日至11月11日，继续开挖并进行第四排锚索施工，此阶段累计变形量达近70 mm，超过预警值两倍以上。锚索施工时钻孔继续涌水漏砂，水压加大，基坑侧壁支护桩之间也出现多处涌水冒砂且地面开裂再次发生，11月2日冠梁与排水沟交接处再次开裂，西南地面也出现裂缝，11月4日冠梁转角处开裂；11月11日至次年2月4日，开挖至坑底并进行第五排锚索施工，由于钻孔内水压过大，导致第五排锚索无法施工，侧壁涌水漏砂严重，地面沉降明显，此阶段累计沉降约77.3 mm，12月4日，裂缝宽度达到54 mm，12月10日，西侧地面已塌空。自基坑开挖6月24日第一次观测至今累计变形值已达到298 mm（图5-34）。

图5-34 基坑侧壁涌水漏砂

5.4.2.3 事故后果

未造成人员伤亡，但导致基坑周边建筑物下沉开裂严重，成为危房，部分被迫进行拆除，塔吊周围地面塌空，塔吊基础开裂。

5.4.2.4 事故原因

1. 设计阶段

（1）基坑地下水控制设计未与支护结构设计统一考虑，选用锚拉式支护结构，又采用全封闭的止水帷幕，施工时必然会钻穿止水帷幕，从而导致钻孔涌水冒砂，水土流失使得周边地表沉降过大；

（2）锚杆支护结构不应应用于软土层以及高水位碎石土和砂土层中，此基坑坑外水位处于较高水平；

（3）止水帷幕设计不合理，搭接长度不足，设计桩长较长，施工时垂直度难以控制。

2. 施工阶段

（1）止水帷幕施工时施工质量未得到保证，桩的定位、垂直度、钻进及提钻喷浆速度等未进行严格控制，且截水单元本身质量存在缺陷导致止水帷幕质量差；

（2）施工单位应急预案落实不到位，对于涌水漏砂问题未引起足够重视，未按要求组织勘察、设计、建立及业主等进行分析论证会议；

（3）各种原因导致监测测点数据不完整；

(4) 该基坑监测频率与规范要求严重不符,监测间隔过长,未能及时、准确、完整地描述基坑变形情况,不仅未能做到动态设计,同时也未能对险情进行提前预警。

5.4.3　北京某基坑工程塌方事故

5.4.3.1　工程概况

据勘察报告提供资料,某工程基坑开挖深度为11 m,地下水情况较简单,影响基槽施工的主要是埋深在3 m左右的上层滞水,主要赋存于粉土、粉质黏土等细粒地层中,含水量不大。本工程采用了桩锚支护体系,并采取了大口井降水措施(井深22 m)。护坡方案为:沿基坑四周布置直径为0.6 m的护坡桩,桩间距1.2 m,在3.5 m位置设置一道锚杆,锚杆与桩体之间通过腰梁连结在一起(图5-35)。

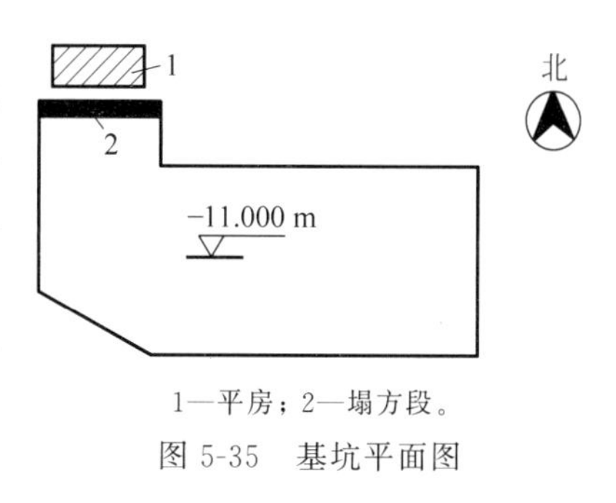

1—平房;2—塌方段。

图5-35　基坑平面图

在基坑北侧距基坑3 m左右处,仍然住着数户居民,由于建设单位与居民间就拆迁、补偿等方面迟迟达不成协议,致使居民仍滞留在平房内生活,居民生活所用厨房及下水道均为自建,常年失修,渗漏严重,又恰逢盛夏,居民洗澡比较频繁,渗水量加大。

5.4.3.2　事故经过

8月初的一天夜里下起了大雨,并持续了一夜,第二天清早8点左右,在前后不足5 min的时间内,邻近几户居民的一段围护桩发生倒塌。据现场目击者介绍,护坡桩的倒塌过程是:组成腰梁的两根槽钢自东向西被拉开,下面一根槽钢坠落(此时锚杆与桩的连结已经失效,锚杆的拉力无法正常传到桩上)。腰梁塌落后,支护桩又呈悬臂状态挺立了片刻,然后就整体倒塌。

5.4.3.3　事故后果

无人员伤亡。

5.4.3.4　事故原因

1. 设计阶段

(1) 根据事故复核,锚杆及支护结构设计安全系数取值不当,导致锚杆抗拔力不足;

(2) 针对长期渗漏的水管未引起足够的重视,未提出可行的应急处理措施。

2. 施工阶段

(1) 现场管理不到位,对可能引起基坑事故的不利因素,如长期渗漏引起的土体含水量加大等现象未能及时发现并进行处理;

(2) 施工单位应急预案落实不到位,对于渗漏问题未引起足够重视;

(3) 在发现渗漏情况后,未能及时加强监测,未能及时采取相应的预防措施。

青年学子、工程技术人员应志存高远、脚踏实地,勤奋学习、实践,以防止和减少基坑工程事故、保障人民群众生命和财产安全为己任,推动基坑工程设计与施工的科学化、系统化和规范化。

第6章

支撑式支护基坑工程风险控制

6.1 概述

6.1.1 支撑式支护结构基本概念

支撑式支护结构是由挡土构件和内支撑构件所组成的基坑支护结构体系；其含义可以用“外护内支”四个字表述：“外护”指的是用挡土构件对外挡住边坡土体和（或）地下水，承受土压力和水压力；“内支”是指利用内支撑构件为维护挡土构件的稳定而提供的支撑力，支撑在基坑侧壁上，以保证基坑开挖的稳定。支撑式支护结构挡土构件与锚拉式支护结构一样，包括排桩、SMW（水泥土搅拌墙体）和地下连续墙；内支撑构件一般为钢支撑（型钢撑、钢管撑）、钢筋混凝土支撑，水平或斜向设置，对于开挖范围比较大的基坑工程，为了内支撑的稳定而增加临时立柱。支撑式支护结构组成如图6-1所示。

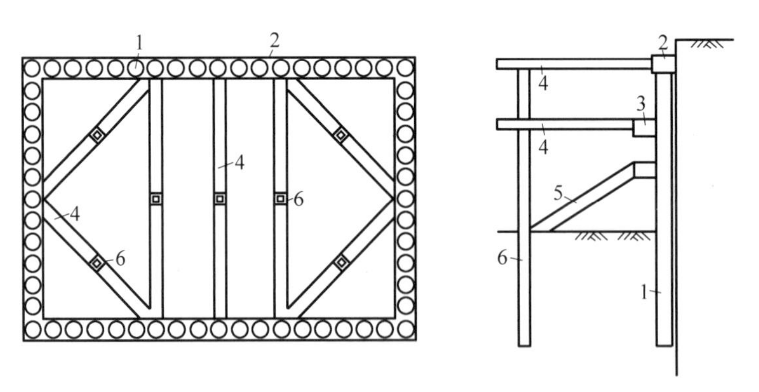

1—桩（墙）；2—冠梁；3—腰梁；4—内支撑（水平）；5—内支撑（斜）；6—立柱。

图6-1 支撑式支护结构组成示意图

支撑式支护结构具有刚度大、受力好的特点，能满足基坑整体受力性能和稳定性的要求，可应用于超深基坑的支护结构且可适用各种地层条件。

6.1.2　支撑式支护结构分类

6.1.2.1　按支撑材料分类

内支撑材料主要有木材、钢材和钢筋混凝土等材料，除了一些小型基坑有时采用木支撑外，一般基坑中都采用钢结构或钢筋混凝土结构体系，有时候在一个基坑中也有将钢和混凝土支撑混用的情况。不同材料的支撑体系，其支撑结构形式不同，支撑的布置也不相同，设计计算内容也有差异，施工侧重点也有所不同。表 6-1 给出了钢支撑和钢筋混凝土支撑在变形特性、适应条件、节点的特点和施工方法等方面的区别。

表 6-1　钢支撑和钢筋混凝土支撑的主要区别

材　料	钢　支　撑	钢筋混凝土支撑
	采用钢管或型钢	钢筋混凝土
施工方法	预支后现场拼装	现场浇筑
节点	焊接或螺栓连接	一次浇筑而成
适应性	适用于对撑布置方案，平面布置变化受限制；只能受压不能受拉，在软土地区不宜作为深基坑的第一道支撑	易于通过调整断面尺寸和平面布置形式为施工留出较大的挖土空间，既能受压又能受拉，亦经得起施工设备的撞击
对布置的限制	荷载水平低，支撑在竖向和水平向的间距都比较小	荷载水平高，布置不受限制，可放大截面尺寸以满足较大的间距要求
支撑的形式	安装结束时已形成支撑作用，还可以用千斤顶施加轴力以调整挡土结构变形	混凝土硬结后才能整体形成支撑作用，混凝土收缩变形大影响支撑内力增长
重复使用的可能性	在等宽度的沟渠开挖时可做成工具式重复使用，但在建筑基坑中因尺寸各异难以实现重复使用的要求	无法重复使用
支撑的利用或拆除	拆除方便，但无法在永久性结构中使用	在维护结构兼作永久性结构的一部分时钢筋混凝土支撑可以作为永久性构件，但如不作为永久性构件，拆除工作量大
支撑体系的刚度与变形	刚度小，整体变形大	刚度大，整体变形小
支撑体系的稳定性	稳定性取决于现场瓶装的质量，包括节点轴线的对中精度、杆件受力的偏心程度以及节点连接的可靠性，个别节点的失稳会导致整体破坏	现浇的钢筋混凝土体系节点牢固，支撑的稳定性可靠

6.1.2.2　按支撑布置形式分类

支撑系统的结构形式种类繁多，它取决于基坑所处的地质及环境条件、平面尺寸、深度、基坑内结构物的层高尺寸和施工要求等诸多因素，常见的有以下几种形式。

1. 单跨压杆式支撑

当基坑平面呈窄长条状、短边的长度不是很大时，所用的支撑杆件在该长度下的极限承载力尚能满足挡土系统的需要，则采用这种形式。其具有受力特点明确，设计简洁，施工安装灵活方便等优点(图 6-2)。

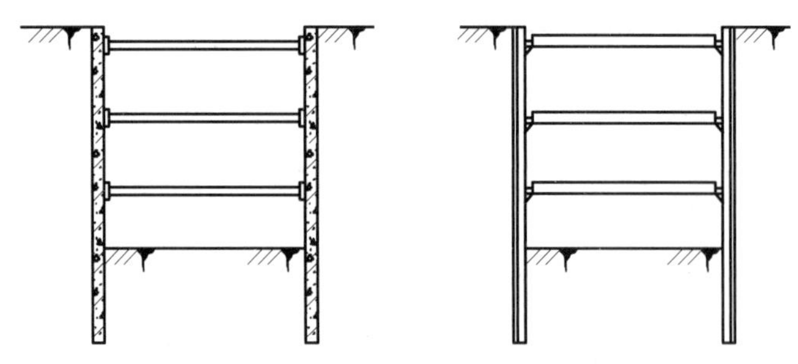

图 6-2　单跨压杆式支撑

2. 多跨压杆式支撑

当基坑平面尺寸较大,支撑杆件在基坑短边长度下的极限承载力尚不能满足挡土系统的要求时,就需要在支撑杆件中部设置若干支点,就组成了多跨压杆式支撑系统,如图 6-3 所示,它与挡土系统的连接节点如图 6-4 所示,这种形式支撑受力也较明确,施工安装较单跨压杆式来得复杂。

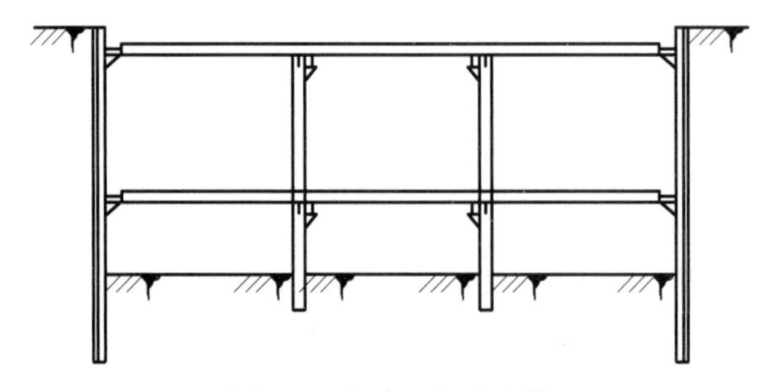

图 6-3　多跨压杆式支撑

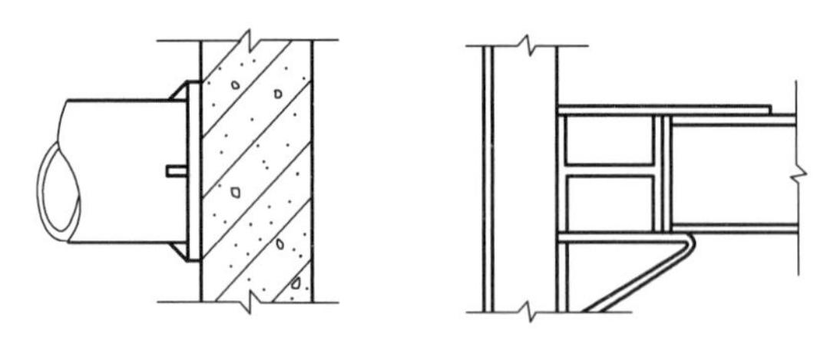

图 6-4　支撑与挡土系统的连接节点

多跨压杆式支撑系统与单跨压杆式支撑系统均存在着短边方向两个侧面挡土系统如何支撑问题,对于短边长度较小的基坑,可采用搭角斜撑方法(图 6-5),但如果短边长度并不较小,则这两个支撑系统就暴露出它们明显的缺陷,要解决短边侧面的支撑,必须在与长边平行的方向上也建立框架支撑系统。

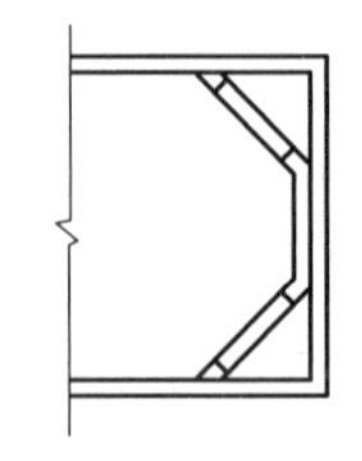

图 6-5　搭角斜撑

3. 对撑式双向多跨压杆式支撑

当基坑平面长、宽尺寸很大而又对坑周土体位移有较严格控制要求时,为对四边的挡土系统迅速加以支撑以减少墙体无支撑暴露时间,必须在基坑内建立对撑式可施加预加支撑轴力空间钢结构杆件系统，这个空间结构对各个节点的安装、焊接都有较高的要求，如图 6-6 所示，两方向上支撑连接节点如图 6-7 所示。

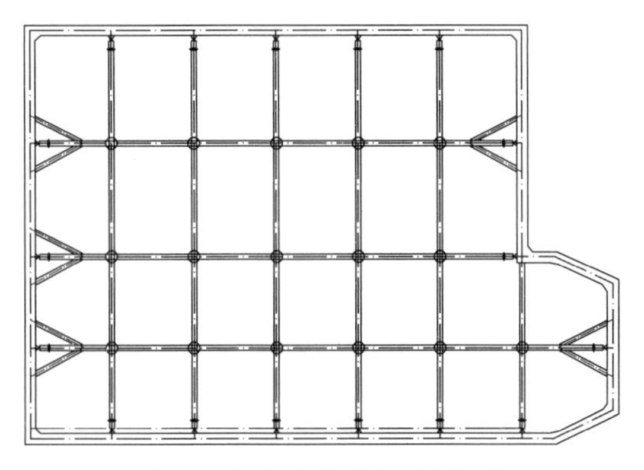

图 6-6 双向多跨压杆式钢支撑

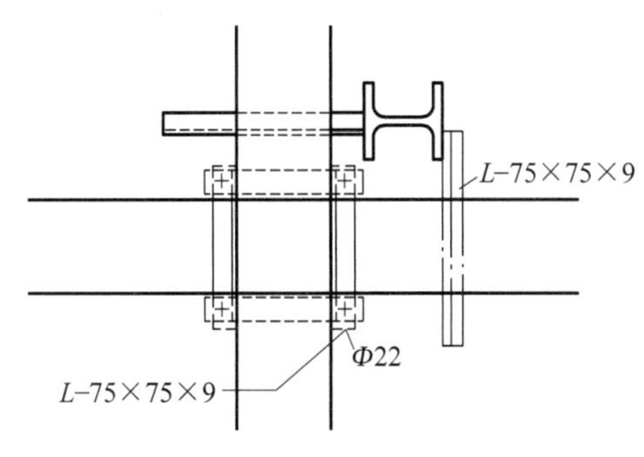

图 6-7 连接节点

该种形式的钢筋混凝土支撑系统适用于分层分部开挖施工工艺，但要根据地质条件和具体基坑变形控制要求，必要时在挡土墙被动区进行地基加固。

4. 水平封闭框架支撑

挡土结构在开挖支撑施工中，允许较长的无支撑暴露时间时，基坑中采用钢筋混凝土水平封闭框架支撑结构，现浇钢筋混凝土封闭桁架达到要求的强度后，可具有较高的整体刚度和稳定性，由于基坑支撑是一种临时结构，在满足强度、刚度和稳定性的前提下，可以尽可能地优化支撑结构形式，以求达到节省投资，方便开挖施工的目的。钢筋混凝土水平框架支撑结构的平面布置和它与挡土壁之间的连接节点如图 6-8 所示。

5. 水平桁架支撑结构

由于现在深基坑施工中，基坑平面形状复杂、面积大，给传统支撑结构布置带来了一定的困难，所以为了满足大型基坑对支撑的强度、刚度和稳定要求，同时又能方便基坑施工，可以采用钢筋混凝土桁架或钢筋混凝土与钢结构混合的水平桁架结构，用桁架结构作围檩，增大了围檩的跨度和刚度，扩大了施工空间，并能有效地控制基坑的变形(图 6-9)。

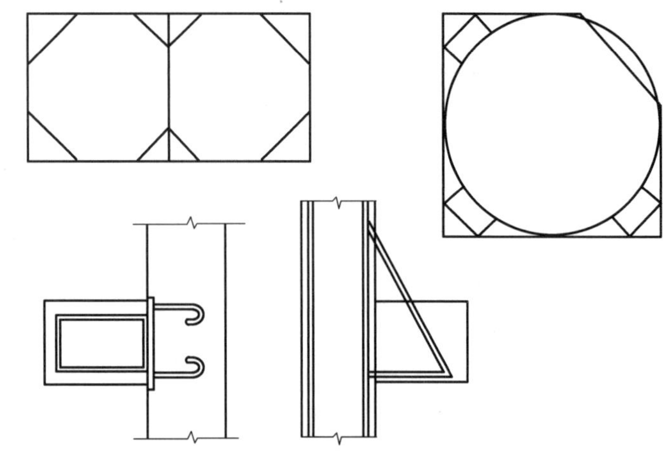

图 6-8　水平框架支撑

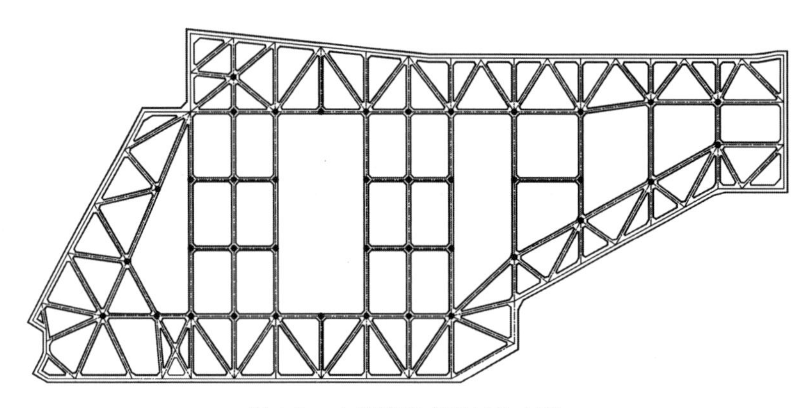

图 6-9　水平桁架支撑结构布置

6.1.3　支撑式支护结构作用机制与工作性能

内支撑式支护结构是由竖向挡土结构和内支撑两个部分组成，基坑开挖所产生的土压力和水压力首先由挡土结构来承担，然后由挡土结构将承受的水土压力传递给内支撑，应力传递路径为挡土结构→冠梁(围檩或腰梁)→内支撑。

当基坑的开挖深度逐渐加深时，基坑外侧土压力逐渐增大，经过支护结构的应力传递，造成内支撑轴力也逐渐增大。

对钢支撑结构施加轴向预应力后，钢支撑通过围檩进行应力传递，使其内支撑体系与围护结构密贴，有效减少支护结构位移，确保周边环境安全可控。

支撑式支护结构受力机制如图 6-10 所示。

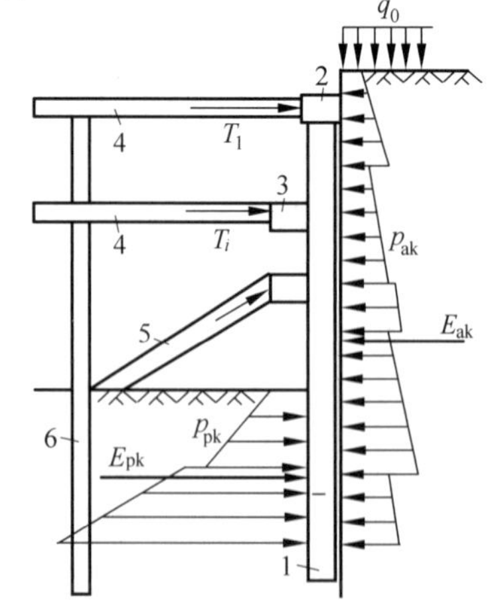

1—桩(墙)；2—冠梁；3—腰梁；4—内支撑(水平)；5—内支撑(斜)；6—立柱。

图 6-10　支撑式支护结构受力机制

6.1.4 支撑式支护结构特点与应用

6.1.4.1 支撑式支护结构主要优点

1. 施工质量较易控制

本章所述的支护形式无论是支撑构件还是挡土构件，最常见的是钢筋混凝土，也有钢构件。因其工艺本身保证了施工人员与监督人员较易于控制质量，其质量的稳定程度较高。即或是木构件，其质量也较易于检验和控制，成品的质量稳定性相应地也较高。

2. 充分发挥材料在性质上的优点，达到经济的目的

作为支撑构件，不论是多道钢管交叉支撑还是钢筋混凝土对撑和角撑，在受水平力时基本上是受压构件。近年来采用渐多的钢筋混凝土内支撑正符合混凝土材料抗压能力高而抗拉能力低的特点。

3. 尤其适合于在软土地基中采用

在深厚软土地基中土压力较大，对于内撑式支护的支撑结构来说，仅要相应地加大断面以提高其承载力。而对锚拉式结构来说，除荷载加大之外，还因为土质软，要数量更多、要求更高的锚杆才能达到支护的目的。从这意义上来说内撑式支护尤其适合于软土基坑使用。

4. 在一定的条件下具备缩短工期的潜力

支撑构件可以一次性开挖浇注成形。当各种条件具备时，可以实行机械化开挖。对于狭长形基坑(如综合管廊、地车车站等)，机械化开挖配合流水作业，往往能够达到缩短工期和节约造价的目的。

5. 受力明确

支撑式支护结构受力明确，可充分协调发挥各构件的力学性能，安全可靠，能够在稳定性和控制变形方面满足对基坑结构及周围环境保护的设计标准要求。

6.1.4.2 支撑式支护结构局限性

由于工程问题的复杂性，施工的影响因素是多方面的。支撑式支护结构的局限性主要体现在以下方面：

(1) 形成内撑并达到必要的强度，需占用一定的工期。由于深基坑工程(包括地下室)往往应抢在旱季施工完毕，因此工期是非常宝贵的；

(2) 内支撑的存在有时对大规模机械化开挖不利；

(3) 四周挡土结构施作完成后当开挖深度大时机械进出基坑不甚方便。尤其是开挖最后阶段挖土机械退出基坑需整体或解体吊出。

6.1.4.3 支撑式支护结构应用范围

从地质条件上看，支撑式支护结构可适用于各种地质条件下的基坑工程，而最能发挥其优越性的是软弱地基中的基坑工程，在软土地层中单根土锚所能提供拉力很有限，且易发生蠕变导致承载力降低，也正因此，《建筑基坑支护技术规程》(JGJ 120—2012)不建议在软土地层的深基坑中使用土锚。而内撑式支护构件自身的承载能力只与构件的强度、截面尺寸及形式有关，而不受周围土质的制约。

从开挖深度上看，支撑式支护结构的基坑深度不受限制。至于多大的开挖深度、出现多大的土压力适宜采用内撑，则应通过技术和经济比较决定。

从基坑的平面尺寸来看，这种挡土形式适用于平面尺寸不太大的基坑。过大的基坑必然导致内支撑的长度与断面太大，以至于可能出现经济上不合理的情况。从挡土平面布置来看，内撑式一般适用于周圈挡土或对边挡土，这样才能在支撑杆件中形成对称的轴力。

6.2 支撑式支护结构设计与风险预控

6.2.1 支撑式支护结构设计

6.2.1.1 设计基本内容

支撑式支护结构可将整个结构分解为挡土结构、内支撑结构分别进行分析：挡土结构宜采用平面杆系结构弹性支点法进行分析；内支撑结构可按平面结构进行分析，挡土结构传至内支撑的荷载应取挡土结构分析时得出的支点力；对挡土结构和内支撑结构分别进行分析时，应考虑其相互之间的变形协调。

设计工况应包括基坑开挖至坑底的状态和支撑设置后的开挖状态。当需要在主体地下结构施工过程中以其构件替换并拆除局部支撑时，设计工况中尚应包括拆除支撑时的状态。结构的构件应按各设计工况内力和支点力的最大值进行承载力计算。替换支撑的主体地下结构构件应满足各工况下的承载力、变形及稳定性要求。对采用水平内支撑的支撑式结构，当不同基坑侧壁的支护结构水平荷载、基坑开挖深度等不对称时，应分别按相应的荷载及开挖状态进行支护结构计算分析。

6.2.1.2 挡土结构设计

挡土结构设计见第 2 章相关内容。

6.2.1.3 内支撑结构设计

内支撑结构设计应包括：材料选择和结构体系的布置、内力和变形计算方法、构件强度和稳定验算、构件与节点设计、安装和拆除要求、监测要求等。

1. 材料选择和结构体系的布置

内支撑体系的选型和布置应根据下列因素综合考虑确定：基坑使用要求、平面的形状、尺寸和开挖深度；基坑周围环境保护和邻近地下工程的施工情况；场地工程地质和水文地质条件；挡土结构形式；主体工程地下结构布置；地区工程经验和材料供应情况。

1）平面支撑体系

平面支撑体系整体性好，水平力传递可靠，平面刚度较大，适合于大小深浅不同的各种基坑。平面支撑体系由腰梁（或围檩）、水平支撑和立柱组成（图 6-11），可以分为：贯通基坑全长或全宽的对撑或对撑桁架；位于基坑角部两邻边之间的斜角撑或斜撑桁架；位于对撑或对撑桁架端部的八字撑；平行于基坑边由弦杆和腹杆组成的边桁架等。平面支撑体系直接平衡支撑两端挡土墙上所受到的部分侧压力，且构造简单，受力明确，适用范围较广。但当构件长度较大时，应考虑弹性压缩对基坑位移的影响。

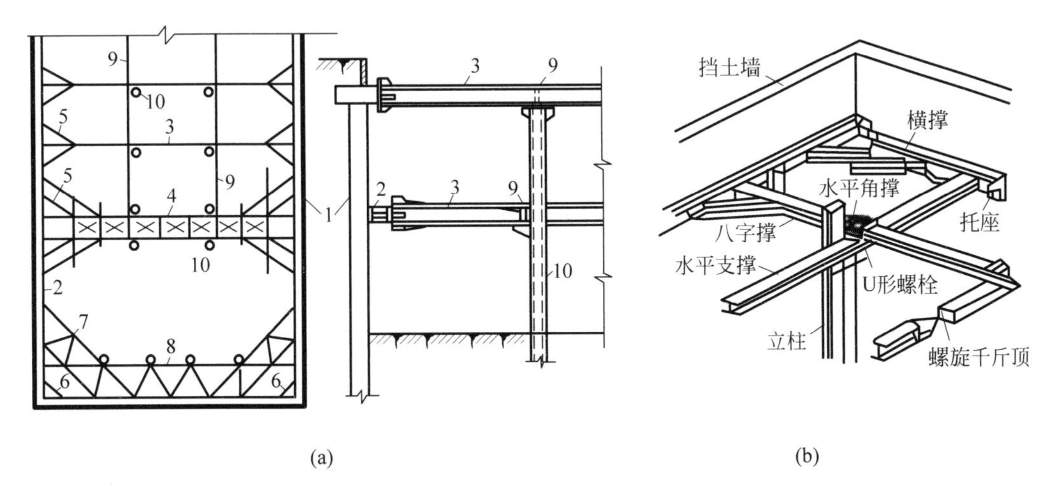

1—挡土墙；2—围檩；3—对撑；4—对撑桁架；5—八字撑；6—斜角撑；7—斜撑桁架；8—边桁架；9—连系杆；10—立柱。

图 6-11　平面支撑体系

2）平面布置

支撑布置要注意不妨碍主体工程施工，通常支撑轴线平面位置应避开主体工程的柱网轴线，混凝土支撑的水平间距一般为 8～10 m，钢支撑水平间距一般为 3～6 m。各层支撑端部与挡土构件之间一般设置腰梁。

(1) 钢结构支撑平面布置：一般情况下宜优先采用相互正交、均匀布置的平面对撑或对撑桁架体系；对于长条形基坑可采用单向布置的对撑体系，在基坑四角设置平面斜撑；当相邻支撑间水平距离较大时，为减少腰梁计算跨度，可在支撑端部设置八字撑，八字撑应左右对称，长度不大于 9 m，与腰梁夹角以 60°为宜，沿腰梁长度方向上支撑点(包括八字撑)间距不宜大于 4 m，以减少腰梁截面尺寸。

(2) 混凝土支撑平面布置：混凝土支撑除可以采用钢支撑的布置方式外，根据具体情况还可以采取以下布置方式：

① 平面形状比较复杂的基坑可采用边桁架和对撑或斜角撑组成的平面支撑体系，边桁架的矢高不宜大于 12 m，在其两端支座处应设置对撑或斜角撑加强；在基坑平面中需要留设较大作业空间时，可采用边桁架和对撑桁架或斜撑桁架组成的平面支撑体系；

② 对于边长较短平面形状近似正方形的基坑可采用布置在基坑四角的斜撑桁架所组成的平面支撑体系；布置对撑桁架或斜撑桁架时，要注意尽可能使得支撑两端受力平衡。

3）竖向布置

在基坑垂直平面内，根据需要可以设置一道或多道支撑。具体数量应根据开挖深度、地质条件和环境保护要求等因素由计算确定。在地下水位较高的软土地区，基坑深度小于 8 m 时，可设置 1 道支撑；深度加深时，应增加竖向支撑道数，支护结构水平支撑数量可参考表 6-2。

表 6-2 水平支撑数量参考表

基坑开挖深度/m	水平支撑数量/道	
	软土地区	一般地区
≤8	1～2	1
8～12	2～3	1～2
12～15	3～4	2～3
15～18	4～5	3～4

当有多道支撑时，上、下各层水平支撑轴线应尽量布置在同一竖向平面内，竖向相邻支撑净距离不能小于 3 m，采用机械挖土时不能小于 4 m。

各层水平支撑通过立柱形成空间结构，立柱布置在纵横向支撑交点处或桁架式支撑节点位置上，避开主体工程梁、柱及混凝土剪力墙位置。立柱间距应根据支撑构件的稳定要求和竖向荷载的大小确定。立柱下沉或由于坑底土回弹，以及相邻立柱间差异沉降等因素，可能导致水平支撑产生次应力，削弱支护结构刚度，因此立柱应有足够的埋入深度。通常应尽可能结合主体结构工程桩设置，并与工程桩整体连接。

一般情况下应用挡土结构冠梁作为第一道支撑腰梁，当第一道支撑标高低于冠梁标高时，应另设腰梁。在不影响地下室底板施工的情况下，最下面一道支撑尽可能降低，以改善支护结构受力性能。为了不妨碍主体工程结构施工，支撑底面与地下室楼盖梁顶面或楼板顶面之间的净距离不宜小于 500 mm；当支撑和腰梁位于地下室竖向承重构件（如柱子或剪力墙墙）垂直平面时，不应小于 600 mm。

4）竖向斜撑体系

竖向斜撑体系通常应由斜撑、腰梁和斜撑基础等构件组成（图 6-12）。竖向斜撑体系要求土方采取“盆形”开挖，即先开挖中部土方，沿四周挡土墙预留土坡，待斜撑安装后，再挖除四周土坡。竖向斜撑体系一般适用于开挖深度不大的基坑。对于平面尺寸较大，形状复杂的基坑，采用竖向斜撑方案可以获得较好的经济效果。

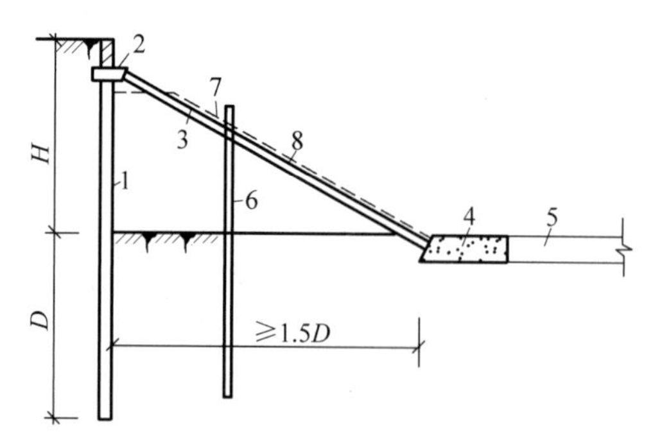

1—挡土墙；2—檩条；3—斜撑；4—斜撑基础；5—基础压杆；6—立柱；7—土坡；8—连系杆。

图 6-12 竖向斜撑体系

斜撑宜采用型钢或组合型钢截面，斜撑坡度应与土坡稳定边坡一致，斜撑与基坑底面之间夹角一般不宜大于 35°，地下水位较高的软土地区不宜大于 26°。斜撑应尽可能沿腰梁长度方向均匀对称布置，水平方向间距不宜大于 6 m。在基坑的角部可辅以布置水平支撑。斜撑应满足强度和稳定性的要求，一般而言斜撑长度超过 15 m 时，应在斜撑中部设置立柱，并在立柱与斜撑的节点上设置纵向连系杆。斜撑与腰梁、斜撑与基础以及腰梁与挡土墙之间连接应满足斜撑水平分力和垂直分力的传递要求。

5）混合支撑体系

利用两种基本支撑体系，可以演变成其他支撑形式，如“中心岛”、类似竖向斜撑方案。施工基坑中部主体结构，利用完成的主体结构安装水平支撑或斜撑。在特殊情况下，同一个基坑里也可同时布置两种支撑形式，如图 6-13 所示。

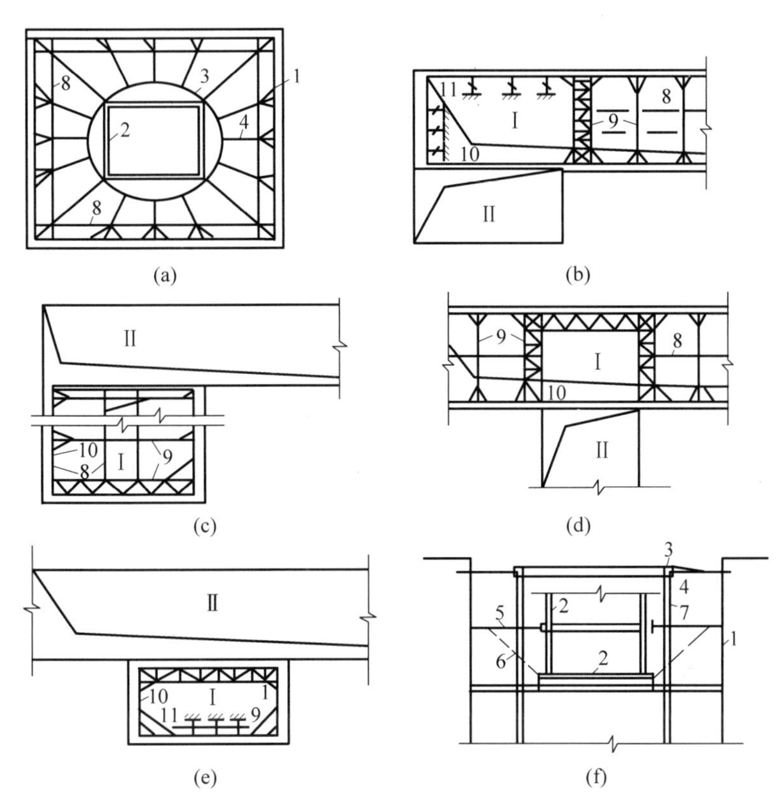

Ⅰ—深坑部位；Ⅱ—浅坑部位(或原有地下工程)；

1—挡土墙；2—主体工程的芯部结构；3—环形支撑；4—环形支撑的径向支撑；5—借助主体结构的水平支撑；6—预留土坡(待支撑 5 安装后挖除)；7—立柱；8—连系杆；9—水平支撑或桁架；10—腰梁；11—竖向斜撑。

图 6-13　混合支撑体系

2. 内力和变形计算方法

内支撑设计工况应遵循“纵向分段、竖向分层、先撑后挖、先换后拆、严禁超挖、动态设计”的原则。内支撑结构设计时，应考虑地质条件的复杂性和基坑开挖步序的变化而出现的偶然状况，并应在设计上采取必要的防范措施。其结构宜采用超静定结构；在复杂环境或软弱土质中，应选用平面或空间的超静定结构，并应考虑支护结构个别构件的提前失效而导致土压力作用位置的转移，并宜设置必要的冗余支撑。

1）内支撑结构分析应符合下列原则：

(1) 水平对撑与水平斜撑，应按偏心受压构件进行计算；支撑的轴向压力应取支撑间距内挡土构件的支点力之和；腰梁或冠梁应按以支撑为支座的多跨连续梁计算，计算跨度可取相邻支撑点的中心距。

(2) 矩形平面形状的正交支撑,可分解为纵横两个方向的结构单元,并分别按偏心受压构件进行计算。

(3) 不规则平面形状的平面杆系支撑、环形杆系或环形板系支撑,可按平面杆系结构采用平面有限单元法进行计算;对环形支撑结构,计算时应考虑基坑不同方向上的荷载不均匀性;当基坑各边的土压力相差较大时,在简化为平面杆系时,尚应考虑基坑各边土压力的差异产生的土体被动变形的约束作用,此时,可在水平位移最小的角点设置水平约束支座,在基坑阳角处不宜设置支座。

(4) 在竖向荷载作用下内支撑结构宜按空间框架计算,当作用在内支撑结构上的施工荷载较小时,可按连续梁计算,计算跨度可取相邻立柱的中心距。

(5) 竖向斜撑应按偏心受压杆件进行计算。

(6) 当有可靠经验时,宜采用三维结构分析方法,对支撑、腰梁与冠梁、挡土构件进行整体分析。

2) 内支撑布置一般应注意以下几点:

(1) 水平支撑层数根据基坑开挖深度、地质条件、地下室层数、标高等条件结合选用的挡土构件和支撑系统决定,另外还应满足结构的变形控制要求,以控制对周围环境影响。

(2) 设置支撑标高以不妨碍主体工程地下结构各层构件的施工为标准,一般情况下,支撑构件底与主体结构面之间的净距不宜小于 500 mm。

(3) 各层支撑的走向应尽量一致,即上、下层水平支撑轴线在投影上应尽量接近,并力求避开主体结构的柱、墙位置。

(4) 支撑水平净空以大为好,方便施工;立柱布置在纵横向支撑交点处或桁架式支撑的节点位置上,并力求避开主体工程梁、柱及结构墙位置,间距尽量拉大,但必须保证水平支撑稳定且足以承担水平支撑传来的竖向荷载。

作用在支撑结构上的水平力应通过静力计算确定,计算时应考虑由水、土压力和坑外地面荷载引起的侧压力、支撑预加压力、温度变化等引起的内力;竖向荷载应包括支撑结构的自重和作用在支撑结构上的施工活荷载,施工活荷载不宜大于 4 kPa。当支撑系统上需设置施工栈桥作为施工堆载平台或施工机械的作业平台时应进行专项设计。

3) 确定支撑结构的计算模型时可采用下列假定:

(1) 冠梁或腰梁可按以对撑、角撑等构件为约束支座的多跨连续梁,计算跨度可取相邻支撑构件的中心距。

(2) 对于尺寸较大的节点,实际配筋时的内力取值宜考虑节点刚域的影响。

(3) 立柱可离散为偏心受压杆件。

4) 形状比较规则的基坑,并采用相互正交的支撑体系时,支撑构件的内力和变形可按下列方法确定:

(1) 支撑轴力按腰梁长度方向分布的水平反力乘以支撑中心距,当支撑与腰梁斜交时,水平反力应取沿腰梁长度方向水平反力及垂直方向水平反力的合力。

(2) 在垂直荷载作用下,支撑的内力和变形可近似按单跨或多跨梁分析,其计算跨度取相邻立柱中心距。

(3) 立柱的轴向力可取纵横向支撑的支座反力之和。

(4) 在水平荷载作用下,现浇混凝土腰梁的内力与变形可按多跨连续梁计算,计算跨度取相邻水平支撑之间的中心距离。

(5) 当水平支撑与腰梁斜交时，尚应计算支撑轴力在腰梁长度方向所引起的轴向力。

5) 较为复杂的平面支撑体系，宜按空间杆系模型计算，计算模型的边界可按下列原则确定：

(1) 在水平支撑与腰梁或立柱的交点处，以及腰梁的转角处分别设置竖向铰支座或弹簧。

(2) 基坑四周与腰梁长度方向正交的水平荷载不是均匀分布或支撑结构布置不对称时，可在适当位置上设置防止模型整体平移或转动的水平约束。

支撑构件的截面承载力应根据挡土结构在各施工阶段荷载作用效应的包络图进行计算，其承载力表达式为：

$$\gamma_0 F \leqslant R \tag{6-1}$$

式中：γ_0——挡土结构的重要性系数，对于安全等级为一级、二级和三级的基坑支撑构件，应分别取 1.10、1.00、0.90；

F——支撑构件内力的基本组合设计值，其荷载综合分项系数不应小于 1.25，各项荷载作用下的内力组合系数均取 1.0；

R——按现行国家的有关结构设计规范确定的截面承载力设计值。

6) 当支撑平面轴线走向难以避开主体结构的柱、墙位置时，可采取以下措施：将柱、墙伸出主筋弯折或在支撑混凝土中预埋小口径套管，套管的平面位置同柱、墙的主筋位置。这样可将主体结构中的主筋通过套管插入下部结构混凝土内，保证主体结构主筋到位。虽然这样会给支撑结构施工带来许多麻烦，但都要满足主体结构的设计要求。

7) 支撑构件的变形应符合下列规定：

(1) 支撑构件的变形可按结构力学的方法计算；

(2) 支撑在竖向平面内的挠度宜为其计算跨度的 1/600～1/800；

(3) 腰梁、边桁架及主支撑构件的水平挠度宜为其计算跨度的 1/1000～1/1500。

3. 构件强度和稳定验算

腰梁应进行截面抗弯强度验算和截面抗剪强度验算；钢立柱应按压弯构件进行变形、稳定和截面承载力验算。钢支撑构件及混凝土构件的强度和稳定性分别按《钢结构设计规范》(GB 50017—2020)和《混凝土结构设计规范》(2015 年版)(GB 50010—2010)有关规定进行验算。

4. 构件与节点设计

1) 水平支撑截面设计

支撑构件设计方法基本上与普通构件类似，其承载力验算根据在各工况下计算内力包络图进行，水平支撑按偏心受压构件计算，其承载力的计算应符合下列条件：

(1) 支撑应按偏心受压构件计算。截面的偏心弯矩除由竖向荷载产生的弯矩外，尚应考虑轴向力对构件初始偏心距的附加弯矩。构件截面的初始偏心距可取支撑计算长度的 0.2%～0.3%，混凝土支撑不宜小于 20 mm，对于钢支撑不宜小于 40 mm；

(2) 支撑的受压计算长度在竖向平面内取相邻立柱的中心距，在水平面内取与计算支撑相交的相邻横向水平支撑的中心距。对于钢支撑，当纵横向支撑不在同一标高上相交时，其平面内的受压计算长度应取与计算支撑相交的相邻横向水平支撑中心距的1.5～2.0倍；

(3) 当纵横向水平支撑交点处未设置立柱时，支撑的受压计算长度按下列规定确定：在竖向平面内，现浇混凝土支撑取支撑全长，钢支撑取支撑全长的1.2倍；在水平面内取与计算支撑相交的相邻横向水平支撑或连系杆中心距的1.0～1.2倍；

(4) 斜撑和八字撑的受压计算长度在两个平面内均取支撑全长。当斜撑中间设有立柱或水平连系杆时，其受压计算长度规定同对撑；

(5) 现浇混凝土支撑在竖向平面内的支座弯矩可以乘以0.8～0.9的调幅系数，但跨中弯矩需相应增加；

(6) 支撑结构内力分析未计温度变化或支撑预压力的影响时，截面验算的轴向力宜分别乘以1.1～1.2增大系数。

2) 钢支撑与混凝土构件连接节点设计

钢支撑可采用钢管H型钢，或是多个钢管、H型钢并排组合支撑(图6-14)。

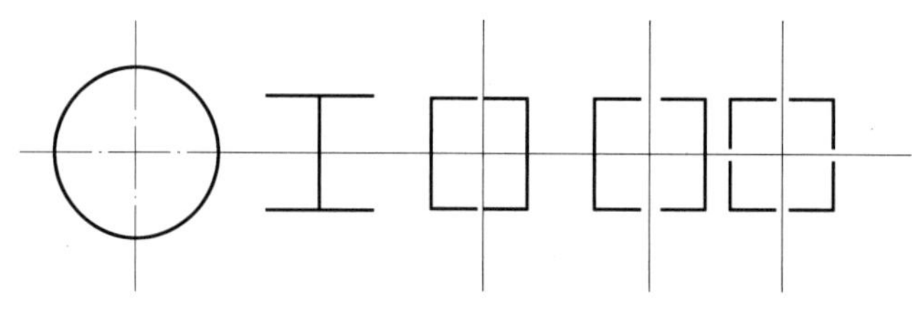

图6-14 钢支撑断面形式

钢支撑连接主要采用焊接或高强螺栓连接，钢构件拼接点强度不应低于构件自身的截面强度，对于格构式组合构件应采用型钢。钢管与钢管的连接一般以法兰盘形式连接和内衬套管焊接，如图6-15、图6-16所示。当不同直径钢管连接时，采用锥形过渡(图6-17)，钢管与钢管在同一平面相交时采用坡口焊连接，如图6-18、图6-19所示。

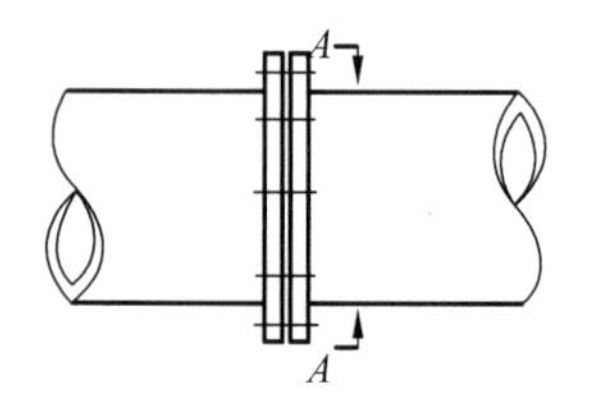

图6-15 钢管法兰盘连接图

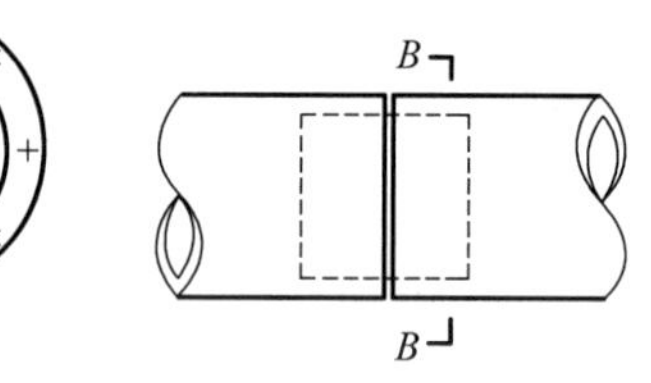

图6-16 钢管内套管连接图

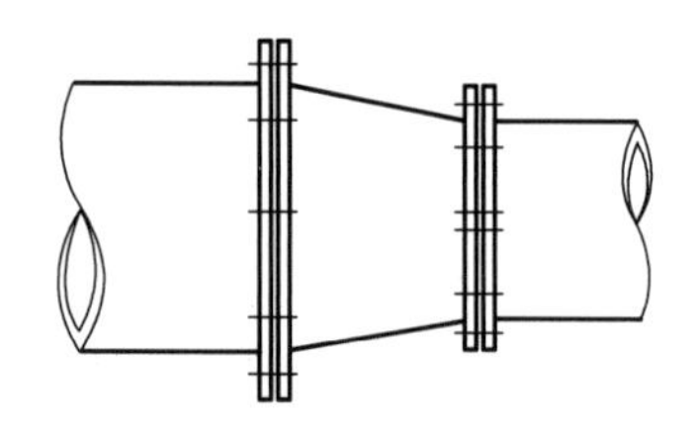

图6-17 大小钢管连接图

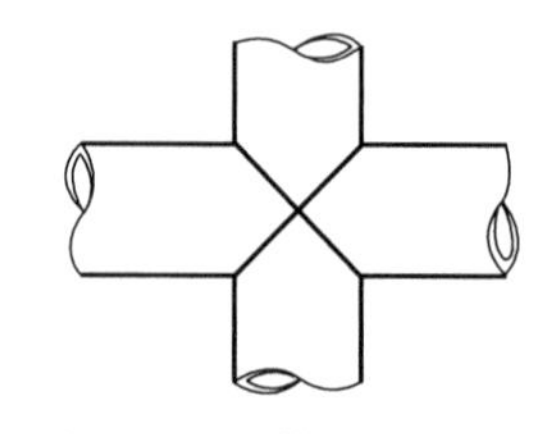

图6-18 钢管十字连接图

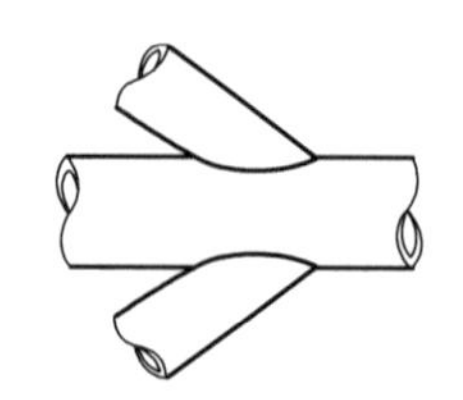

图6-19 钢管斜交连接图

钢管或型钢支撑与混凝土构件相连处须在混凝土内预埋连接钢板和锚筋，如图6-20所示，当钢管或型钢支撑于混凝土构件斜交时混凝土构件宜浇成与支撑轴线垂直的支座面，如

图 6-21 所示。

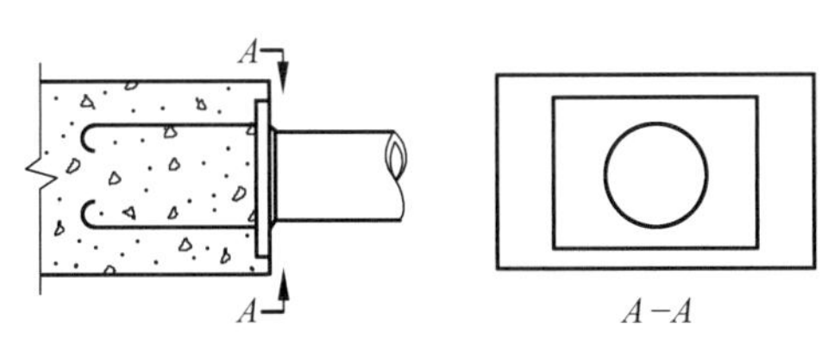

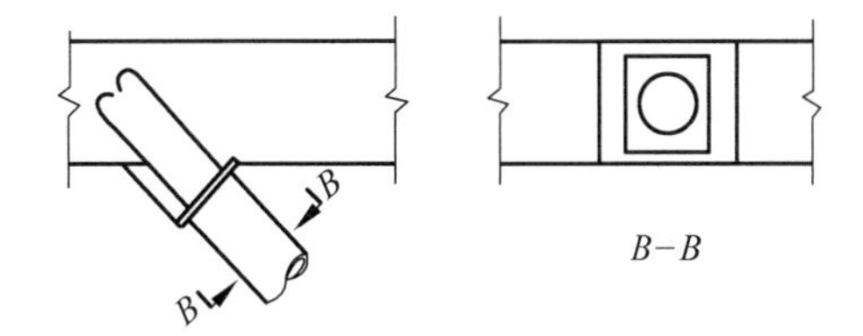

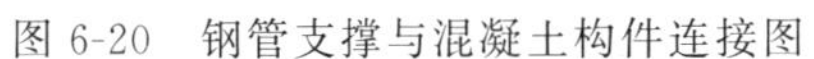

图 6-20 钢管支撑与混凝土构件连接图　　图 6-21 钢管支撑与混凝土构件斜交连接图

3）冠梁与腰梁设计

由基坑外侧水、土及地面荷载所产生的对竖向挡土构件的水平作用力通过冠梁和腰梁传给支撑，可使原来各自独立的竖向挡土构件形成一个闭合的连续的整体，提高了整体刚度。冠梁通常采用现浇钢筋混凝土结构，以保证有较好的连续性和整体性，腰梁可用型钢或钢筋混凝土结构。冠梁和腰梁是水平方向受弯的多跨连续梁，采用扁宽形截面效果更好。

冠梁及腰梁宜按水平方向的受弯构件计算。当腰梁与水平支撑斜交，或腰梁作为边桁架的弦杆时，尚应按偏心受压构件进行验算。钢腰梁拼接点按铰接设计时，其受压计算长度取相邻支撑点中心距的 1.5 倍。对于纯圆形的冠梁和腰梁，在受力均衡且不产生弯矩的情况下，则可按中心受压构件验算。冠梁断面宽度要大于竖向挡土结构件横向外包尺寸（每侧外伸至少 100 mm），且可在内侧面向下做一反边（图 6-22）。

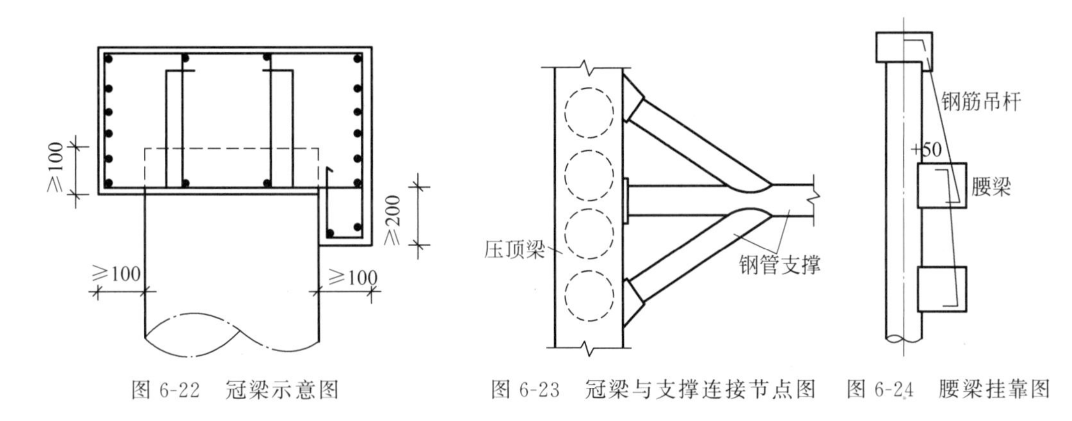

图 6-22 冠梁示意图　　图 6-23 冠梁与支撑连接节点图　　图 6-24 腰梁挂靠图

冠梁与竖向挡土构件连接必须可靠，不致造成“脱帽”，要求混凝土挡土桩主筋锚入冠梁内，锚固长度为 $30d$～$35d$（d 为钢筋直径，单位 mm）。冠梁与支撑杆件均为钢筋混凝土结构时应同时施工，当支撑采用钢结构时，应在冠梁支撑节点位置预埋铁件或设必要混凝土支座，以确保支撑传力合理正确（图 6-23）。

钢腰梁可以采用 H 型钢、槽钢或组合构件，钢腰梁预制分段长度不应小于支撑间距的 1/3，拼接点尽量设在支撑点附近并不超过支撑点间距的三分点，拼装节点宜用高强螺栓或焊接，拼接强度不得低于构件本身截面强度。

腰梁在基坑挖土达到设计标高时施工，它附贴于竖向挡土构件内侧，与冠梁相似，腰梁主要承担水平方向弯矩和剪力，在水平方向的刚度要大一些。腰梁通常搁置在竖向挡土构件牛腿上，在竖向挡土构件设置牛腿的位置预埋铁件，此预埋铁件与竖向挡土构件的钢筋笼焊接在一起，预埋铁件要足以承担腰梁传来的竖向剪力和弯矩，腰梁与竖向挡土构件间缝隙用细石混凝土填实(混凝土强度等级不低于 C20)，以保证腰梁与竖向挡土构件之间的传力可靠。

腰梁与竖向挡土构件均为混凝土结构的连接方法：腰梁标高处的挡土构件表面需凿毛，通过预埋铁件或植筋，将腰梁与挡土构件连接，腰梁另一侧用钢筋吊杆(即吊筋)来保持腰梁平衡(图 6-24)。

4）支撑立柱设计

当支撑跨越空间尺度较大时均应设置支撑的立柱或支托，以缩短水平支撑的跨度和受压杆的计算长度，从而减少由竖向荷载引起的支撑弯矩，也有利于避免出现水平荷载作用下的压屈效应，从而保证支撑的强度和稳定。

立柱应按偏心受压构件计算。开挖面以下立柱的竖向和水平承载力可按单桩承载力验算。立柱截面上的弯矩应包括竖向荷载对立柱截面形心的偏心弯矩、支撑轴向力的 1/50 作为横向水平力对立柱产生的弯矩。其受压计算长度取竖向相邻水平支撑中心距，最下一层支撑以下的立柱取该层支撑中心线至开挖面以下 5 倍立柱直径(或边长)处的距离。

设置立柱应考虑以下问题：设置立柱不能影响主体施工，要力求避开主体框架梁、柱、剪力墙等位置，尽量利用工程桩；立柱应按需布置，且数量尽量少；立柱穿底板处要考虑防渗；保证立柱强度和稳定。

立柱多用挖(钻)孔灌注桩等接以各类型钢及型钢组合格构柱，立柱埋入混凝土内长度不小于钢柱边长的 4 倍。立柱底部桩身应穿过软弱土层，对单桩承载力进行验算，保证能承担支撑传来的竖向荷载。立柱布置宜紧靠支撑交汇点，当水平支撑为现浇钢筋混凝土结构时，立柱宜布置于支撑交叉点的中心。立柱的长细比不宜大于 25。

5）斜撑设计

当基坑的平面尺寸较大、形状不规则而深度又不大，在符合下列条件时，可以采用竖向斜支撑体系。

(1) 基坑深度≤8 m(在地下水位较高的软土地区基坑深度≤6 m)；

(2) 场地周边没有对沉降特别敏感的建筑物、构筑物、重要地下管网或其他市政设施；

(3) 预留土坡在斜撑安装前能满足边坡稳定条件；

(4) 坑底中心部分有条件形成可靠的斜撑传力基础。

坑底遇有以下情况之一者可认为较适合采用斜撑传力：基坑底层为中风化岩、微风化岩或其他坚实岩土层；在两个相对应斜撑底之间可以设置水平平衡压杆；允许利用主体工程地下室桩基承台和底板兼作斜撑基础。

斜撑构件常规采用型钢或组合型钢截面，必要时也可采用钢筋混凝土结构。当基坑较浅，支撑受力不大时可用圆木作为斜撑材料。当斜撑水平投影长度大于 15 m 或斜撑截面的长细比大于 75 时，宜在跨中设置竖向立柱或做成组合式斜撑(图 6-25)。

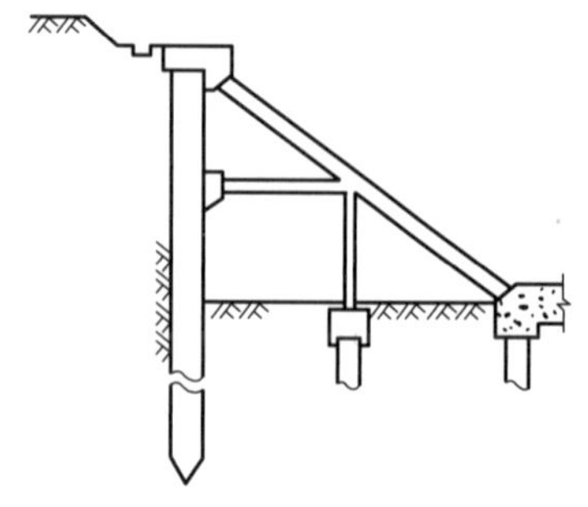
图 6-25　组合式斜撑

斜撑杆件按偏心受压杆计算，轴向平面内的计算陡度取相邻节点的距离，轴向平面外取斜向平面内两支点之间的距离。斜撑设计中要确保斜撑与冠梁、腰梁，斜撑与斜撑基础以及冠梁、腰梁与竖向挡土构件之间的连接部都要有足够的承载能力，以承受斜撑的水平分力和垂直分力。

斜撑上下支座面宜与斜撑的纵向轴线相垂直，支座设计要考虑承压和抵抗滑动，因此在斜撑的上下节点处要有可靠的锚固。斜撑底部一般支承于结构底板上，因此需在结构底板上增设混凝土牛腿。

5. 安装和拆除要求

内支撑设计时应考虑安装和拆卸要求如下：

(1) 构件长度应按设计选取，如设计无要求时，应做到安全稳妥、灵活方便。

(2) 土方开挖至设计标高后，钢支撑应当在 24 h 内安装到位，并施加预加压力。

(3) 内支撑拆除应按照"先倒撑、后拆除"的顺序进行，施工流程应符合设计计算工况的要求。利用地下结构作为换撑结构时，换撑结构混凝土强度应达到设计允许的强度要求。

6.2.2 风险预控

设计阶段根据支撑式支护结构基坑工程所处的工程地质和水文地质条件、周边环境条件，按照支撑式支护结构选型、构造要求、设计参数取值、计算结果、稳定性验算、周边环境保护、施工要求等风险因素进行风险分析与评价，确定支撑式支护结构设计风险等级；根据设计风险等级，采取适宜的风险预控措施。

6.2.2.1 支撑式支护结构选型

(1) 支撑式支护结构应与基坑周边环境限制、开挖深度、工程地质和水文地质、施工工艺及设备、周边相近条件基坑的成功经验、施工工期及施工季节等条件相匹配；

(2) 保证支护结构的设计方案及设计图纸内容完整，支护结构设计合理；

(3) 挡土构件中排桩适用于地下水位以上、可降水或结合截水帷幕的基坑；

(4) 内支撑结构设计时应考虑地质条件的复杂性和可能出现的偶然状况，并应在设计上采取必要的防范措施。

6.2.2.2 设计参数取值

(1) 根据勘察报告、工程实际情况，对计算参数取值和计算分析结果分析判断其合理性；

(2) 立柱采用钢管混凝土柱时，宜通过现场试充填试验确定钢管混凝土柱的施工工艺与施工参数；

(3) 对于地下连续墙应根据地质条件的适应性等因素选择成槽设备，成槽施工前应进行成槽试验，并应通过试验确定施工工艺及施工参数；

(4) SMW 工法墙缺少可靠经验时，应通过室内配比试验确定水泥品种及掺量、外加剂品种及掺量、水泥土设计强度等参数；

(5) 当缺少类似土层条件下的施工经验时，应通过现场工艺试验确定施工工艺参数；

(6) 基坑设计时要考虑软土流变特性的时间效应和空间效应，考虑特殊土在温度、荷载、形变、地下水等作用下的特殊性质。

6.2.2.3 计算结果

(1) 基坑计算必须考虑施工过程的影响，进行土方分层开挖、分层设置支撑、逐层换撑拆撑的全过程分析，使实际施工的各个阶段与计算设定的各个工况一致；

(2) 计算时的基坑深度及支护参数，基坑周边的地面超载、堆载范围及施工荷载都应与工程实际一致；

(3) 计算时应采用正确的计算程序和计算公式，选择合适的荷载组合；

(4) 计算时不宜过大折减支护结构上的土压力或支护结构内力；

(5) 计算应选择合适的荷载组合系数、分项系数和重要性系数，选择合适的安全系数值；

(6) 应根据正确计算的内力结果进行配筋；

(7) 保证基坑稳定性验算内容全面，稳定性安全系数取值符合有关标准要求；

(8) 对于需施加预应力的支撑，预加轴力宜取支撑轴向压力标准值的 0.3～0.6 倍；

(9) 在支撑受力情况复杂时，要对支撑系统进行整体分析。

6.2.2.4 构造要求

(1) 保证支撑式支护结构体系各节点设计完整，结构各部分均满足规范构造要求；

(2) 支撑平面及竖向布置应满足土方开挖及地下结构的施工要求；

(3) 腰梁、冠梁强度和刚度应与内支撑强度和刚度相匹配；

(4) 保证冠梁具有一定宽度。支护桩顶部冠梁的宽度不宜小于桩径，高度不宜小于桩径的 0.6 倍。地下连续墙墙顶冠梁宽度不宜小于墙厚，高度不宜小于墙厚的 0.6 倍；

(5) 冠梁配筋应符合现行国家标准《混凝土结构设计规范》(2015 年版)(GB 50010—2010)对梁的构造配筋要求。冠梁用作支撑的传力构件或按空间结构设计时，应按受力构件进行截面设计；

(6) 对多节桩(墙)，接头、节点的构造和强度，除必须考虑正常使用状态下桩身轴力外，还需考虑基坑开挖施工后土体回弹隆起引起的轴力和桩顶上拔引起的轴力；

(7) 保证内撑式支护结构挡土结构、内支撑结构的尺寸及配筋应与计算书结果一致。

6.2.2.5 周边环境保护

(1) 对周边环境进行充分调查，充分认识环境风险；

(2) 重视周边环境监测，研究基坑监测警戒值合理取值范围，明确监测控制值；

(3) 保证支护结构变形控制满足要求；

(4) 施工期间应高度注意对周边环境风险工程的保护，避免引起建筑物、地面、管线等沉降超标，或者引起管线断裂、漏水，水淹基坑等事故。

6.2.2.6 施工要求

(1) 对地下水控制提出要求；

(2) 对内支撑的防坠落措施提出要求；

(3) 对重车振动荷载和行车路线、施工栈桥和堆场布置等提出要求；

(4) 提出完善的结构自身和周边环境保护的技术要求；

(5) 对涉及施工安全的重点部位(如斜撑的抗剪装置、内支撑与冠梁或腰梁的连接)和关键环节(如内支撑轴力施加等)在设计文件中应注明,并对防范生产安全事故提出指导意见；

(6) 对施工阶段的风险跟踪与监测提出明确要求；

(7) 对应急预案的编制提出要求；

(8) 采用新结构、新材料、新工艺和特殊结构的支撑式支护基坑工程,设计单位应当在设计中提出保障施工作业人员安全和预防生产安全事故的应急处置措施建议。

6.3　支撑式支护基坑工程施工与风险控制

6.3.1　支撑式支护基坑工程施工工序

支撑式支护基坑工程施工划分为土方开挖、支护结构施工、地下水控制、维护使用和支撑拆除5个关键工序；土方开挖、支护结构施工、地下水控制与锚拉式相同且各工序间存在相互交叉,因此需要工序之间的密切协调、合理安排,以提高施工效率,确保工程安全。支撑式支护结构基坑工程施工工序见图6-26。

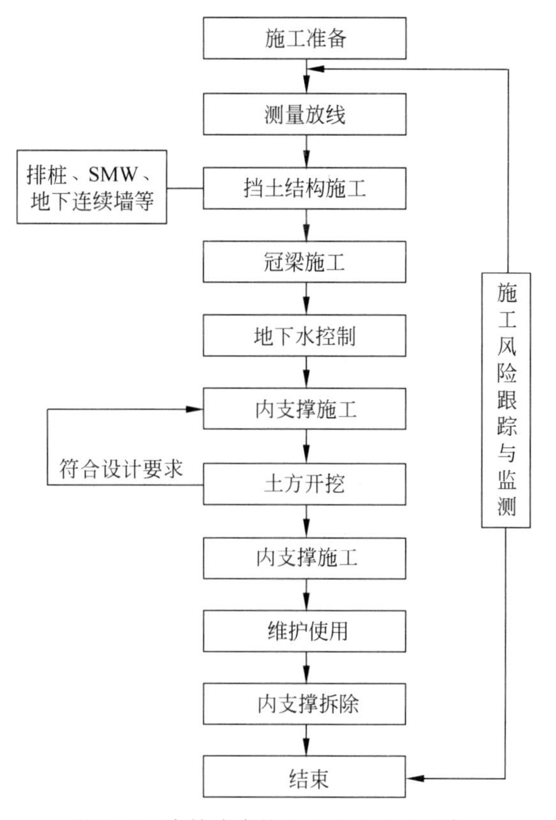

图6-26　支撑式支护基坑工程施工工序

(1) 施工准备：包括技术准备、机械设备等；

(2) 测量放线：按照设计图在施工现场根据测量控制点进行放线，注意挡土结构形式和采用的施工方法及顺序；

(3) 挡土结构施工：排桩、SMW 工法墙和地下连续墙等的施工；SMW 和地下连续墙既可以作为挡土结构也可作为隔水帷幕；

(4) 冠梁施工：一般在土方开挖前施工，采用在土层中开挖土模或支设模板、绑扎钢筋、浇筑混凝土，冠梁施工前应凿除挡土结构的浮浆；

(5) 地下水控制：采用降水、隔水帷幕和回灌等方法进行地下水的处理，对嵌入式隔水帷幕、咬合式排桩帷幕可与挡土结构同时施作；

(6) 土方开挖：挡土结构强度、地下水控制符合设计要求，进行土方开挖；

(7) 内支撑施工：与土方开挖配合进行，循环直至基坑底；

(8) 维护使用：开挖到基坑底后进行主体结构施工，基坑支护、地下水控制要保证主体结构的安全、顺利施工；

(9) 内支撑拆除：随主体结构的施作进行拆除；

(10) 施工风险跟踪与监测：贯穿整个基坑施工，及时反馈信息并预警；一旦出现险情应及时启动应急预案。

6.3.2 施工准备中的风险预控

6.3.2.1 技术准备

技术准备参见第 4 章相关内容，对重大风险和较大风险的锚拉式支护基坑工程应编制专项施工方案。

6.3.2.2 机械设备准备

挡土结构施工所需的成桩设备、地下连续墙成槽设备等详见第 5 章。

6.3.3 支撑式支护基坑工程施工过程

6.3.3.1 内支撑施工

一般而言采用支撑式支护结构的基坑先施工挡土结构(详见第 5 章)及竖向支承结构；开挖土方至冠梁底标高，施工冠梁；当第一道支撑标高处于冠梁位置时，应同时施工支撑；开挖土方至下一道支撑底标高，施工下一道支撑，循环作业直至基底。

1. 钢支撑施工

钢支撑单根支撑承载力较大，安装、拆除周期较短，无需养护期，钢管可重复回收；但其安装与连接施工要求高，现场拼装尺寸不易精确，施工质量难以保证，对于平面复杂、节点繁多的钢支撑体系整体性不如混凝土支撑体。

1) 钢支撑安装

钢支撑安装工艺流程为：施工准备→立柱(桩)施工(如有)→土方开挖→测量定位→立柱之间连系梁安装(如有)→托架安装→腰梁安装→支撑拼装→支撑安装→支撑与立柱(连

系梁)连接安装(如有)→施加预应力→楔紧固定处理→验收。

2）预应力施加

内支撑应在土方开挖至其设计位置后及时安装，并按设计要求对挡土结构施加预应力；对钢支撑施加预应力是钢支撑施工中很重要的措施之一，它可大大减少挡土结构的侧向位移，并可使支撑受力均匀。施加预应力的方法有两种：

(1) 用千斤顶在围檩与支撑的交接处加压→缝隙处塞进钢楔锚固→撤去千斤顶；

(2) 将特制千斤顶安装在支撑上→预加压力后留在支撑上→待挖土结束支撑拆除前卸荷。

支撑安装完毕后，应及时检查各节点的连接状况，经确认符合要求后方可施加预应力；预应力应分级施加，重复进行，加至设计值时，应再次检查各连接点的情况，必要时应对节点进行加固，待额定压力稳定后予以锁定。施加预应力的机具设备及仪表应由专人使用和管理，并定期维护校验，正常情况下每半年校验一次，使用中发现有异常现象应重新校验。

3）施工中应注意的问题

(1) 钢腰梁(围檩)与挡土结构应密贴，钢腰梁对应挡土结构部位应在挂网喷射混凝土时找平。

(2) 吊放钢支撑时(图 6-27)，钢支撑的固定端与活动端应沿基坑纵向逐根交替间隔布设，防止碰撞已安装完毕的钢支撑；钢支撑分段之间采用法兰连接或焊接。

(3) 竖向立柱现场安装可采用“地面拼接、整体吊装”的施工方法。

(4) 钢支撑预压力值应符合设计要求，预压力施加设备经过标定。

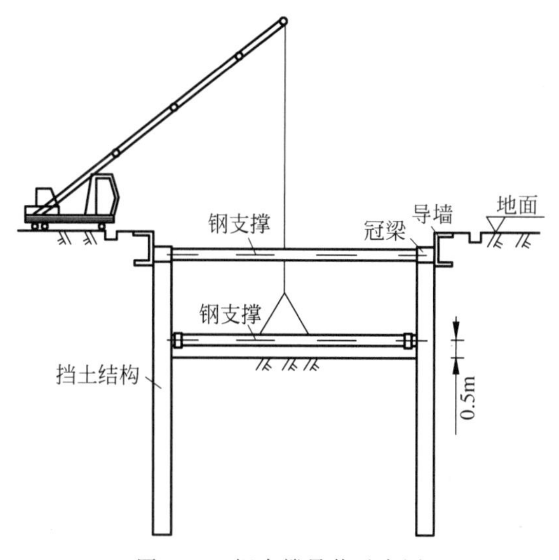

图 6-27　钢支撑吊装示意图

2. 钢筋混凝土支撑施工

钢筋混凝土支撑体系(支撑及围檩)应在同一平面内整浇，支撑与支撑、支撑与围檩相交处宜加腋，使其形成刚性节点。支撑施工宜用开槽浇筑的方法，底模板可用素混凝土，还可采用木、小钢模等铺设，还可利用槽底作土模，侧模多用木、钢模板。钢筋混凝土支撑与立柱的连接在顶层支撑处可采用钢板承托方式，在顶层以下的支撑位置，一般可由立柱直接穿过支撑(图 6-28)。其立柱的设置与钢支撑立柱相同。

设在支护墙腰部的钢筋混凝土腰梁与支护墙间应浇筑密实,腰梁可用设置在冠梁或上层支撑腰梁的悬吊钢筋作竖向吊点(图 6-29)。悬吊钢筋直径不宜小于 20 mm,间距一般为 1～1.5 m,两端应弯起,插入冠梁及腰梁不少于 $40d$ 。

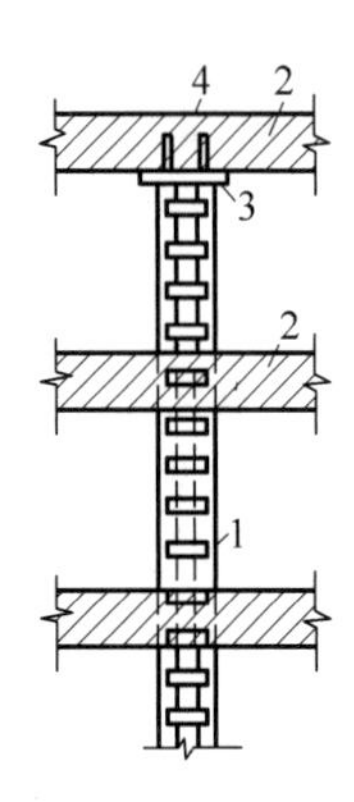

1—钢立柱；2—钢筋混凝土支撑；3—承托钢板(厚 10)；4—插筋。

图 6-28 钢筋混凝土支撑与立柱的连接

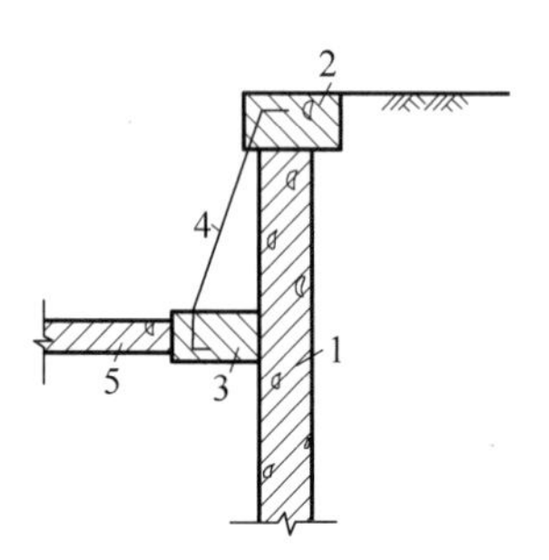

1—支护墙；2—冠梁；3—腰梁；4—悬吊钢筋；5—支撑。

图 6-29 腰梁的吊点

3. 中间立柱施工

内支撑体系的钢立柱目前用得最多的形式为角钢格构柱,即每根柱由 4 根等边角钢组成柱的 4 个主肢,4 个主肢间用缀板进行连接,共同构成钢格构柱。

1) 工艺过程

定位放线→立柱桩成孔→定位平台架设并调平→钢筋笼吊放→钢格构柱吊装就位→格构柱与钢筋笼连接→下放钢格构柱→调整钢格构柱安装标高在误差范围之内→调整支架上的水平调节丝杠→调整钢柱轴线的位置,使钢格构柱 4 个面的轴向中心线对准地面测放好的柱轴线,使其符合设计及规范要求,将水平调节丝杆拧紧→调整斜向调节丝杆,用经纬仪测量钢柱的垂直度,使钢立柱柱顶 4 个面的中心线对准地面测放出的柱轴线,控制其垂直度偏差在设计要求范围内。

2) 立柱的施工应符合下列要求

(1) 立柱的加工材料、尺寸,焊接要求等严格按照设计图纸进行；

(2) 钢格构柱宜在工厂进行制作,分段制作长度不宜超过 15 m；

(3) 立柱现场安装可采用“地面拼接、整体吊装”的施工方法；

(4) 立柱的定位和垂直度应采取措施进行控制,对格构柱、H 型钢柱,尚应同时控制方向偏差；

(5) 土方开挖后,应按照设计要求,及时架设剪刀撑和水平钢支撑等加固措施,确保立柱之间形成整体、稳定的支撑体系；

(6) 开挖过程中应定时测量立柱的回弹,并及时调节立柱与支撑拉紧装置；

(7) 立柱穿过地下结构底板的部位,应按设计要求设置可靠的防水构造措施。

3）钢支撑与立柱（连系梁）之间的连接

（1）钢支撑与立柱（连系梁）之间的连接应严格按设计要求施工，确保支撑与立柱（连系梁）连接点体系的相对稳定；

（2）架设钢支撑前，应复核两侧腰梁体系与立柱（连系梁）的标高，减少钢支撑在空间相交部位的竖向受力。

6.3.3.2　土方开挖

第一道内支撑安装并施加预应力后，方可进行土方开挖，应按设计规定的施工顺序和开挖深度进行开挖。

1. 土方开挖原则

土方开挖基本原则为：纵向分段、竖向分层、先撑后挖、先换后拆、严禁超挖。

（1）先撑后挖，内支撑架设完毕后开挖其下部土方；

（2）考虑时空效应，做到限时、分层、分区、均衡、对称，使支护结构受力均匀；

（3）防止损坏支护结构。

基坑土方开挖时，存在时间与空间效应问题，要根据施工周围环境、场地大小、基坑形式、开挖深度、水文地质、土层性质以及施工条件、施工机械设备等条件，因地制宜确定开挖方法、开挖顺序。

2. 土方开挖方式

基坑开挖主要有以下三种方式：分层分块开挖、盆式开挖、中心岛开挖。

1）分层分块开挖

对于基坑不同区域开挖的先后顺序会对基坑变形和周边环境产生不同的影响，需划分区域并确定各区域的开挖顺序，以达到控制变形、减小对周边环境影响的目的。在基坑竖向上进行合理的土方分层，在平面上进行合理的土方分块，并合理确定各分块的先后顺序，这种挖土方式通常称为分层分块土方开挖。

分层开挖就是按可形成的土坡自然高度，范围在 2.5～3.0 m，并考虑与支撑施工相协调进行的分层卸除土方。分层的原则是每施工一道水平支撑后，再开挖下一层土方，第一层土方的开挖深度一般为地面至第一道水平支撑底，中间各层基坑开挖深度一般为相邻两道水平支撑的竖向间距，最后一层基坑开挖深度为最下一道支撑至坑底的距离。

分块的原则是根据基坑平面形状、基坑支撑布置等情况，按照基坑变形和周边环境控制要求，将基坑划分为若干个周边分块，制定分块施工先后顺序，并确定土方开挖的施工方案，土方分块开挖后，与相邻的土方分块形成高差，应根据土质条件和周边环境保护要求进行必要的限制，并进行相关的稳定性验算。

分段拉槽开挖施工是分层分块开挖的一种演变方法，尤其适用于狭长形的、采用钢支撑对撑支护的基坑，其核心技术是在支撑下方开挖一条土槽作为土方开挖的运土通道。土槽两侧一般留 1∶0.75 的边坡，边坡上方距支撑底部 2 m 处留 1.5 m 宽台阶，并用喷射混凝土防护，如图 6-30 所示。运土通道由基坑小里程端向大里程端延伸，挖至大里程端后，纵向留台阶，逐层开挖，安装钢支撑，直至基坑底部。该技术可有效解决支撑下方土方挖运的难题，其作为施工通道直达支撑下方，用挖掘机挖出土方后可直接装车或者用装载机倒运出基坑。

土槽作为施工便道直接延伸至开挖面，缩短了挖机倒土的距离，解决了基坑开挖时暴露时间过长的问题。

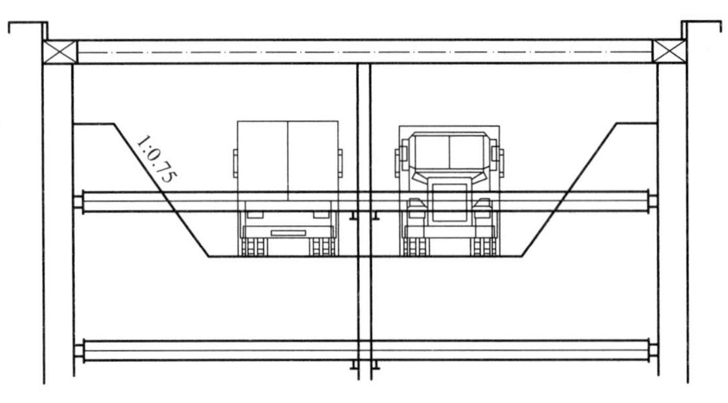

图 6-30 拉槽开挖示意图

2）盆式开挖

盆式开挖是首先在基坑中心开挖，而周围一定范围内的土暂不开挖，视土质情况，可按 1∶1～1∶2.5 放坡，或做临时性支护挡土，使之形成对四周挡土结构的被动土反压力区，保护挡土结构的稳定性。四周的被动区土可视情况，待中间部分的混凝土垫层、基础或地下结构物施工完成之后，再用斜撑或水平撑在四周挡土结构与中间已施工完毕的基础或结构物之间对撑，如图 6-31 所示。然后进行四周土的开挖和结构施工。如四周土方量不大，可采取分块挖除、分块施工混凝土垫层和顶板结构的方法，然后与中间部分的结构连接在一起。也可采用“中顺边逆”的施工工艺，即先开挖中心部分的土方，自下而上顺序施工中间部分的基础和结构，然后把中心岛的结构与周边挡土结构连接成支撑体系后，再对周边结构进行逆作法施工，自上而下边开挖土方边施工结构物，直至基础、底板。这种工艺比上述两种工艺更为安全可靠。在进行逆作法施工时，还可同时施工上部结构。

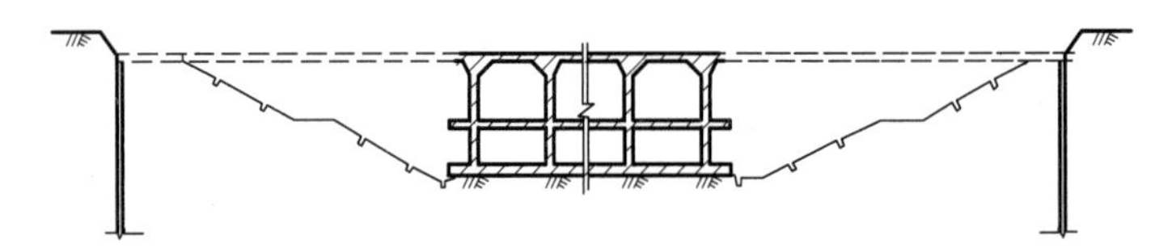

图 6-31 盆式开挖——先开挖中心

3）中心岛开挖

在某种情况下，也可视土质与场地情况，采取与盆式开挖法施工顺序相反的做法，称中心岛开挖法，先开挖两侧或四周的土方，并进行周边支撑或基础和结构物施工，然后开挖中间残留的土方，再进行地下结构物的施工，如图 6-32 所示。

盆式开挖与中心岛开挖较适用于土质较好的黏性土和密实的砂质土，对于软弱土层，要视开挖深度而定，如基坑开挖较深，残留的土方量就要大，才能满足形成被动土压力的要求。

这两种方法的优点是基坑内有较大空间，有利于机械化施工，并可使坑内反压土和挡土结构共同来承担坑外荷载的土压力、水压力，对特别大型的基坑，其内支撑体系设置有困难，采用这种开挖方法，可以节省大量投资，加快施工进度。同时，在某种情况下，还可以防止基坑底隆起回弹过大。它的缺点是分两次开挖，如果开挖面积不大，先施工中间或两侧的基

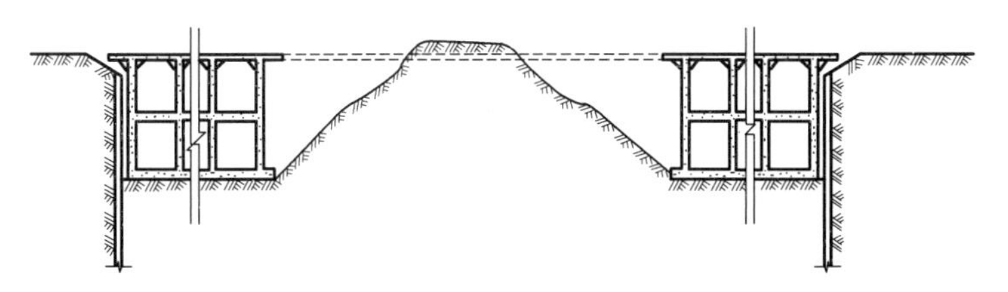

图 6-32　中心岛开挖法——先开挖四周后两侧

础、结构物的混凝土，待养护后再施工残留部分，可能会延长工期。同时，这种分次开挖和分开施工底板、基础，要在设计允许可不连续浇灌混凝土的前提下才可采用。还要考虑两次开挖面的稳定性。

6.3.3.3　地下水控制

应按第 3 章相关内容进行地下水的控制；当基坑采用降水时，应在降水后开挖地下水位以下的土方。

6.3.3.4　维护使用

基坑开挖和支护结构使用期内，基坑周边堆载不得超过设计要求，维护使用的相关要求与锚拉式支护结构基坑相同(见第 5 章)。

6.3.3.5　内支撑拆除

内支撑拆除按照“先倒撑、后拆除”的顺序进行，施工流程应符合设计计算工况的要求。拆除过程中，应加强基坑的监控量测与现场巡视，发现安全隐患，应立即停止拆除作业，待找出原因，排除隐患后方可继续作业，必要时调整拆除方案。

内支撑拆除应注意以下问题：

(1) 内支撑拆除应自下而上分层进行，拆卸钢支撑时宜用托架托住待拆除的钢支撑，用千斤顶施加预压力卸去活动端的锁定装置，释放支撑轴力，用气焊切开钢支撑端头连接部位，依次吊出钢支撑，拆除钢腰梁。

(2) 利用地下结构作为倒撑结构时，倒撑结构混凝土强度应达到设计规定的强度要求。

(3) 内支撑拆除的瞬间挡土结构将发生突然变形，应引起高度重视。

(4) 钢筋混凝土内支撑拆除手段一般有人工拆除法、静态膨胀剂拆除法、爆破拆除法和绳锯切割法：

① 人工拆除法：组织一定数量的工人，用大锤和风镐等机械设备人工拆除支撑。该方法优点在于施工简单、所需的机械和设备简单、容易组织，缺点是由于需人工操作，施工效率低，工期长；施工安全性较差，施工时，锤击和风镐噪声大，粉尘较多，对周边环境有一定污染。

② 静态膨胀剂拆除法：在支撑梁上按设计孔网尺寸钻眼，钻孔后贯入膨胀剂，数小时后利用其膨胀力，将混凝土胀裂，再利用风镐将胀裂的混凝土清除。该方法优点在于施工方案简单，而且混凝土胀裂是一个相对缓慢的过程，整个过程无粉尘，噪声小，无飞石。其缺点是要钻的孔眼数量多；装膨胀剂时，不能直视钻孔，否则产生的喷孔现象易使眼睛受伤，甚

至致盲；膨胀剂的膨胀力小于钢筋的拉力，导致钢筋无法被拉断，需要进一步破碎，还得用风镐处理，工作量大，施工成本高。

③ 爆破拆除法：在支撑梁上按设计孔网尺寸预留炮眼，装入炸药和毫秒电雷管，起爆后将支撑梁拆除。该方法的优点在于爆破效率高、工期短、施工安全、成本适中，造价居于上述二者之间。其缺点是爆破时产生爆破振动和爆破飞石，爆破前应采取措施隔离，避免爆破对周边环境及已施工主体产生影响。

④ 绳锯切割法：采用绳锯对支撑梁进行切割，将支撑梁切割成大小适中的小块体，采用起重机吊运块体的拆除方法。该方法的优点在于静力无损、施工效率高、采用水冷却，现场无粉尘、对已施工主体结构和周边环境几乎无影响。该方法的缺点在于需另行租赁专用设备、对现场要求高。

6.3.4 支撑式支护基坑工程风险跟踪与监测

6.3.4.1 风险跟踪与监测项目

1. 风险跟踪项目

1）土方开挖

（1）开挖长度、分层高度及坡度；

（2）开挖面岩土体的类型、特征、自稳性；

（3）挡土结构后土体裂缝、沉陷情况；

（4）雨季、汛期施作情况。

2）支护结构施工

（1）支护结构施工工艺；

（2）挡土结构的变形、裂缝、侵限情况；

（3）内支撑与腰梁连接、腰梁与挡土构件密贴情况。

3）地下水控制

（1）基坑侧壁或基底的涌土、流砂、管涌情况；

（2）降水或回灌等地下水控制效果及设施运转情况；

（3）止水帷幕的开裂、渗漏水情况。

4）维护使用

（1）开挖面暴露时间；

（2）基坑周边地表截、排水措施及效果，坑边或基底积水情况；

（3）基坑周边的堆载情况等；

（4）工程周边开挖、堆载、打桩等可能影响工程安全的生产活动。

5）支护结构拆除

内支撑拆除方法、作业人员保护、机械设备等。

6）监测设施

观察并记录基准点、监测点、监测元器件的完好状况、保护情况。

7）其他突发风险

（1）观察并记录是否有机械伤害、高处坠落、物体打击的风险因素，以及其他可能出现的风险,如坑边活荷载和动荷载、地表裂缝等；

(2) 建(构)筑物、地下管线、道路等周边环境的异常情况。

8) 跟踪风险预控措施的实施情况

2. 风险监测项目

1) 结构自身和周围岩土体

《城市轨道交通工程监测技术规范》(GB 50911—2013)按照工程监测等级规定的支撑式支护基坑工程监测项目见表6-3,该表中√为应测项目,○为选测项目。

表6-3　支撑式支护结构自身和周围岩土体仪器量测项目

序　　号	监测项目	工程监测等级		
		一级	二级	三级
1	挡土结构顶部水平位移	√	√	√
2	挡土结构顶部竖向位移	√	√	√
3	挡土结构水平位移	√	√	○
4	挡土结构应力	○	○	○
5	支撑轴力	√	√	√
6	地表沉降	√	√	√
7	土体深层水平位移	○	○	○
8	土体分层竖向位移	○	○	○
9	坑底隆起(回弹)	○	○	○
10	挡土结构侧向土压力	○	○	○
11	地下水位	√	√	√
12	孔隙水压力	○	○	○

《建筑基坑工程监测技术标准》(GB 50497—2019)依据基坑工程安全等级的不同确定了不同的监测项目(表6-4)。

表6-4　土质基坑工程锚拉式支护仪器量测项目

监测项目	基坑工程安全等级		
	一级	二级	三级
围护墙(边坡)顶部水平位移	应测	应测	应测
围护墙(边坡)顶部竖向位移	应测	应测	应测
深层水平位移	应测	应测	宜测
立柱竖向位移	应测	应测	宜测
围护墙内力	宜测	可测	可测
支撑轴力	应测	应测	宜测
立柱内力	可测	可测	可测
坑底隆起	可测	可测	可测
围护墙侧向土压力	可测	可测	可测
孔隙水压力	可测	可测	可测
地下水位	应测	应测	应测
土体分层竖向位移	可测	可测	可测
周边地表竖向位移	应测	应测	宜测

2）周边环境

周边环境监测项目详见第4章。

6.3.4.2 监测点布设

支撑轴力监测点布设：

（1）支撑轴力监测宜选择基坑中部、阳角部位、深度变化部位、支护结构受力条件复杂部位及在支撑系统中起控制作用的支撑；

（2）支撑轴力监测应沿竖向布设监测断面，每层支撑均应布设监测点；

（3）每层支撑的监测数量不宜少于每层支撑数量的10%，且不应少于3根；

（4）监测断面的布设位置与相近的支护桩（墙）体水平位移监测点宜共同组成监测断面；

（5）采用轴力计监测时，监测点应布设在支撑的端部；采用钢筋计或应变计监测时，可布设在支撑中部或两支点间1/3部位，当支撑长度较大时也可布设在1/4点处，并应避开节点位置。

6.3.4.3 监测频率

根据《城市轨道交通工程监测技术规范》（GB 50911—2013）制定的锚拉式支护基坑工程监测频率据表6-5确定。

表6-5 锚拉式支护基坑工程监测频率

施工进程			基坑设计深度/m				
施工内容	关键工序	开挖深度/m	≤5	5～10	10～15	15～20	＞20
基坑开挖	土方开挖、支护施工、地下水控制	≤5	1次/1 d	1次/2 d	1次/3 d	1次/3 d	1次/3 d
		5～10		1次/1 d	1次/2 d	1次/2 d	1次/2 d
		10～15			1次/1 d	1次/1 d	1次/2 d
		15～20				（1～2次）/1 d	（1～2次）/1 d
		＞20					2次/1 d
维护使用	地下水控制、支护结构拆除	开挖到底：底板浇筑、肥槽回填	1次/2 d～1次/3 d	1次/1 d～1次/2 d	1次/1 d	（1～2次）/1 d～1次/1 d	2次/1 d～1次/1 d

《建筑基坑工程监测技术标准》（GB 50497—2019）规定开挖后监测频率可按第4章表4-6确定。

6.3.4.4 监测项目控制值

表6-6为《城市轨道交通工程监测技术规范》（GB 50911—2013）规定的支护结构监测项目双控指标控制值。

表 6-6　支撑式支护基坑工程监测项目双控指标控制值

监测项目	支护结构类型、岩土类型	基坑工程安全等级一级			基坑工程安全等级二级			基坑工程安全等级三级		
		累计值		变化速率/(mm/d)	累计值		变化速率/(mm/d)	累计值		变化速率/(mm/d)
		绝对值/mm	相对基坑深度(*H*)值		绝对值/mm	相对基坑深度(*H*)值		绝对值/mm	相对基坑深度(*H*)值	
支护桩(墙)顶竖向位移	SMW工法墙	—	—	—	—	—	—	30～40	0.5%～0.6%	4～5
支护桩(墙)顶竖向位移	灌注桩、地下连续墙	10～25	0.1%～0.15%	2～3	20～30	0.15%～0.3%	3～4	20～30	0.15%～0.3%	3～4
支护桩(墙)顶水平位移	SMW工法墙	—	—	—	—	—	—	30～60	0.6%～0.8%	5～6
支护桩(墙)顶水平位移	灌注桩、地下连续墙	15～25	0.1%～0.15%	2～3	20～30	0.15%～0.3%	3～4	20～40	0.2%～0.4%	3～4
支护桩(墙)体水平位移	SMW工法墙 坚硬～中硬土	—	—	—	—	—	—	40～50	0.4%	6
支护桩(墙)体水平位移	SMW工法墙 中软～软弱土	—	—	—	—	—	—	50～70	0.7%	6
支护桩(墙)体水平位移	灌注桩、地下连续墙 坚硬～中硬土	20～30	0.15%～0.2%	2～3	30～40	0.2%～0.4%	3～4	30～40	0.2%～0.4%	4～5
支护桩(墙)体水平位移	灌注桩、地下连续墙 中软～软弱土	30～50	0.2%～0.3%	2～4	40～60	0.3%～0.5%	3～5	50～70	0.5%～0.7%	4～6
地表沉降	坚硬～中硬土	20～30	0.15%～0.2%	2～4	25～35	0.2%～0.3%	2～4	30～40	0.3%～0.4%	2～4
地表沉降	中软～软弱土	20～40	0.2%～0.3%	2～4	30～50	0.3%～0.5%	3～5	40～60	0.4%～0.6%	4～6
立柱结构竖向位移		10～20	—	2～3	10～20	—	2～3	10～20	—	2～3
支护墙结构应力		(60%～70%)f			(70%～80%)f			(70%～80%)f		
立柱结构应力		(60%～70%)f			(70%～80%)f			(70%～80%)f		
支撑轴力		最大值：(60%～70%)f 最小值：(80%～100%)f_y			最大值：(70%～80%)f 最小值：(80%～100%)f_y			最大值：(70%～80%)f 最小值：(80%～100%)f_y		

《建筑基坑工程监测技术标准》(GB 50497—2019)规定的支护结构监测项目双控指标控制值,与《城市轨道交通工程监测技术规范》(GB 50911—2013)的类似,只是按照基坑工程安全等级进行了划分,而不是采用工程监测等级。

监测预警与警情报送详见第1章和第4章相关内容。

6.3.5 施工过程中的风险控制

施工阶段按照土方开挖、支撑式支护结构施工、地下水控制、维护使用和支撑拆除5个关键工序,以及施工风险跟踪与监测、应急预案来进行风险因素的分析风险与评价。根据施工风险等级,采取安全可靠、经济适用的风险控制措施,为制定风险处置对策提供依据。

6.3.5.1 土方开挖

(1) 保证挡土结构和支撑强度、地下水控制达到设计要求后才可实施土方开挖;

(2) 应与基坑周边相邻工程的施工充分协调,避免相互影响;

(3) 应按设计要求控制土方开挖的每层挖深及每段长度,严禁超挖,严禁一次挖到底,拆支撑要按设计方案实施,开挖时应尽可能对称开挖,避免基坑偏压过大;

(4) 挖土机械不得压在挡土结构附近进行反铲挖土;在机械进行土方作业时,严禁碰撞已施工完毕的挡土结构和竖向支承;

(5) 土方堆置应符合设计说明中的相关要求,严禁坑边堆积过大超载;

(6) 开挖时若发现地质结构突变或与勘察资料严重不符,应停止开挖,采取相应措施后再继续进行开挖;

(7) 开挖至设计坑底标高以后,及时验收,及时浇筑混凝土垫层;

(8) 作业人员在施工作业时应严格遵守规范,避免在作业过程中产生碰撞和碾压作业人员的事故;

(9) 针对暴雨或汛期预计等应提出季节性的施工安全措施。

6.3.5.2 支撑式支护结构施工

(1) 施工应严格按照设计图纸要求,挡土结构、内支撑的施工措施要符合规范要求;

(2) 施工后的支撑体系强度和刚度应与受力相匹配;

(3) 保证挡土结构的施工质量,使其具备足够的强度和刚度,防止其倾斜、变形过大、开裂、折断;

(4) 保证建筑材料以及支护结构各个构件质量合格;

(5) 土方开挖至下一阶段后需及时施作内支撑;

(6) 正确使用起吊机等设备,防止内支撑构件安装发生碰撞或坍塌;

(7) 施工期间应做好防汛抢险及防台抗洪措施。

6.3.5.3 地下水控制

(1) 保证止水帷幕封闭,避免水泥掺量不足、有效厚度或深度不足等情况引发的漏水;

(2) 合理布置降水井以形成封闭降水;

(3) 保证降水井的施工质量,保证其出水量符合要求;

(4) 保证降水井具有一定的深度，避免井管淤塞、死井等问题；
(5) 降水与基坑开挖、结构施工的降水深度、降水时间配合合理；
(6) 采用合理的疏、排水措施进行辅助排水。

6.3.5.4　维护使用

(1) 对于支护结构应进行定期施工质量检查，避免挡土结构开裂、内支撑坠落导致基坑坍塌或人员伤亡；
(2) 采取相应措施减少交叉作业(如坑内打桩、地基处理或施工抗浮锚杆等)对基坑支护结构的影响；
(3) 基坑开挖到底后应按照施工计划及时进行基础施工，避免坑底暴露时间过长；
(4) 做好坑内外排水系统的衔接；
(5) 注意基坑周边荷载不能超过限制荷载；
(6) 基坑肥槽应回填密实。

6.3.5.5　支撑拆除

(1) 内支撑结构拆除前应按照设计要求进行换撑；
(2) 支撑拆除过程中针对作业人员应采用相应的保护措施；
(3) 进行拆撑、换撑时应按照操作要求，正确操作机械设备；
(4) 重视并控制支撑拆除的瞬间挡土结构可能发生的突然变形。

6.3.5.6　监控量测

(1) 应按规范要求布设监测点；
(2) 应落实专人负责定期做好监测数据的收集、整理、分析与总结；
(3) 应重视监测数据的反馈信息，准确进行监测信息分析与预判，及时启动监测数据出现连续报警与突变值的应急预案；
(4) 施工过程应做好对各类监测点的保护，确保监测数据连续性与精确性；
(5) 保证测点布置齐全，监测间隔时间合理；
(6) 保证监测项目全面、准确、及时，监测技术正确，监测数据真实、全面、准确；
(7) 及时进行预警、报警，第一时间进行抢险；
(8) 保证现场巡视全面到位。

6.3.5.7　应急预案

(1) 保证针对可能出现的风险均有切实可行的应急预案，保证应急措施合理有效；
(2) 出现问题后应及时进行分析和处理，迅速落实应急预案；
(3) 针对支护结构变形过大，地面沉降或周边建(构)筑物沉降超标应及时采取应急处置措施；
(4) 当坑底隆起过大时，应采用坑内加载反压、调整分块开挖方案，及时浇注垫层及结构等应急处理措施。
(5) 挡土结构渗水、流土时，采用坑内堵、排结合的应急处理措施，严重时应立即回填；

(6) 当出现流砂、管涌时，采取回填、降低水头差、设置反滤层封堵等应急处理措施。

6.4 事故案例分析

6.4.1 杭州地铁1号线某站基坑事故

6.4.1.1 工程概况

杭州地铁1号线某站北2基坑长107.8 m，宽21 m，开挖深度15.7～16.3 m。设计采用800 mm厚地下连续墙结合四道(端头井范围局部五道)Φ609钢管支撑的挡土方案。地下连续墙深度为31.5～34.5 m。基坑西侧紧临大道，交通繁忙，重载车辆多，道路下有较多市政管线(包括上下水、污水、雨水、煤气、电力、电信等)穿过，东侧有一河道。

6.4.1.2 事故经过

2008年11月15日下午3时15分，正在施工的该站北2基坑现场发生大面积坍塌事故，造成21人死亡，24人受伤，直接经济损失4961万元(图6-33)。

图6-33 杭州地铁1号线某站基坑事故现场

6.4.1.3 事故原因

经调查，事故直接原因是施工单位违规施工、冒险作业、基坑严重超挖；支撑体系存在严重缺陷且钢管支撑架设不及时。监测单位施工监测失效，施工单位没有采取有效补救措施。

(1) 施工未严格按经审查专项施工方案进行，未及时安装支撑(钢支撑)，未及时分段分块浇筑垫层和底板。

(2) 节点构造措施不够，连接节点不满足强度及刚度要求；

(3) 施工过程中未按设计施加钢管支撑预应力；

(4) 监测点设置不符合规范和设计要求。监测单位应认识科学测试，及时如实报告各项监测数据。项目各方要重视基坑的监测工作，通过监测施工过程中的土体位移、挡土结构内力等指标的变化，及时发现隐患，及时预警，采取相应的补救措施，确保基坑安全。

6.4.2　武汉地铁某站基坑垮塌事故

6.4.2.1　工程概况

武汉轨道交通4号线与3号线的换乘车站，采用“十”字形换乘，外带商业开发。车站地处繁华地段。车站周边地势东西向起伏较大、南北向较平坦，周围楼房密集，是武汉南北和东西向的交通要道交叉路口。部分规划尚未实现，现况路边场地较为宽阔，道路下方地下管线密集。

6.4.2.2　事故经过

2012年12月30日，某站基坑开挖工程中，3号线方向南端头基坑出现垮塌事故。该站为二层侧式车站，南侧设单渡线，车站总长约480.6 m，宽为20.35～44.5 m，地下一层为站厅层，地下二层为站台层。挡土结构采用D1000@1200钻孔灌注桩，标准段采用三道支撑，其中第一道支撑为混凝土支撑，第二、第三道支撑为钢支撑，直径为800 mm，壁厚16 mm；在端头位置，因基坑深度较大，采用三道支撑，并换撑一道。

南端头井开挖施工深度至17 m左右(距基底标高约2 m)，第一道钢筋混凝土内支撑及第二、第三道钢支撑已安装完毕。上午11时30分左右，南端头井坑壁发现渗水，伴随坑边地表下沉，路面开裂，12时左右南端头支护桩突然在桩顶以下约10 m处折断，靠近端头井侧壁部分支护桩受牵引发生较大变形，冠梁破坏，端头井基坑局部坍塌(图6-34)。

图6-34　武汉地铁某站基坑事故现场

6.4.2.3　事故原因

正常工序进行支撑架设(即三道支撑)，事故是因为端头井外的污水管漏水致土层变差，而施工时却只架设两道支撑，桩的抗弯、抗剪不能满足要求，钢支撑斜撑与腰梁连接节点抗剪承载力不满足要求。

(1) 施工过程中未加强对钢支撑斜撑抗剪装置的检查和验收工作。

(2) 施工未严格按照设计图纸要求实施。

6.4.3　天津地铁4号线某站基坑事故

6.4.3.1　工程概况

天津地铁4号线某站建筑面积约为17 513.3 m^2，最大单跨跨度9.75 m，最大基坑深度

17.56 m。事故发生地点登州南路站 A2 出入口及合建 2 号风道，开挖面积约 1189 m^2，为单层箱型框架结构，A2 口标准段及合建 2 号风道顶板和底板厚 800 mm，A2 口爬坡段顶板和底板厚 700 mm，侧墙厚 600 mm；A2 出入口冠梁顶至底板底部距离约 10 m，覆土深度约 4.9 m；2 号风道顶板覆土深度约 3.7 m。车站主体结构施工采用地下连续墙结构，也供附属结构使用。附属结构需与车站主体连接，此时要把附属结构底板以上的部分还有地下连续墙顶部的冠梁凿除，形成通往车站内部的通道。

6.4.3.2 事故经过

2021 年 10 月 12 日，在地下连续墙凿除过程中发生冠梁及部分地连墙失去支撑而失稳下滑侧移，导致冠梁上部的砖砌挡水墙及部分土方掉落在附属结构顶板、通道和新风井内，砸中通道及新风井内正在进行清理作业的工人，造成 4 人死亡、1 人轻伤，直接经济损失 667.6 万元(图 6-35)。

图 6-35 天津地铁 4 号线某站基坑事故现场

6.4.3.3 事故关键部位

(1) 主体结构地下连续墙：车站主体结构基坑开挖时的挡土结构，为钢筋混凝土结构，深度一般为车站基坑深度的 1.8～2.0 倍，在附属结构基坑开挖时也作为附属基坑挡土结构的一部分，附属结构与车站连接时需要凿除附属结构底板以上部分地连墙和冠梁。

(2) 冠梁：设置在挡土结构顶部的钢筋混凝土水平梁，主要作用是把每幅地下连续墙连接为一体，同时承受基坑第一道支撑水平力；附属结构范围内的车站主体结构冠梁，在附属结构基坑开挖过程中也承受附属基坑第一道支撑水平力。当附属结构第一道支撑拆除后，该部分冠梁及地下连续墙完全失去作用，随后进行凿除。

(3) 挡水墙：设置在基坑挡土结构冠梁顶部，主要作用是防止暴雨天气场地内雨水漫流入基坑，一般为砖砌结构，也可采用混凝土结构，高度一般为 0.5～1.0 m。

(4) 锁口管接头：地下连续墙需要分幅施工，一般幅宽为 6 m，锁口管接头是地下连续墙每幅之间接头的一种形式，锁口管接头部位为素混凝土连接。

(5) 护坡：在基坑边缘土体表面浇筑的一层混凝土，其作用是防止边坡土体坍塌和雨水冲刷。

6.4.3.4　事故原因

经调查，事故原因是西侧27 m地下连续墙及20 m冠梁下部的临时支撑墙被全部凿除，钢筋被切断，造成冠梁及部分地下连续墙失去支撑而失稳下滑侧移，导致冠梁上部的砖砌挡水墙及部分土方掉落在附属结构顶板、通道和新风井内，砸中通道及新风井内正在进行清理作业的工人，是导致本次事故的直接原因。

(1) 施工过程中内支撑的拆除未按照设计要求进行换撑；

(2) 内支撑拆除过程中没有针对作业人员的保护措施；

(3) 监测预警不完善；

(4) 未及时启动应急预案。

施工中应加强基坑工程风险管理，建立基坑工程风险管理制度，落实风险管理责任。每个环节都要重视工程风险管理，要加强技术培训、安全教育和考核，严格执行基坑工程风险管理制度，确保基坑工程安全。青年学子、工程技术人员应主动将之付诸实践，坚持理论与实际相结合，因事而化、因时而进、因势而新。

参 考 文 献

1. 住房和城乡建设部. 大型工程技术风险控制要点[M]. 北京：中国建材工业出版社，2018.
2. 北京城建科技促进会. 房屋建筑与市政基础设施工程施工安全风险评估技术标准：T/UCST 007—2020[S]. 北京：北京城建科技促进会，2020.
3. 刘军，陶津，陶连金，等. 地下工程建造技术与管理[M]. 北京：中国建筑工业出版社，2019.
4. 北京市房屋建筑和市政基础设施工程质量风险分级管控技术指南(试行)，2018.
5. 北京市房屋建筑和市政基础设施工程施工安全风险分级管控和隐患排查治理暂行办法，2019.
6. 龚晓南，侯伟生. 深基坑工程施工设计手册[M]. 2 版. 北京：中国建筑工业出版社，2018.
7. 周与诚，刘军. 危险性较大工程安全监管制度与专项方案范例[M]. 北京：中国建筑工业出版社，2017.
8. 刘军，丁振明，章良兵. 北京地铁基坑工程设计与施工[M]. 北京：中国建筑工业出版社，2016.
9. 余波. 国家大剧院深基坑工程设计与施工技术(Ⅱ)(基坑方案比选及设计)[J]. 岩土工程界，2004(4)：19-26.
10. 方兴杰，孙旻，韩磊，等. 超深基坑设计和施工方法研究[J]. 工程技术研究，2021，6(6)：45-47.
11. 杨光华. 深基坑工程设计理论的发展与进步[EB/OL]. (2019-10-30)[2022-08-12]. https://www.yantuchina.com/people/detail/1004/42890.html.
12. 杨光华，陆培炎. 深基坑开挖中多撑或多锚式地下连续墙的增量计算法[J]. 建筑结构，1994(8)：28-31，47.
13. 杨光华. 深基坑开挖中多支撑支护结构的土压力问题[J]. 岩土工程学报，1998，20(6)：113-115.